畜禽标准化规模养殖技术丛书

肉鸡标准化规模养殖技术

李连任　李　童　张永平　主编

中国农业科学技术出版社

图书在版编目（CIP）数据

肉鸡标准化规模养殖技术／李连任，李童，张永平主编．—北京：中国农业科学技术出版社，2013.8

（畜禽标准化规模养殖技术丛书）

ISBN 978－7－5116－1243－4

Ⅰ.①肉…　Ⅱ.①李…②李…③张…　Ⅲ.①肉鸡－饲养管理－标准化　Ⅳ.①S831.4－65

中国版本图书馆 CIP 数据核字（2013）第 057066 号

责任编辑　张国锋
责任校对　贾晓红

出 版 者　中国农业科学技术出版社
北京市中关村南大街 12 号　邮编：100081
电　　话　(010)82106636(编辑室)　(010)82109704(发行部)
(010)82109709(读者服务部)
传　　真　(010)82109707
网　　址　http://www.castp.cn
经 销 者　各地新华书店
印 刷 者　北京昌联印刷有限公司
开　　本　850mm×1 168mm　1/32
印　　张　9
字　　数　259 千字
版　　次　2013 年 8 月第 1 版　2013 年 8 月第 1 次印刷
定　　价　25.00 元

《肉鸡标准化规模养殖技术》

编写人员名单

主　　编　李连任　李　童　张永平

编写人员

李连任　李　童　李长强

季大平　申李琰　闫益波

刘　东　王友华　丛志慧

高洪宝　张永平　时少磊

李洪栋　刘利祥　董云宝

前　言

20 世纪 80 年代初，为解决国人吃肉难的问题，以北京华都肉鸡公司为代表的中国肉鸡产业化企业开始起步。在没有任何国家经济补贴的情况下，经过 20 多年的发展，中国肉鸡产业以高效率、低成本的优势，迅速发展成为中国农牧业领域中产业化程度最高的行业。养殖方式也从传统的饲养方式向规模化、集约化、标准化方向转变，并涌现了一大批标准化养鸡场户。特别是肉鸡生产在许多大中型加工出品企业的带动下，规模饲养比重不断扩大，饲养数量持续上升，经济效益明显增长。

但是，中国肉鸡产业的发展可谓历经磨难：2001 年的封关；2003 年的“非典”；2004、2005 连续两年的禽流感并延续影响到 2006 年上半年……2012 年末，炒得沸沸扬扬的“速成鸡”事件，又给市场造成了不小的冲击；伴随着央视对肉鸡养殖内幕的深度曝光，白羽肉鸡市场价格应声走跌……

随着肉鸡规模饲养的扩大，在实际饲养过程中出现了许多亟待解决的技术疑点难点问题，影响和制约了肉鸡生产的持续健康发展。特别是近年来，由于养殖大环境的恶化，饲养管理的粗放，鸡病越来越复杂，饲养越来越困难；加上传统鸡舍饲养规模小、劳动强度大、生产效益低，抗御风险的能力差。于是改善传统鸡舍条件，引进科学管理方式，提高经济效率，提高经济效益，加强抗御风险的能力，便成为形势所需；再加上食品安全要求的提高，政府的号召，政策的扶持，于是规模化、标准化养殖便应势而生。

然而，由于规模化养殖场占地面积大、投资额度大，加上部分养殖场建造缺乏科学的、专业的指导，而出现不少养殖场规划布局不合理，配套设备不完善，建造标准不统一，甚至没有标准可言，有些养殖场只能称为规模化养殖场，却谈不上标准化养殖场。因为多数养殖场没有标准可言，致使肉鸡饲养环境难于掌控甚至失控；管理粗放不科学，专业管理人员欠缺，生物安全意识差，工作难于落实，预防保健意识差，甚至存在不少用药误区，致使不少肉鸡养殖场疾病频发，食品安全问题难以控制，养殖风险加大。饲养过程中，养殖场主整日提心吊胆，甚至对养殖失去信心，被迫停养或转租，不敢再养鸡。

本书系统科学、深入浅出地讲解了肉鸡的品种、鸡场的建设、肉鸡的饲料与饲料添加剂、生产设备与管理、肉鸡的日常管理、鸡场的生物安全控制、肉鸡常见疫病的防治等实用技术，以满足广大读者的需要。

在本书编写过程中，参考了国内外的最新资料和许多专家学者的理论研究，总结了生产实践中的宝贵经验，突出实用性，适宜广大肉鸡规模养殖场户参考使用。

编者

2013 年 2 月

目　　录

第一章 标准化规模养殖日渐成为肉鸡的生产趋势

第一节 当前肉鸡饲养现状与未来发展方向

一、当前我国肉鸡饲养的现状

（一）饲养风险加大

肉鸡饲养的风险主要是行情风险和疫病风险。这两类风险都在逐渐加大，并且越来越大。其原因主要有以下几方面。

一是饲料原料、雏鸡、能源及人工成本涨价造成饲养成本逐渐提高。10 年来饲养成本提高了 1 倍多，而商品肉鸡的售价平均提高不到 70%，严重挤压利润空间，使行情风险提高数倍。

二是疾病越来越复杂，越来越难以预防和治疗。表现为新病、抗药菌株及病毒变异株不断出现，大病及不治之症增多，混合感染越来越严重，致使疫病风险大大提高。一般情况下，行情风险决定养好的情况下最多能赚多少钱，疫病风险决定养不好最多能赔多少钱。所以有人说，20 年前大干的能发家，10 年前大干的能致富，5 年前大干的只能养家糊口，现在技术好、事业心强的还能赚点小钱，技术差的只能赔本赚吆喝。纵观饲养业现状，规模大、技术好的饲养场抗风险能力较强，再加上国家政策扶持会有一定效益，小规模的饲养户大多惨淡经营。

三是存在食品安全的风险。目前，国内肉鸡行业主要有 3 种养殖方式：一是农户小规模养殖；二是“公司 + 农户”模式，即公司与农户签订养殖合同，由农户100%按照公司统一规定，进行标准化养殖，如华都肉鸡等出口型企业多采用这种模式；三是介于上述两者之间的养殖方式，即公司与农户之间是简单的购买关系，公司对农户的养殖进行不完全的监管。其中，第一种和第三种模式是目前肉鸡行业主要的养殖方式，但这两种养殖方式存在诸多问题，如公司缺乏对养殖户的有效监控，松散的监管环境留下了诸多食品安全隐患。由于农户散养的风险不可控，如给鸡滥用抗生素等，这使其出口产品在应对国外严格的食品安全检查中面临很大风险。

（二）鸡群消化不好，过料现象严重

肉鸡饲养实践中经常遇到因肠道消化或吸收不良，而使养分随粪便一起排出的现象，粪便中可见较大的玉米等饲料原料颗粒，粪便含过量水分。可能是单一致病因素或多种致病因素的综合结果。当然，饲料营养指标过高，也是引起饲料不完全消化吸收的原因之一。

许多造成肠道损伤的疾病可引起过料现象，如禽流感、新城疫、组织滴虫等传染性疾病，禽流感和新城疫性肠炎导致局部出血和坏死，组织滴虫引起盲肠严重坏死。绝大多数传染病都会引起短暂性的腹泻或过料，但未发现广泛性的肠道损伤，如传染性支气管炎、传染性喉气管炎、禽脑脊髓炎等。以上疾病与通常所讲的“过料综合征”有极大的不同，腹泻只是以上疾病的临床症状之一。

（三）国家扶持政策向规模化倾斜

肉鸡养殖行业正在发生剧烈转型，向规模化发展。因素有二：一是养鸡利益自然驱使，5 000只以下规模的养殖户养好了还不值两个人的工钱，尤其是近两年，行情风险和疫病风险比3年前增加了3倍以上（指赔钱的次数和幅度）。二是国家政策从食品安全角度扶持和促使转型，通过上规模，国家可以更有效地监管和保障食品安全，更有效地控制环境污染，实现低碳、高效、生态饲养。从长远来讲，符合国家利益和饲养利益，是未来的方向。

（四）供需现状

从供需情况来看，2011 年肉鸡产量保持稳定增长，约 100 亿只，鸡肉产量是 1 320万吨，占总肉类的比重约 17%，比 2010 年增长 5%，预计 2012 年增长速度会放缓到 4% 左右，产量预计 1 380多万吨。从消费量来看，也是呈现增长态势，总的消费量大概 1 300万吨，也比 2010 年有所增长，人均年消费大约 10 千克。从进出口来看，2011 年出口量达到了 41 万吨，同比增长 80%，预计 2012 年的肉鸡出口会维持高速增长，增长率初步预计是 8.5%，能够达到 45 万吨左右。2010 年，中国第一次成为鸡肉净出口国家，2011 年鸡肉进口量进一步下降，为 30 万吨，与 2010 年相比下降 7.9%。2010 年进口量和出口量出现了一个交叉，这个交叉大家也不用高兴，这不是反映我国鸡肉竞争力的真实水平，是对美国产品实行双反的结果。如果双反没有成功，鸡肉的进出口贸易会怎样还不好说，美国白羽肉鸡的养殖效率很高，机械化水平、自动化水平、智能化水平非常了得。

二、面临的形势

从有利的条件来看，中国的肉鸡生产仍有较大的空间。据美国 FAPRI 公司预测，到 2018 年，全球肉鸡产量将接近 8 000万吨，今后每年的增长速度仍然是 2%，中国可能会比全球更高一些，达到 2.5%。近年来，国家对畜牧业的认识、支持力度不断加大，我国对畜牧业的补贴力度、支持力度有了很大提高，规模化养殖的补贴力度达到 20 几个亿，除此之外，还有对禽流感、口蹄疫疫苗的补贴。当然，会有人反映畜牧业里面的补贴一是补贴给了草原，另一个是补贴给了生猪，肉鸡补贴相对较少，事实确实如此。针对这种情况，我们建议要加大对肉鸡产业支持力度。肉鸡企业想要获得国家更多补贴需要好好思考“到底需要什么支持”，而这些支持是否符合公共财政补贴的理念，只有符合了，肉鸡产业才能得到更大的支持。

全国肉类产业的基础需要进一步夯实。面对有利因素的同时，也面临着一些不利因素。第一，动物疫病威胁依然存在，在2003～2004年禽流感暴发的时候，好多企业被打垮。第二，生产成本不断攀升，产品价格波动频繁，不仅仅是鸡肉产品波动频繁，包括饲料产品波动也很大，如玉米，一个月内价格会相差很大。第三，劳动力成本领跑生产成本价格上涨，从全球肉鸡养殖成本来看，我国养殖成本仅次于欧洲，位居世界第二，高出阿根廷85%，高出美国20%。第四，药残超标现象严重，产品质量安全堪忧，对肉鸡业也是一个致命的问题。第五，养殖污染治理不到位，环境压力越来越大，虽然肉鸡对环境的污染不大，但是仍然存在，也需引起肉鸡生产者的高度重视。第六，产业集中度和国际竞争力仍然较低，美国最大肉鸡生产企业年屠宰鸡超过20亿只，而我国最大的大概只有1亿只；美国前10位肉鸡生产企业生产了全国72.3%的肉鸡，而我国前10位差不多12%，差距非常明显。

第二节　标准化规模养殖日渐成为鸡生产中不可抗拒的大势

农业部畜牧业司根据《国家粮食安全中长期规划纲要》和《全国畜牧业发展第十二个五年规划（2011～2015年）》，制定了《全国节粮型畜牧业发展规划（2011～2020年）》，从政策层面为节粮型畜牧业的持续健康发展提供了保障。未来我国的粮食需求将呈现刚性增长的趋势，由于受耕地减少、资源短缺等因素的制约，我国粮食的供求将长期处于紧平衡状态，发展节粮型畜牧业是保障畜产品有效供给、缓解粮食供求矛盾、丰富居民膳食结构的重要举措。

我国已熟练掌握了包括肉种鸡、商品鸡饲养技术、孵化技术、饲料营养和饲料产品加工技术、疾病预防与控制、生物安全措施等肉鸡养殖环节所必需的技术，鸡肉生产效率逐步提高。就饲料转化率来说，鸡肉生产比猪肉更具优势，特别是随着白羽快大型肉鸡生产性能的不断提高，生产单位鸡肉所消耗的饲料呈下降趋势，符合节粮型畜牧业的发展方向。

一、鸡肉在肉品中的消费比重逐年递增

我国白羽肉鸡产业从20世纪80年代起步，经过近30年的努力，已成为农业产业化中发展最迅速的行业。肉鸡存栏量从1985年的13亿只增加到2011年的近90亿只，鸡肉产量从1985年的110万吨增加到2011年的1 300余万吨，年增长率在5%左右。

以鸡肉为代表的白肉消费比重逐年递增，从1980年的11.25%持续上升到目前的21.04%，并以每年5%左右的速度持续增长。目前，国内鸡肉消费仍存在城乡及东西部地区之间的不平衡，但是，随着我国人口数量增加和城乡居民生活水平的提高，工业化城镇化的快速推进，预计今后我国鸡肉消费量将出现较快的增长。

二、规模养殖是肉鸡发展的必然趋势

平台小、待遇低是没有吸引力的。落后的肉鸡养殖源于没有必要的技术指导与监督，没有足够的饲养规模就不可能吸引并留住专业技术人员。

严格的食品安全要求规模养殖去替代传统养殖，否则病残和药残的问题可能长期都解决不了，即便是解决了成本也会很高（非专业化的乱用和滥用药物、驻场兽医的监管费用、样品化验费用的摊销等）。

过去20多年，肉鸡社会养殖的发展对土地的利用缺乏“必要的”和“专业的”规划，导致了土地资源严重浪费、布局不合理的养殖格局。随着土地管控政策的日益严厉和土地流转的新政出台，未来的规模养殖首先要考虑到对土地资源的合理开发和利用，“自由”发展的局面将一去而不返。

（一）对规模化养殖的认识

随着畜牧业的迅速发展和转型，中国肉鸡养殖从散养到规模养殖成为一种必然。究竟怎么养才算是“规模养殖”？恐怕到目前为止人们在认识上还缺乏统一的标准。

从几千到几万到十几万再到几十万，规模养殖毕竟不是单纯在数量上的增加，还有其特定的内涵和质量的概念，规模化只是表象，来支撑规模化的还必须有专业化、规范化、机械化和自动化。否则把鸡舍或养殖户集中起来无疑会制造一座“难民营”。过去传统意义上的“养殖小区”绝对不能等同于现在所倡导的规模化养殖。

规模养殖是改善并优化传统养殖的重要手段和模式，包括基本建设、设施、设备、配套技术、员工培训、匹配的资源、规范的管理等很多关联性内容。

（二）规模养殖的规范化

“规范”是规模养殖健康发展的重要保障。规范是以专业化为前提的，这里所说的专业化不仅仅是指养殖专业（动物营养、饲养管理、疫病防治、动物保健等），还包括建筑设计与施工、机械、机电等专业。否则任何一方面发生问题都可能酿成灾难性后果。

“规范”更多的是一种岗位职责、操作标准与要求、流程、制度等，规范的内容很多是需要落实在“时间和数字”上的，规范需要量化才有效！

离开了规范化管理，规模养殖就是盲人骑瞎马——乱闯乱碰，规模越大死得越快，那就危险了！其实在国内这样的例子也很多。

三、标准化规模肉鸡场的工作重点和方向

改变陈旧落后的养殖方式，建立规范、标准的饲养格局，实行标准化饲养，是今后规模化肉鸡场工作的重点和方向。

我国加入 WTO 后，从国外返回的禽肉产品告诉我们，出口禽肉产品打入国际市场的技术壁垒越来越高，要遵循世界动物卫生组织（OIE）的食品卫生安全要求规则，就要改变我们传统的畜牧生产方式，不能使用禁用药物和抗生素超标。目前，药物残留的危害直接影响着食品卫生安全，若不加防范就会对人体健康造成隐患。

（一）建立规范、标准的饲养格局

1. 建立适合老百姓的绿色的检查鉴定机构

进入市场经济后，许多绿色饲养山鸡蛋、绿壳蛋、山林蛋等五花八门的蛋类进入超市，看着鸡场是在山上，但鸡病了仍是喂抗生素，没有注意抗生素的残留控制，忽视了食品安全。绿色饲养标准的执行要真正做到实处，不但让畜牧科技人员懂得，也要让饲养人员明白，还要让全社会消费者明白和监督。

2. 发挥科技联户、科技下乡活动的优势

加大宣传抗生素喂鸡的危害，提倡绿色饲养、绿色环保，加大畜牧科技人员、饲养人员学习培训，举办宣传展览，下发绿色饲养的宣传资料，定期检查科技与绿色饲养联系户的成果，扭转传统的饲养催肥助长意识，建立与绿色同行共存的观念。

3. 建立必要的监督监察

《食品动物禁用的兽药及其他化合物清单》在相当大的程度上扭转传统的饲喂技术，划清了食品安全卫生的界限。只有理顺管理体系，食品安全人人相关，主管部门、执法部门、职能部门有主有次，把住源头，控制药物残留的产品进入市场，消费者才有食品卫生安全感。

（二）实行标准化饲养

中国肉鸡产业转型升级需要走标准化、规模化发展道路。规模化道路发展中最主要是以标准化鸡舍为核心，应该是人管设备、设备养鸡、鸡养人的一套理念，提高标准化水平和鸡肉产品的整体水平。标准化规模养殖场的鸡舍具有全封闭化的养殖管理特点，有利于疫情的控制，可以给鸡创造最优化的养殖环境；为生态养殖、绿色养殖、食品安全提供硬件条件；彻底淘汰了传统的小规模散养模式；设备自动化程度高，可节省人工成本，降低劳动强度；一次性投资大，但设备使用寿命长，维护成本低，综合效益提高。

标准化规模养殖，除了要良种化以外，还应该包括鸡舍现代化、

饲养设备自动化、生产规范化等内容。

1. 鸡舍现代化

传统的养鸡方式为饲养户不愿对鸡舍建筑过多投资，造成鸡舍密闭性差，墙体隔热和保温效果不好，耗电费能，运行成本高。鸡舍环境差使各种病菌更加活跃，增加出栏鸡发病率，质量难以保证。而标准化养殖场内的鸡舍多采用轻型钢梁屋架结构，墙身、屋面多采用双层泡沫板结构、聚苯泡沫防热材料，建筑牢固结实，具备抗雨雪等自然灾害的能力，保温、隔热效果较好。除鸡舍外，标准化养殖场内一般要求配套建立消毒池、消毒室、粪污处理池、病理解剖室、物品储藏室，并配备深井抽水站和蓄水塔、配电房和临时发电机组等设施。

2. 饲养设备自动化

发展标准化肉鸡养殖技术一个重要标志就是基本上能实现喂料、供水、光照控制的自动化或半自动化，达到人管理设备、设备养鸡的状态。标准化鸡舍内均安装了肉鸡盘式喂料线、乳头式饮水线、通风系统、湿帘系统、养殖环境控制系统等自动化程度较高的设备，实现自动喂料、自动饮水、机械通风、水帘降温、人工供暖、废物控制的现代化肉鸡饲养方式。

3. 生产规范化

生产规范化主要内容是制定并实施科学规范的肉鸡饲养管理规程，配备与饲养规模相适应的技术人员，严格遵守饲料、饲料添加剂和兽药使用有关规定，生产过程实行信息化动态管理。

标准化肉鸡养殖技术要求制定完善的标准化饲养流程和操作规程，针对饲养员、技术员要求定时、定量喂料、饮水、用药，特别是操作细节上都有标准的流程和操作规程。

4. 防疫制度化

建立完善的用药制度、检疫申报制度、疫情监测与报告制度、防疫管理制度、卫生消毒制度、兽药疫苗管理制度、养殖档案管理制度，按照“防重于治”的理念，做到防患于未然。

5. 粪污无害化

粪污处理方法要得当，设施齐全且运转正常，实现粪污资源化利用或达到相关排放标准。

第二章 不断优化的肉鸡品种与种鸡场的标准化管理

肉鸡产业以高效率、低成本的优势，已迅速发展为中国畜牧业领域中产业化程度最高的行业。目前，中国已成为继美国之后世界第二大鸡肉生产国，人均鸡肉消费量也仅次于猪肉。2008 年北京奥运会期间，北京华都肉鸡供应的鸡肉成为消费最多的肉类，达 340 吨。而猪肉不到其消费量的一半，仅为 150 吨。同时，鸡肉也成为北京唯一持续大宗出口的肉类产品，目前，已经出口到亚洲、中东等 20 个国家和地区，年出口量达到 10 万吨，年出口创汇 8 000 万美元。

2012 年，中国畜牧业协会委托中国检验检疫科学院检测了上海、北京、广州三地来自超市、农贸市场和餐厅的 27 个鸡肉样品中的多种激素含量，结果表明：鸡肉不含激素，社会上对鸡肉中含有激素的担心是没有根据的。

目前，在中国乃至全世界，都没有发现在肉鸡养殖过程中使用激素的情况。原因是：激素价格昂贵，添加使用的技术方法要求复杂，而且添加使用激素在中国及世界上都是明令禁止的违法手段。而且，添加使用激素对于促进鸡肉生长其实并无效果，还会增加肉鸡患心脏疾病、腹水等疾病的风险。如果添加激素来促进生长，会导致鸡的死亡率增加，而高死亡率对任何一个养鸡场来说都承受不了，所以使用激素促进肉鸡的快速增长的说法是很不现实的。

肉鸡之所以生长快、出栏早，主要得益于以下五大因素。

第一，不断优化品种。肉鸡的快速成长，主要得益于鸡种的不断优化和改良，诸多国内外育种公司和科研机构长期从事肉鸡品种的研究和选育，不断取得新的结果。

第二，科学的饲料配方。肉鸡从雏鸡到出栏，在不同的生长发育阶段对营养有着不同的需求。现代养殖方法会科学地根据肉鸡各个生长阶段的特点和营养需求，将玉米、豆粕、矿物质等原料进行科学的配比，提供适合每个阶段的饲料配方，从而为肉鸡健康、快速地生长提供必备条件。

第三，有效的防病防疫措施。洁净无污染的生长环境、严格的疫病防控措施，是肉鸡得以健康生长的必要条件。为避免外界病毒的侵害和干扰，大多肉鸡养殖企业都坐落在偏远的乡村或人烟稀少的山区。此外，从出雏到出栏，肉鸡均经过疫苗免疫，确保了健康生长。

第四，标准化的鸡场设施。肉鸡生长的鸡舍是一个自动控制温度、湿度的全封闭环境，24 小时的通风系统，自动供水，自动供料，这为鸡的成长提供了稳定舒适、适合生长的环境。

第五，科学的饲养与管理。包括建立符合肉鸡生长规律的光照、喂料、供水、通风等程序，以及按鸡群生长规律分阶段饲养等手段，确保了肉鸡从鸡雏到出栏，快速并健康地成长。

社会上之所以会流传鸡肉含有激素的说法，是因为多数消费者不了解现代肉鸡养殖生产这门科学，不知道肉鸡生产性能的提高（长得快、吃得少）是国内外科研人员对肉鸡品种长期不断选育的结果。

对于肯德基使用怪鸡的传闻，有关专家指出，目前，还不存在制造多个翅膀多条腿的怪鸡并用于商业生产的技术，而为肯德基提供鸡肉产品的中国鸡肉供应商也不例外。百胜餐饮中国事业部总裁朱宗毅曾表示，从经济利益上来说，肯德基完全没有必要去投入巨资研发长着多个翅膀多条腿的怪鸡。网络流传的怪鸡照片大都是网友 PS 出来的，毫无事实根据。

鸡肉是中国传统美食，自古就深受老百姓的喜爱。中国传统医学认为，鸡肉有温中益气、补虚填精、健脾胃等功效。而现代医学认为，鸡肉具有高蛋白、低脂肪、低热能和低胆固醇的“一高三低”营养优势。

从环保节能的角度看，鸡肉同样具有优势。根据联合国 2006 年报告，畜牧业是造成二氧化碳排放量增加的主因。相比红肉，鸡肉生产更加低碳，更有利于可持续发展。此外，肉鸡的饲料转化率高、资源消耗少，每生产 1 千克鸡肉仅消耗饲料 1.9 千克，是所有规模化养殖家禽中最低的。

目前，我国的人均鸡肉消费水平与国际水平相比仍有较大差距，随着中国经济的发展和人民生活水平的不断提高，以鸡肉为代表的白肉消费正逐年递增。鸡肉在肉类消费结构中的比重从 1982 年的 5% 持续上升到目前的 20% 左右。按照这一趋势推算，预计到 21 世纪 30 年代，鸡肉将成为中国大众肉类膳食结构中的主流消费品。

第一节 肉鸡的品种与品种选择

优质、健康的雏鸡是取得养殖成功的重要前提，只有品种优良的雏鸡，才能具备优良的生产性能，如抗病力强、生长速度快、饲料转化率高等；只有个体健康的雏鸡，才能在饲养过程中少发病，才能健康生长。

一、肉鸡的品种

（一）如何识别肉鸡品种

品种是人工选择的产物，它们具有共同来源，有相似的体型外貌和生产性能，适应性也相同，并且能稳定遗传，具有一定的经济价值，一定的结构，并且具有足够的数量。

1. 目前饲养的肉鸡品种分类

肉鸡品种是专门满足人类对鸡肉蛋白需要的鸡品种，具有生长速度快、产肉性能好等特点。目前我国饲养的肉鸡品种主要分为两大类：一类是快大型白羽肉鸡（一般称之为肉鸡），另一类是黄羽肉鸡（一般称之为黄鸡，也称优质肉鸡）。快大型肉鸡的主要特点是生长速度快，饲料转化效率高。正常情况下，42 天体重可达 2 650克，饲料转化率1.76，胸肉率19.6%。优质肉鸡与快大型肉鸡的主要区别是生长速度慢，饲料转化效率低，但适应性强，容易饲养，鸡肉风味品质好，因此，受到中国（尤其是南方地区）和东南亚地区消费者的广泛欢迎。

2. 肉鸡品种的识别

区分是否为正宗快大型白羽肉鸡品种，一是在预订种蛋或鸡苗之前，要求查看种鸡场生产经营许可证及其允许经营的品种及代次；二是饲养过程中观察羽色等外观特征及生产过程中表现出来的生长速度等生产性能是否与种鸡场提供的资料相符合。

黄羽肉鸡品种的区分则较为复杂。广义的黄羽肉鸡不仅仅指具有黄色羽毛的肉鸡，实际包括快大型肉鸡以外的、含有一定中国地方鸡血缘的所有肉用鸡。正宗的黄羽肉鸡品种是被列入中国品种资源名录的地方品种、通过国家品种审定委员会认定的配套系以及引进品种。具体识别方法是在引种前先查看某品种培育单位、种鸡场生产经营许可证；识别某个品种或配套系的真伪，则可与品种培育或引进单位提供的技术资料进行对比，观察体型、外貌特征及特定年龄的体重等，如冠型、羽色、羽毛斑型和皮肤、耳叶、胫及喙的颜色。

3. 肉杂鸡

肉杂鸡是20世纪90年代初在我国部分省市开始兴起的一种肉鸡生产模式，一般是用速生型的肉鸡作为父本（如AA、艾维茵、科宝、红宝、海星、隐性白、安卡、快大型的三黄鸡公鸡等），用中重型高产蛋鸡作为母本（如罗曼褐、海兰褐曼、海赛克斯等）生产肉鸡的一种模式，如饲养在山东聊城等地的817肉杂鸡。肉杂鸡生产的主要市场基础是目前的肉种鸡繁殖性能相比蛋种鸡较低，相对于快大型白羽肉鸡肉质较好，符合我国传统的肉鸡消费习惯，但肉杂鸡未经国家畜禽品种审定委员会审批，因此从严格意义上讲，肉杂鸡不能称为一个肉鸡品种。

（二）常见的快大型白羽肉鸡品种

当前，市场上的主养品种有：AA、艾维茵、罗斯308、科宝。

1. AA 肉鸡

爱拔益加肉鸡简称 AA 肉鸡，该品种由美国爱拔益加家禽育种公司育成，四系配套杂交，白羽。特点是体型大，生长发育快，饲料转化率高，适应性强。

2. 艾维茵

艾维茵肉鸡原产美国，是美国艾维茵国际有限公司培育的三系配套白羽肉鸡品种。我国从 1987 年开始引进，目前，在全国大部分省（自治区、直辖市）建有祖代和父母代种鸡场，是白羽肉鸡中饲养较多的品种。艾维茵肉鸡为显性白羽肉鸡，体型饱满，胸宽、腿短、黄皮肤，具有增重快、成活率高、饲料报酬高的优良特点，可在全国绝大部分地区饲养，适宜集约化养鸡场、规模化鸡场、专业户和农户养殖。

3. 罗斯 308

隐性白羽肉鸡，实际上是属于快大白羽肉鸡中的某些品系，是从白洛克（或白温多得）中选育出来的。该鸡种除具有快大肉鸡的主要性状外，其特点是其羽毛的白色为隐性性状。该品种鸡生长快，饲料报酬高，适应性与抗病力较强，全期成活率高。

4. 科宝 500 配套系

该系是一个已有多年历史的较为成熟的配套系。体型大，胸深背阔，全身白羽，鸡头大小适中，单冠直立，冠髯鲜红，虹彩橙黄，脚高而粗。商品代生长快，均匀度好，肌肉丰满，肉质鲜美。据目前测定，40～45 日龄上市，体重达 2 000 克以上，全期成活率 95. 2%；屠宰率高，45 日龄公母鸡平均半净膛屠宰率 85. 05%，全净膛率为 79. 38%，胸腿肌率 31. 57%。

（三）常见黄羽肉鸡品种

我国有很多优质肉鸡品种，多数是蛋肉兼用鸡经长期选育而成，也有一部分是地方品种与引进的快大型肉鸡品种进行杂交培育而成。

1. 北京油鸡

北京油鸡具有冠羽（凤头）和胫羽，少数有趾羽，有的有髯须，常称三羽（凤头、毛脚和胡须），并具有“S”形冠。羽毛蓬松，尾羽高翘，十分惹人喜爱。平均活重12周龄959.7克，养殖20周龄公鸡1 500克，母鸡1 200克。肉质细嫩，肉味鲜美，适合多种传统烹调方法。

2. 固始鸡

该品种个体中等，外观清秀灵活，体型细致紧凑，结构匀称，羽毛丰满。羽色分浅黄、黄色，少数黑羽和白羽。冠型分单冠和复冠两种。90日龄公鸡体重487.8克，母鸡体重355.1克，养殖180日龄公母鸡体重分别为1 270克、966.7克，5月龄半净膛屠宰率公母鸡分别为81.76%、80.16%。

3. 桃源鸡

桃源鸡体型硕大、单冠、青脚、羽色金黄或黄麻、羽毛蓬松、呈长方形。公鸡姿态雄伟，性勇猛好斗，头颈高昂，尾羽上翘；母鸡体稍高，性温顺，活泼好动，后躯浑圆，近似方形。成年公鸡体重（3 342 ±63.27）克，母鸡（2 940 ±40.5）克。肉质细嫩，肉味鲜美。半净膛屠宰率公母鸡分别为84.90%、82.06%。

4. 河田鸡

河田鸡体宽深，近似方形，单冠带分叉（枝冠），羽毛黄羽，黄胫。耳叶椭圆形，红色。养殖90日龄公鸡体重588.6克，母鸡488.3克，150日龄公母鸡体重分别为1 294.8克、1 093.7克。河田鸡是很好的地方鸡肉用良种，体型浑圆，屠体丰满，皮薄骨细，肉质细嫩，肉味鲜美，皮下腹部积贮脂肪，但生长缓慢，屠宰率低。

5. 丝羽乌骨鸡

丝羽（毛）乌骨鸡在国际标准品种中列入观赏鸡。头小、颈短、脚矮、体小轻盈，它具有“十全”特征，即桑葚冠、缨头（凤头）、绿耳（蓝耳）、胡须、丝羽、五爪、毛脚（胫羽，白羽）、乌皮、乌肉、乌骨。除了白羽丝羽乌鸡，还培育出了黑羽丝羽乌鸡。150日龄福建公母鸡体重分别为1 460克、1 370克，江西分别为913.8克、851.4克，半净膛屠宰率江西公鸡为88.35%，母鸡为84.18%。丝羽乌鸡在中国已作为肉用特种鸡大力推广应用。

6. 茶花鸡

茶花鸡体型矮小，单冠、红羽或红麻羽色、羽毛紧贴、肌肉结实、骨骼细嫩、体躯匀称、性情活泼、机灵胆小、好斗性强、能飞善跑。茶花鸡养殖150日龄体重公母分别为750克、760克，半净膛屠宰率公母鸡分别为77.64%、80.56%。

7. 清远麻鸡

该品种母鸡似楔形，头细、脚细、羽麻。单冠直立，脚黄，羽色麻黄占34.5%，麻棕占43.0%，麻褐占11.2%。成年公母鸡体重分别为2 180克、1 750克。养殖84日龄公母鸡平均重为915克。

8. 峨眉黑鸡

该品种鸡体型较大，体态浑圆，全身羽毛黑羽，着生紧密，具有金属光泽，大多数为红单冠或豆冠，喙黑色，胫、趾黑色，皮肤白色，偶有乌皮个体。公鸡体型较大，梳羽丰厚，胸部突出，背部平直，头昂尾翘，姿态矫健，两腿开张，站立稳健。90日龄公母鸡平均体重分别为（973.18±38.43）克、（816.44±23.70）克。养殖6月龄半净膛屠宰率公母鸡分别为74.62%、74.54%。

二、肉鸡品种的选择

无论是从国外引进的快大型肉鸡品种，还是我国培育的肉鸡品种，都有其各自的特点。从国外引进的快大型肉鸡品种生长速度快，饲料报酬高，产肉量高，一般7周龄平均体重可达2千克，料肉比（即吃多少料产多少肉的比例）在（1.9～2）∶1。这些鸡种大多是白羽毛。但这些品种对饲料以及饲养环境要求相对较高，胸腿病较多，肉质不如我国的地方品种。我国优质肉鸡品种的特点是，适应能力和抗病能力强，对饲料以及饲养环境要求相对较低，肉质优于白羽肉鸡，尤其是仿土“三黄鸡”，肉质鲜美，有滋补作用，深受消费者的欢迎，但生长速度和饲料报酬较低，饲养周期长，大约需要120天平均体重可达到1.5～2.0千克，料肉比在（2.8～3.5）∶1。两种鸡各有特点，也各有各自的市场。

选择什么样的肉鸡品种进行饲养，要视当地消费特点、经济条件、气候特点，结合屠宰要求、品种特点等灵活选择。

（一）根据当地肉鸡消费的特点

养殖户可以根据当地肉鸡消费的特点，确定选择养什么品种，也就是说什么品种的鸡好卖就养什么品种。如当地有肉鸡加工企业或大型肉鸡公司，快大型肉鸡品种销路好，就可以饲养艾维茵肉鸡、AA 肉鸡等；还可以饲养肉鸡公司“放养”的肉鸡，也就是选择“公司 + 农户”的饲养方式；如果本地区对土种鸡的需求量较大，就可以饲养我国的地方品种肉鸡。无论选择哪个品种，只要搞好饲养管理，产销对路，都能取得比较好的经济效益。

（二）经济条件

养殖快大型肉鸡品种对饲料以及饲养环境要求相对较高，鸡舍建设投入相对较高，因此应根据自己的经济条件选择饲养的品种，一开始规模不应太大。如资金较少，可以建简易的大棚饲养一些适应能力和抗病能力较强的地方品种。

（三）环境条件

建设鸡舍需要很大的面积，一般饲养 2 000 ~ 3 000只肉鸡，需要建造长 30 米，宽 9.5 ~ 10 米，高 3 米左右的鸡舍，如果在山地附近居住，不好修建如此大的鸡舍，应考虑饲养土种鸡，选择放养的饲养方式。

第二节　肉种鸡场标准化生产操作规程

一、标准化引苗操作规程

按计划，场长负责提前 20 天通知供苗负责人，预定进苗的品种和数量（最好签订购苗合同）；场长负责提前 10 天通知技术员确切的进苗日期、品种和数量，技术员接通知后做好进苗前的准备工作；

条件允许，进苗当天场长和其他有关人员应亲临孵化场按品种要求挑选种苗；种苗质量和数量由技术员和归口饲养员查验；种苗在运输过程中要防止雏鸡受寒、中暑、缺水、缺氧、挤压等。

二、育雏操作规程

见表2-1。

表2-1 育雏操作规程

时　间	工作内容
6：00~7：00	检查鸡舍设施和巡查鸡群 准时投料，给水
7：30~11：30	打扫卫生 小修小补工作 参加免疫接种工作 清理粪便
14：00~17：30	挑鸡分群 加料、加水 鸡舍周围环境消毒 检查当日工作完成情况，填写日报表并上交

1. 具体要求说明如下

① 投料前巡查鸡舍的保温设备是否正常和鸡群的活动、精神状态及粪便情况，发现异常情况（死鸡突然增多、鸡精神差、食料量骤减等），要及时上报技术员或场长。

② 加水前必须清洗干净饮水器，投料不要太满，以料槽1/3满为标准，但不能出现空料槽现象，这需要由鸡的采食量决定每天的饲喂次数，一般要求“少食多餐”，每天不少于4次。另外，从开食盘到料桶、料槽要逐渐更换，直到全部鸡只基本适应新的食料器具时，方可撤走旧食具。严禁投料过程中撒料落地或撒在粪盘上，料袋内不允许有剩余饲料，以免造成浪费。

③ 定期更换门口消毒池内的消毒水（消毒水一般都使用2%的

烧碱溶液），每周进行一次鸡舍蓄水池、水箱清洗工作，保持水池、水箱卫生干净；打扫鸡舍内外的环境卫生，各种用具放置整齐。

④ 检查鸡舍内的设备和工具，重点维修保温炉、保温灯、照明灯、料槽、饮水器、门窗、水箱、水管等。

⑤ 按技术员或组长的安排，参加鸡群的免疫接种工作。

⑥ 根据雏鸡的日龄定期清除鸡粪，保证鸡舍内无刺激性气味。

⑦ 经常将残、次、弱小鸡及时挑选出来，放置特定鸡笼隔离饲养或淘汰处理，另外随着鸡体重的增加适时分群，降低饲养密度。

⑧ 根据实际饲养情况勤加水添料。

⑨ 定期用消毒水喷洒鸡舍周围场地、水沟、道路。

⑩ 小结当日工作完成情况，如实填写生产日报表，并于18：00之前上交。

2. 注意事项

① 1周龄雏鸡重点做好保温工作，此段时期要求每2小时查看舍温1次。舍温参考标准：1～3日龄室温34～35℃，4～7日龄室温为32～33℃，第2周开始每周适当降温2～3℃，保温的适度以人感到舒适、鸡群自然散开为标准，同时应兼顾鸡舍的通风透气。

② 由于育雏期免疫接种较频繁，除技术员特别嘱咐，一般不进行带鸡消毒。

③ 遇天气突变、剧烈噪声，如响雷、狂风暴雨或气温骤变等情况，饲养员应及时到鸡舍观察鸡群情况，采取适当措施，避免鸡群应激。

三、育成鸡操作规程

见表2－2。

表2－2　育成鸡操作规程

时　间	工　作　内　容
6：00～7：00	检查鸡舍设施和巡查鸡群 准时投料，给水

（续表）

时　间	工　作　内　容
7∶30～11∶30	打扫卫生 小修小补工作 参加免疫接种或分群工作 清理粪便
14∶00～17∶30	挑鸡 加料、加水（限饲鸡群称料） 鸡舍周围环境消毒 检查当日工作完成情况，填写日报表并上交

具体说明如下

① 加料前巡查鸡舍的保温设备是否正常，以及鸡群的活动、精神状态及粪便情况，发现异常情况（死鸡突然增多、鸡精神差、食料量骤减等），要及时上报技术员或场长。

② 准时投料，给水。限料鸡群必须按限料要求准确投料，并匀料，保证供给足够的料槽数量，以每只鸡都能同时吃到饲料为准。投料过程严禁出现浪费饲料的现象。

③ 定期更换门口消毒池内的消毒水，每周进行一次鸡舍蓄水池、水箱清洗工作，保持水池、水箱卫生干净；打扫鸡舍内外的环境卫生，各种用具放置整齐。

④ 检查鸡舍内的设备和工具，重点维修料槽、料桶、门窗、帐篷、水箱、水管等（防暑降温时要检查风机功能）。

⑤ 按技术员或组长的安排，参加鸡群的免疫接种和分群工作。

⑥ 根据鸡群的日龄，定期清除鸡粪，保证鸡舍内无刺激性气味。

⑦ 勤将病、残、弱小鸡及时挑出隔离饲养和淘汰处理，挑拣大小鸡只分群饲养。

⑧ 定期进行鸡舍周围环境消毒和带鸡消毒。

⑨ 自由采食鸡群根据鸡群日龄及时加水添料，限饲鸡群按规定料量称好第二天早上要投喂的饲料量。

⑩ 小结当日工作的完成情况，如实填写生产日报表，并于

18：00之前上交。

四、产蛋鸡操作规程

见表2－3。

表2－3　产蛋鸡操作规程

时　间	工　作　内　容
6：00～7：00	检查鸡舍设施和巡查鸡群 准时投料，给水
7：30～11：30	匀料 打扫卫生 小修小补工作 第一次收集种蛋及带鸡消毒 清洗和消毒人工授精用具
14：00～17：30	第二次收集种蛋 人工授精 检查当日工作完成情况，填写日报表并上交

1. 具体要求说明如下

① 加料前巡查鸡舍的保温设备是否正常和鸡群的活动、精神状态及粪便情况，发现异常情况（例如死鸡突然增多、鸡精神差、食料量骤减等），要及时上报技术员或场长。

② 准时按规定的喂料量准确投喂，投料过程中要求扒匀饲料，严禁出现浪费饲料的现象。

③ 产蛋鸡食料量大，要经常扒匀料槽的饲料，保证鸡群采食量一致。

④ 定期更换门口消毒池消毒水（消毒水统一使用2%的烧碱溶液），每周进行一次鸡舍蓄水池、水箱清洗工作，保持水池、水箱卫生干净；打扫鸡舍内外的环境卫生和抹拭照明灯泡，各种用具放置整齐。

⑤ 检查鸡舍内的设备和工具，重点维修照明设备、料槽、饮水乳头、蛋槽、风机、帐篷和水帘降温设备。

⑥ 第一次收集种蛋，拾蛋过程中要将鸡蛋按合格种蛋、破蛋和菜蛋分类码放并标记舍号、品种。拾蛋完毕后及时按规定带鸡消毒。

⑦ 将采精杯、吸管、输精器、吸嘴彻底清洗，并放入烘干箱里消毒干燥后备用。

⑧ 第二次收集种蛋。

⑨ 按要求进行人工授精工作。

⑩ 小结当日工作的完成情况，如实填写生产日报表，并于18：00之前上交。

2. 注意事项

① 开产鸡群产蛋率低于5%前，将开产母鸡挑出集中放置进行人工授精，产蛋率高于5%时，实行全群人工授精。

② 人工授精要求当天母鸡产蛋高峰时段后进行（一般为下午3：00后）。

③ 人工授精的循环周期为4天，严禁擅自延长周期天数。

④ 鸡群进入产蛋高峰后，要在人工授精的过程中将低产、抱窝、啄蛋、病残、脱肛的母鸡隔离饲养或淘汰处理。

⑤ 产蛋鸡群应遵循科学的光照制度，当值饲养员要严格按光照制度准时开、关灯。

五、种蛋流转操作规程

① 各产蛋舍饲养员应按合格种蛋、脏蛋和破蛋分类码放，并开好单据。

② 运蛋司机到舍收集种蛋时要核对实际鸡蛋数量和单据是否相符，出现偏差时要当面与归口饲养员核查。

③ 蛋车收集时间为：11：00～12：00和16：00～17：00。

④ 鸡蛋进入蛋库要分类码放，合格种蛋应按品种分类及时存入冷藏室。

⑤ 每天17：30统计员要与运蛋司机按品种分类核对鸡蛋数量。

六、疫苗接种操作规程

1. 刺痘

刺痘部位是鸡翅根部三角膜处，不要刺中肌肉及肱骨；每刺一下必须沾一次疫苗；疫苗瓶的疫液量必须浸过专用刺针的沟槽，以确保刺针沾取足够量的疫苗。

2. 滴眼

先确定此次使用的滴剂每毫升有多少滴，再计算好稀释液的用量；必须使用配套的稀释液或冷藏的生理盐水配制疫苗；在滴疫苗前应把鸡的头颈摆成水平位置并且眼睛是睁开的；在将疫苗滴入眼睛以后应稍停片刻，待疫苗吸入后轻轻放回去；要注意做好已接种与未接种鸡只之间的隔离，以免走乱，且全群应于当次接种完毕；配制好的疫苗应放置装有冰块的泡沫箱中冷藏，而且必须在 1 小时内用完，未用完的疫苗应作无害化废弃处理。

3. 滴鼻

操作规程与滴眼相同，不同之处是在将疫苗滴入鼻孔以后用一手指按住另一鼻孔稍停片刻，待疫苗吸入后再轻轻放回去。

4. 皮下和肌肉注射

注射器及针头要经沸水消毒 15 分钟，并校准注射器的实际用量。注意有时由于注射器活塞弹簧老化，刻度指示量与实际量有偏差；皮下注射的部位应于颈部皮下，在其下 1/3 处向鸡体的方向与颈部纵轴平行刺入 0.5～2 厘米（日龄大刺入的深度大点）；胸部肌肉注射与胸骨大致平行刺入 0.5～2 厘米（日龄较大刺入的深度大点）；肩部肌肉注射与肩胛处的三角肌大致成 40°角斜刺入 0.5～1.5 厘米（日龄大刺入的深度大点）；为了不影响鸡的活动，肌肉注射一般不采用腿部肌肉注射；将疫苗推入后拔出针头时应慢慢拔出，防止疫苗倒流，如注漏或倒流时要补注；如果疫苗是油乳剂苗，在使用前和注射过程中要经常轻轻摇动，使得疫苗均匀。

5. 饮水免疫

为了使每只鸡都能同时饮到足够的疫苗，在饮水免疫前 6～8 小时应停水（具体时间应视天气而定）；提前用有盖塑料桶盛水，待水中杂质自然沉淀后用上清水配制疫苗；配制疫苗的饮水必须不含任何能灭活疫苗的物质；最好加入0.2%脱脂奶粉以保护疫苗；选择在一天当中温度较低的时间接种（最好是凌晨）；必须有足够量且清洗干净（清洗时不能用消毒剂）的饮水器供鸡群饮用；稀释好的疫苗必须在1.5小时内饮用完毕；放养鸡群饮用疫苗时饮水器不能置于阳光下照射。

6. 免疫接种程序

可参考表2-4。

表2-4　肉用种鸡参考免疫程序

日龄	疫苗名称	剂量/份	免疫方法	备注
1	马立克（CVI988）	2	颈部皮下注射	孵化厂完成
	鸡痘（FP）	1	刺翼	
	新支苗（Ma5 + Clone30）	1.2	滴单侧眼	
7	关节炎（S1133）	1	颈部皮下注射	
9	Q苗（5+9）	1	颈部皮下注射	0.3毫升/天
11	法氏囊（IBD）	1	滴口	
15	新城疫（LaSota）	1	滴单侧眼	
	新城疫油苗（NDK）	0.5	颈部皮下注射	
18	法氏囊（IBD）	1.2	饮水	
21	支气管炎（IB4/91）	1	滴单侧眼	
30	新城疫（ND-I系）	2	肌注	
35	喉气管炎（ILT）	1	滴单侧眼	
40	鼻炎（IC）	1	肌注	
47	关节炎（S1133）	1	肌注	限快大鸡
50	Q苗（5+9）	1	肌注	0.6毫升/天
55	支气管炎（IB4/91）	1.2	饮水	
60	新城疫（ND-I系）	3	肌注	
90	新城疫（ND-I系）	3	肌注	

（续表）

日龄	疫苗名称	剂量/份	免疫方法	备注
100	喉气管炎（ILT）	1	单侧滴眼	
105	脑脊髓炎（AE）	1	饮水	
110	鼻炎（IC）	1	肌注	
115	减蛋综合征（EDS-76）	1	肌注	公鸡不做
120	Q 苗（5+9）	1.5	肌注	0.8 毫升/天
138	新城疫（ND-I 系）	3	肌注	
	新支法关油苗	1	肌注	关节炎限快大鸡

七、药物使用操作规程

1. 兽用药物的采购

常规药物一般每年 1 月份和 6 月份根据实际生产需要由场长统一采购；对未使用过的药物要先小批量试用，确定效果后方可批量按计划采购；药物采购原则是：安全、高效、质优、价廉。

2. 兽用药物的保管

药物仓管员必须具有与畜牧兽医相关的知识，能够处理相关问题；药房或专用空间要保持阴凉干燥，干净；每种药物入库时，必须有详细的记录。包括：品名、规格、数量、单价、有效期以及停药期；各种药物的存放要相对独立，勿混放；药物的出仓使用遵循先进先出的原则；详细记录药物的出仓使用情况，每月进行一次月结，一定要货账相符。

3. 兽用药物的使用

必须由场长或技术员进行处方用药，并监督使用；必须建立完整的用药档案，包括：鸡群栏舍、日龄、药物名、剂量、方法、疗程和疗效；严格执行停药期规定；严禁使用违禁药物。

4. 禁用药物名录

己烯雌酚及其衍生物，二苯乙烯类，如己烯雌酚、己烷雌酚、己二烯雌酚；甲状腺抑制剂类，如甲巯咪唑；类固醇激素类，如雌二醇、睾酮、孕激素；二羟基苯甲酸内酯类，如玉米赤霉素醇；β-肾上腺激动剂，如克伦特罗，沙丁胺醇，喜马特罗，特布他林，拉克多巴胺；氨基甲酸酯类，如甲萘威；抗生素类，二甲硝咪唑、呋喃唑酮、洛硝达唑、杆菌肽、阿伏霉素、氯丙嗪、秋水仙碱、氨苯砜、二氯二甲吡啶（氯羟吡啶）、磺胺喹噁啉。

八、卫生防疫操作规程

1. 生活区的卫生消毒

未经场长允许，非本场人员不能进入鸡场。允许进入的人员必须由保卫引导做相应消毒措施后才能进场；不能携带禽类及其未熟产品进场；门卫负责大门口四周卫生，并按要求定期更换门口消毒池里的消毒水；生活区每天由清洁工清理，各宿舍必须保持整洁卫生；生活区定期进行灭“三害”（蚊、蝇、鼠）工作。

2. 生产区的卫生消毒

非生产人员未经场长允许不能进入生产区，员工外出或休息回场，必须冲凉、洗头、更换衣服，并将衣服浸泡消毒；场区谢绝参观，有必要的参观人员，经领导同意后，在消毒室由清洁工引导更换参观服、帽、鞋作相应消毒措施后方可进入。参观服等由清洁工负责清洗消毒并保管；生产人员进入生产区时必须在消毒室更换干净的指定工作服、帽、水鞋，脚踏消毒池后方可进入。每天工作结束后，各自工作服必须清洗干净；生产人员参加别舍鸡群免疫接种等工作时，必须在消毒室内更换防疫专用工作服，防疫完毕工作服由清洁工负责清洗消毒并保管；生产区内各主要通道保持清洁卫生，每月使用20%的石灰乳进行消毒1～2次；清洁工负责每天整理消毒室及更换消毒池的消毒水；收集种蛋用的蛋格在使用前必须经消毒池浸泡消毒；每月进行1～4次的灭“三害”工作；生产区用水的蓄水池定期清理和投放漂白粉消毒（每年2～4次）。

3. 鸡舍内外的卫生消毒

保持鸡舍整洁干净，工具、饲料等堆放整齐；经常清扫水箱、门窗、隔网的灰尘和蜘蛛网；定期清除鸡舍周围的杂草、死水；工作人员进入及离开鸡舍时，必须踏消毒池；鸡舍周围环境每周用2%烧碱溶液消毒；鸡舍内根据具体情况每周进行2～3次的带鸡消毒工作；鸡舍饮水管道每月用冰醋酸浸泡消毒一次。

4. 鸡舍转群空栏时卫生消毒程序

鸡群转群空栏后，次日必须清理完鸡粪；清扫舍内篷顶蜘蛛网、灰尘和地面余粪；将舍内可移动的设备及工具移出鸡舍；鸡舍地面用2%烧碱溶液喷洒消毒；用高压水枪自篷顶向地面彻底冲洗鸡舍和所有设备及工具；用消毒水浸泡饮水器、料桶（槽）和鸡粪垫等；冲洗饮水箱、饮水管内外壁（带有乳头饮水管的水压相应减小，防止将乳头冲脱），排空饮水管水后从自动饮水箱中加入调配好冰醋酸溶液浸泡消毒，24小时后排空消毒液；将冲洗干净的设备及工具移入鸡舍，随后用（30毫升福尔马林+15克高锰酸钾）/米^{3}空间熏蒸消毒，1～5天后开门窗通风换气；下批次鸡群入舍前2天鸡舍再消毒一次。

5. 饲料仓及送料车的卫生防疫规程

饲料原料按不同类别分别堆放于地台板上；原料和成品料要遵循先进先出的原则；饲料仓要经常整理，勤检查原料品质，发现霉变原料和成品料不能使用，并及时上报场长；送料车如作他用，用完必须冲洗并喷雾消毒。

6. 死鸡处理及解剖卫生防疫规程

死鸡（包括做淘汰处理的病残鸡）由专人负责处理，其余人员不能擅自处理；收集处理死鸡用的工具，每天用毕必须及时用指定消毒药喷湿消毒；死鸡解剖必须由技术员以上（包括技术员）职位的人员操作，其余人员不得擅自解剖；解剖死鸡必须在指定的解剖室内进行，其余地方严禁解剖；解剖完毕后，死鸡和解剖台必须及时作相关清理消毒。

7. 鸡粪处理卫生防疫规程

除育雏舍外，其余鸡舍的鸡粪由专人负责清理；清粪工在工作时必须穿戴指定工作服；清粪运输过程中严禁散落鸡粪在道路上；且必须严格按照指定路线行走，不得擅自串道；鸡场设有的鸡粪堆放池是特殊情况下临时使用的，无特殊情况不得堆放鸡粪。如需临时堆放鸡粪，必须请示场长，但不管任何情况，堆放池的鸡粪必须3天内清走。

8. 淘汰鸡销售卫生防疫规程

淘汰鸡由场内指定车辆运至指定区域销售，外来装鸡车辆绝对禁止进场；淘汰鸡销售完毕，车辆、场地要在磅称员的监督下进行严格的冲洗消毒；原则上买鸡老板不得进鸡场，因大额付款须进场时，必须由保卫引导做相应消毒措施后方可进场。

第三节　标准化规模养殖肉鸡孵化场家与个体的选择

一、雏鸡孵化场家的选择

正确评价鸡苗质量：纯度、早期（甚至是2～3周）死亡率、母源抗体水平、生长速度、饲料报酬等。任何一个种鸡场都会有鸡苗质量不好的时候，要及时调整进苗计划并果断更换场家，鸡苗的市场竞争最终不是价格的竞争而是质量和服务的竞争。

选择场家总的要求是：种鸡场要有《种畜禽生产经营许可证》；进鸡时有动物检疫合格证明和车辆消毒证明，并保留完好；要做好完整的引种记录。

品牌选择是第一位的。不管是大型种鸡场还是中型种鸡场（规模养殖和小种鸡场无缘，因为供苗能力不够），只要管理水平达到了，只要口碑好，都在选择的范围之内。优质健康的雏鸡来源于优良的种鸡场，所以在计划购进雏鸡时、做好多方打听和实地考察；要选择具有一定饲养规模、知名度高、信誉良好的雏鸡供应场家。这样的雏鸡场种鸡存栏数量大、饲养设备先进、管理正规、种鸡疾病防控比较到位；只有这样的种鸡场才能够一次性提供大量的、优质的、健康的雏鸡，才能够拥有良好的售后服务。

其次是当雏鸡处于高价位运行时，在雏鸡选择上和开口药的使用上要谨慎，因为雏鸡处于高价位运行时，雏鸡的质量往往难以保障，且雏鸡供应数量减少，原因主要是因为种鸡群生病或淘汰增多，造成种鸡产蛋率和孵化率降低。这种情况下种蛋的筛选和雏鸡的挑选都不会太严格，加上一些疾病的垂直传播，雏鸡的质量往往难以保障，所以此阶段育雏，在选雏上更要谨慎，选一些品牌大、规模大、信誉好的雏鸡场家，并且做好各项育雏工作的准备，保证育雏阶段的顺利进行。

二、雏鸡个体的选择

选择生长发育好、品种特征显著、生产性能优良、精神饱满、健康无病的适龄种鸡群生产的雏鸡，是肉鸡养殖成功的重要前提。好的雏鸡要求出壳时间正常、集中、整齐，出壳过早或过迟是因种蛋质量差或孵化温度不当所致，饲养难度大。

（一）优质雏鸡的表现

优质健康的雏鸡表现为：眼大有神、叫声响亮、活泼好动、挣扎有力、反应灵敏；腹部大小适中、柔软，脐部愈合良好，无毛区小并被周围绒毛覆盖；肛门周围干净，肛周绒毛干燥；个体均匀、雏鸡平均体重应在40克以上；畸形雏如三条腿雏、歪嘴雏、无下颌雏等较少。

弱雏、残雏表现呆立、低头、闭眼、反应迟钝，抓在手中挣扎无力；脐部吸收不良，有血迹，无毛区大，腹部膨大且硬，颜色不正常；肛周粘有粪便，绒毛稀少；腿爪异常、喙异常，跛行，有眼疾。对于先天有病的雏鸡，坚决不能进，不要贪图一时的价格便宜，更不要期望进鸡后药物治疗后可以改善；雏鸡应无白痢、支原体、尖峰死亡综合征与沙门氏菌等垂直传播疾病。

（二）优质雏鸡的选择

① 雏鸡须孵自52 ~ 65克重的种蛋，对过小或过大的种蛋孵出的雏鸡必须单独饲养，同一批雏鸡应来自同一批种鸡的后代。

② 雏鸡羽毛良好，清洁而有光泽。

③ 雏鸡脐部愈合良好，无感染，无肿胀，不残留黑线，肛门周围羽毛干爽。

④ 雏鸡眼睛圆而明亮，站立姿势正常，行动机敏、活泼，握在手中挣扎有力。对拐腿、歪头、眼睛有缺陷或交叉嘴的雏鸡要剔出。

⑤ 鸡爪光亮如蜡，不呈干燥脆弱状。

⑥ 雏鸡出壳时间在孵化 20. 5 ~ 21 天。

⑦ 对挑选好的雏鸡，准确清点数量，同时要签订购雏合同。孵化场家一般要进行 1 日龄新城疫的雾化免疫。

（三）雏鸡的接运

雏鸡的运输是一项技术性强的细致工作，要求迅速、及时、安全、舒适到达目的地。

1. 接雏时间

应在雏鸡羽毛干燥后开始，至出壳后 36 小时结束，如果远距离运输，也不能超过 48 小时，以减少中途死亡。

2. 装运工具

运雏时最好选用专门的运雏箱（如硬纸箱、塑料箱、木箱等），规格一般为 60 厘米 ×45 厘米 ×20 厘米，内分 2 个或 4 个格，箱壁四周适当设通气孔，箱底要平而且柔软，箱体不得变形。在运雏前要注意雏箱的清洗消毒，根据季节不同每箱可装 80 ~ 100 只雏鸡。运输工具可选用车、船、飞机等。

3. 装车运输

主要考虑防止缺氧闷热造成窒息死亡或寒冷冻死，防止感冒拉稀。装车时箱与箱之间要留有空隙，确保通风。夏季运雏要注意通风防暑，避开中午运输，防止烈日曝晒发生中暑死亡。冬季运输要注意防寒保温，防止感冒及冻死，同时也要注意通风换气，不能包裹过严，防止闷死。春、秋季节运输气候比较适宜，春、夏、秋季节运雏要备有防雨用具。如果天气不适而又必须运雏时，则要加强防护措施，在途中还要勤检查，观察雏鸡的精神状态是否正常，以便及时发现问题，及时采取措施。无论采用哪种运雏工具，都要做到迅速、平稳，尽量避免剧烈震动，防止急刹车，尽量缩短运输时间，以便及时开食、饮水。

4. 雏鸡的安置

雏鸡运到目的地后，将全部装雏盒移入育雏舍内，分放在每个育雏器附近，保持盒与盒之间的空间流畅，把雏鸡取出放入指定的育雏器内，再把所有的雏盒移出舍外。对一次用的纸盒要烧掉；对重复使用的塑料盒、木箱等应清除箱底的垫料并将其烧毁，下次使用前对雏盒进行彻底清洗和消毒。

第三章 肉鸡饲料与饲料添加剂

第一节 肉鸡的营养需要

一、肉鸡的营养需求特点

肉鸡营养需求主要是肉鸡对能量、蛋白质、维生素、矿物质和微量元素的需求。在这些营养需求中，能量需求易受管理和环境的改变而改变。目前，肉鸡都饲养在非常好的环境中，有足够的料位、水位，运动量少，因此，仅需少许能量供其活动即可。

（一）蛋白质和能量

实践证明，低蛋白（CP < 16%），或高蛋白低能量（CP > 22%，ME < 2700 千卡❶/千克）的饲料可使增重缓慢，而高蛋白高能量才可满足肉仔鸡生长发育的需要，增重快。因此，在肉鸡生产过程中，提倡采用高蛋白高能量饲料。但过高的蛋白、高能、高脂易发生腹水症，死亡率 > 10%。要按标准掌握好蛋白能量水平。一般要求粗蛋白（CP）水平：育雏阶段 22%，育成阶段 20%，后期 18%。代谢能（ME）水平：育雏阶段 3050 千卡/千克，育成阶段 3150 千卡/千克，后期 3200 千卡/千克。能量太高会影响采食量，经济效益也不合算，采食不足又难以增重，因此，应注意调配。

日粮能量的控制可按蛋能比调整，蛋能比 = ME（千卡/千克）/CP（%）。具体蛋能比参考数据：0 ~ 21 日龄，135 ~ 140；22 ~ 34 日

❶ 1 千卡 = 4.1868 千焦。

龄，160～165；35 日龄以后，175～180。

代谢能×料肉比≤6 000 千卡/千克为最佳，如超过应调节代谢能或蛋白，以达到最佳经济效益。

1. 蛋白质、能量含量的比例

影响肉鸡生长和饲料效率的最大问题之一是饲料中蛋白质含量和能量含量的比例。饲料中能量与蛋白质的含量处于最佳配比，才能使增重最高，饲料转化率最高。如果提高饲料中的能量，则能量蛋白比扩大，增重开始下降。这是因为肉鸡的采食量是由能量决定的，能量摄取够了，鸡便会停止采食，所以，能量增加，鸡只为调整体内代谢需求，而采食量降低，蛋白质的摄取量必然下降，故使增重减低；许多增重、饲料效率的问题皆因饲料中能量、蛋白质不平衡所致。而饲料能量、蛋白质的平衡会因鸡只日龄、饲粮组成、环境温度和各种应激因素变化而变化。

2. 合理的蛋白质摄取量

蛋白质是影响肉鸡增重和饲料效率最主要的养分之一，它有一最适当的摄取量。若超过最高肌肉生长之需求量时，反而对鸡只有害。因为过量的蛋白质摄取，致使吸收过多的氨基酸，须进一步代谢为尿酸排出。此代谢过程不仅需要能量、水分，而且需维生素和矿物质参与，增加肉鸡对这些养分的需求。此外，因代谢之负担形成过多的体热散发，这对处于热紧迫环境下的肉鸡群是有害的、不必要的。上述提过需要很多的水以排泄过多的尿酸，这问题在夏季时影响不大；冬春季时，则因通风减少，可能会发生少许问题。如因尿酸排泄增加，舍内氨气浓度增加，势必增加呼吸道病的发生率。

（二）维生素

饲料中的维生素往往超量，它很便宜，摄取过量也相当安全，况且在不良环境、疾病、快速生长的紧迫下，维生素的需求量增加。因此，我们常喂饲较多的维生素。

（三）矿物质

矿物质喂饲不应超过鸡只需求。矿物质间存在复杂的交互作用，但目前仅知少部分关系。过量的钙会影响机体磷、锌的吸收。且钙与蛋白质间也会交互影响，这主要是受钙、硫间作用，高钙饲粮必须提高含硫氨基酸含量。矿物质过量的最大问题还在于影响电解质或酸碱平衡。

肉鸡不同生长阶段的营养需要见表3－1。

表3－1　肉鸡不同生长阶段的营养需要（每千克饲料含量，90%干物质）

营养素	0～3周龄	3～6周龄	6～8周龄
粗蛋白/%	23	20	18
精氨酸/%	1.25	1.1	1
甘氨酸＋丝氨酸/%	1.25	1.14	0.97
组氨酸/%	0.35	0.32	0.27
异亮氨酸/%	0.8	0.73	0.62
亮氨酸/%	1.2	1.09	0.93
赖氨酸/%	1.1	1	0.85
蛋氨酸/%	0.5	0.38	0.32
蛋氨酸＋胱氨酸/%	0.9	0.72	0.6
苯丙氨酸/%	0.72	0.65	0.56
苯丙氨酸＋酪氨酸/%	1.34	1.22	1.04
脯氨酸/%	0.6	0.55	0.46
苏氨酸/%	0.8	0.74	0.68
色氨酸/%	0.2	0.18	0.16
缬氨酸/%	0.9	0.82	0.7
亚油酸/%	1	1	1
钙/%	1	0.9	0.8
氯/%	0.2	0.15	0.12
镁/毫克	600	600	600

（续表）

营养素	0～3周龄	3～6周龄	6～8周龄
非植酸磷/%	0.45	0.35	0.3
钾/%	0.3	0.3	0.3
钠/%	0.2	0.15	0.12
铜/毫克	8	8	8
碘/毫克	0.35	0.35	0.35
铁/毫克	80	80	80
锰/毫克	60	60	60
硒/毫克	0.15	0.15	0.15
锌/毫克	40	40	40
维生素A/国际单位	1 500	1 500	1 500
维生素 D_3/国际单位	200	200	200
维生素E/国际单位	10	10	10
维生素K/毫克	0.5	0.5	0.5
维生素 B_{12}/毫克	0.01	0.01	0.007
生物素/毫克	0.15	0.15	0.12
胆碱/毫克	1 300	1 000	750
叶酸/毫克	0.55	0.55	0.5
烟酸/毫克	35	30	25
泛酸/毫克	10	10	10
吡哆醇/毫克	3.5	3.5	3
核黄素/毫克	3.6	3.6	3
硫胺素/毫克	1.8	1.8	1.8

注：0～3周龄、3～6周龄、6～8周龄的年龄段划分源于研究的时间顺序；肉鸡不需要粗蛋白本身，但必须供给足够的粗蛋白以保证合成非必需氨基酸的氮供应；粗蛋白建议值是基于玉米－豆粕型日粮提出的，添加合成氨基酸时可下调；当日粮含大量非植酸磷时，钙需要量应增加

二、肉鸡的营养标准

（一）优质鸡的饲料营养

优质鸡的营养没有可供参考的国家标准，多数饲料场采用育种单位并没有经过认真研究的鸡种推荐标准，有些饲养户甚至使用快速肉鸡的营养标准，这些营养标准绝大多数高于优质鸡的生长需求，因而影响其饲料报酬。优质鸡不同鸡种的差异较大，标准难以统一；满足优质鸡的营养需要是既充分发挥鸡种生长潜力，又提高饲料经济报酬的首要条件。在实际生产中应以鸡种推荐的营养需要标准为基础，以提高饲料经济报酬目标，适当降低营养标准。此外，还要注意饲料的多样化，改善鸡肉品质。

（二）优质鸡的参考营养标准

为了合理的饲养鸡群，既要充分发挥它们的生产能力，又不浪费饲料，必须对各种营养物质的需要量规定一个大致标准，以便在饲养实践中有所遵循，这个标准就是营养标准。而作为肉用新类型鸡，是我国近几年才发展起来的，因此它在营养需要方面就有其特殊性。

下面介绍一些参考营养标准。

1. 优质鸡的营养标准

优质鸡的生长速度不求快、生长期长，对饲料中的营养要求相对来说会低一些，下面列出其粗蛋白、代谢能、钙、磷等主要营养需要，其他营养需要参照肉仔鸡标准可适当减少。

（1）优质种鸡营养标准见表3－2。

表3－2　优质种鸡营养标准

项目	后备鸡阶段/周龄		产蛋期/周龄	
	0～5	6～14	15～19	20周以上
代谢能/（兆焦/千克）	11.72	11.3	10.88	11.30
粗蛋白/%	20.0	15	14	15.5

（续表）

项目	后备鸡阶段/周龄		产蛋期/周龄	
	0～5	6～14	15～19	20周以上
蛋能比/（克/兆焦）	—	17	13	14
钙/%	0.90	0.60	0.60	3.25
总磷/%	0.65	0.50	0.50	0.60
有效磷/%	0.50	0.40	0.40	0.40
食盐/%	0.35	0.35	0.35	0.35

（2）优质肉鸡营养标准见表3－3。

表3－3　优质肉鸡营养标准

项目	周龄			
	0～5	6～10	11	11周后
代谢能/（兆焦/千克）	11.72	11.72	12.55	13.39～13.81
粗蛋白/%	20.0	18.0～17.0	16.0	16.0
蛋能比/（克/兆焦）	17	16	13	13
钙/%	0.9	0.8	0.8	0.7
总磷/%	0.65	0.60	0.60	0.55
有效磷/%	0.50	0.40	0.40	0.40
食盐/%	0.35	0.35	0.35	0.35

以上标准主要针对地方特有品种。

2. 快长型鸡营养标准

中速、快速型鸡，含有部分肉用仔鸡血缘，肉鸡的生长性能介于肉用仔鸡和地方品种之间，13周龄体重为1.6～2.0千克；而成年母鸡的体重和繁殖性能比较接近肉用仔鸡种鸡，所以这两个类型的鸡的营养标准可根据这些生理特点而确定。

（1）中速、快速型种鸡营养标准见表3－4。

表 3－4　中速、快速型种鸡营养标准

项目	后备鸡阶段/周龄		产蛋期/周龄	
	0～5	6～14	15～22	23 周以上
代谢能/(兆焦/千克)	12.13	11.72	11.3	11.30
粗蛋白/%	20.0	16.0	15.0	17.0
蛋能比/(克/兆焦)	16.5	14.0	13.0	15.0
钙/%	0.90	0.75	0.60	3.25
总磷/%	0.75	0.60	0.50	0.70
有效磷/%	0.50	0.50	0.40	0.45
食盐/%	0.37	0.37	0.37	0.37

（2）中速、快速型商品肉鸡营养标准见表 3－5。

表 3－5　中速、快速型商品肉鸡营养标准

项目	周龄			
	0～1	2～5	6～9	10～13
代谢能/(兆焦/千克)	12.55	11.72～12.13	13.81	13.39
粗蛋白/%	20.0	18.0	16	23.0
蛋能比/(克/兆焦)	16.0	15.0	11.5	17.0
钙/%	0.9～1.1	0.9～1.1	0.75～0.9	0.9
总磷/%	0.75	0.65～0.7	0.60	0.7
有效磷/%	0.55～0.60	0.5	0.45	0.55
食盐/%	0.37	0.37	0.37	0.37

3. 应用本标准推荐的营养需要时，应注意的问题及影响营养需要的因素

凡饲养标准或营养需要的制订都是以一定的条件为基础的，有其适用范围，故在应用本推荐营养需要时应注意如下事情。

（1）所列指标以全舍饲养条件为主，如果大运动场放养时可适当调整。

（2）以上标准，最少应满足以下指标：代谢能、粗蛋白、蛋白能量比、钙、磷、食盐、蛋氨酸（或蛋氨酸和胱氨酸）、赖氨酸与色氨酸。

（3）表中所列营养需要量还受下列因素的影响。

① 遗传因素。鸡的不同种类以及不同品种、不同性别、不同年龄对营养需要都有变化，特别是对蛋白质的要求。因此，应根据饲养的具体鸡种，适当调整。

② 环境因素。在环境诸因素中，温度对营养需要影响最大。首先是影响采食量，为了保证鸡每天能采食到足够的能量、蛋白质及其他养分，应根据实际气温调整饲粮的营养含量。

③ 疾病以及其他应激因素。发生疾病或转群、断喙、疫苗注射、长途运输等，通常维生素的消耗量比较大，应酌情增加。

三、肉鸡的理想氨基酸模式

理想氨基酸模式最初是根据鸡蛋的必需氨基酸的组成比例提出的，目前主要应用于肉鸡的研究中，而蛋鸡的理想氨基酸模式应用却相对较少。现将肉鸡的理想氨基酸模式列在表 3－6，以供参考。

表 3－6　肉鸡的理想氨基酸模式

氨基酸	0～21 日龄			21～42 日龄		
	理想模式	绝对量		理想模式	绝对量	
		公鸡	母鸡		公鸡	母鸡
赖氨酸	100	1.12	1.02	100	0.94	0.85
蛋氨酸＋胱氨酸	72	0.81	0.74	75	0.71	0.64
精氨酸	105	1.18	1.07	105	0.99	0.89
缬氨酸	77	0.86	0.79	77	0.72	0.66
苏氨酸	67	0.75	0.68	73	0.69	0.62
色氨酸	16	0.18	0.16	17	0.16	0.15

（续表）

氨基酸	0～21日龄			21～42日龄		
	理想模式	绝对量		理想模式	绝对量	
		公鸡	母鸡		公鸡	母鸡
异亮氨酸	67	0.75	0.32	67	0.63	0.57
组氨酸	31	0.35	1.07	31	0.29	0.26
苯丙氨酸+酪氨酸	105	1.18	105	105	0.99	0.89
亮氨酸	111	1.24	1.13	111	1.04	0.94

由此可见，肉鸡不同生长阶段的理想氨基酸模式基本一致，但绝对需要量却有差异，而公鸡的氨基酸绝对需要量比母鸡高。据研究，理想氨基酸模式不受环境条件及饲粮能量高低的影响，而氨基酸需要量却与之有关。

第二节　肉鸡常用饲料

鸡的饲料种类繁多，根据营养物质含量的特点，大致可分为能量饲料、蛋白质饲料、维生素饲料、矿物质饲料和饲料添加剂等。

一、能量饲料

这类饲料富含淀粉、糖类和纤维素，包括谷实类、糠麸类、块根、块茎和瓜类，以及油、糖蜜等，是肉鸡饲料主要成分，用量占日粮的60%左右，此类饲料的粗蛋白含量不超过20%，一般不超过15%，粗纤维低于18%，所以仅靠这种饲料喂鸡不能满足肉鸡的需要。

（一）谷实类

谷实类饲料的缺点是：蛋白质和必需氨基酸含量不足，粗蛋白含量一般为8%～14%，特别是赖氨酸、蛋氨酸和色氨酸含量少。钙的含量一般低于0.1%，而磷含量可达0.314%~0.45%，缺乏维生素A和维生素D。

1. 玉米

玉米是养鸡业中最主要的饲料之一，含代谢能高达12.55~14.10兆焦/千克，粗蛋白8.0%~8.7%，粗脂肪3.3%~3.6%，无氮浸出物70.7%~71.2%，粗纤维1.6%~2.0%，适口性强，易消化。黄玉米一般每千克含维生素A 3 200~4 800IU（国际单位），白玉米含维生素A仅为黄玉米含量的1/10。黄玉米还富含叶黄素，是蛋黄和皮肤、爪、喙黄色的良好来源。玉米的缺点是蛋白质含量低且品质较差，色氨酸（0.07%）和赖氨酸（0.24%）含量不足，钙（0.02%）、磷（0.27%）和B族维生素（维生素B_1除外）含量亦少。玉米油中含亚油酸丰富。玉米易感染黄曲霉菌，贮存时水分应小于13%。在鸡日粮中，玉米可占50%~70%。

2. 小麦

小麦含能量约为玉米的90%，约12.89兆焦/千克，蛋白质多，一般为12%~15%，氨基酸比例比其他谷类完善，B族维生素也较丰富。适口性好，易消化，可以作为鸡的主要能量饲料，一般可占日粮的30%左右。但因小麦中不含类胡萝卜素，如对鸡的皮肤和蛋黄颜色有特别要求时，应适当予以补充。当日粮含小麦50%以上时，鸡易患脂肪肝综合征，必须考虑添加生物素。小麦的β-葡聚糖（5克/千克）和戊聚糖（61克/千克）的含量比玉米高，在饲料中添加相应的酶制剂可改善肉鸡的增重和饲料转化率。小麦的蛋白质和氨基酸含量受遗传和环境影响较大。

3. 大麦

大麦碳水化合物含量稍低于玉米，蛋白质含量约12%，稍高于玉米，品质也较好，赖氨酸含量高（0.44%）。适口性稍差于玉米和小麦，而较高粱好，但如粉碎过细、用量太多，因其黏滞，鸡不爱吃。粗纤维含量较多，烟酸含量丰富，日粮中的用量以10%~20%为宜，大量饲喂会使鸡蛋着色不佳，大麦的β-葡聚糖（33克/千克）和戊聚糖（76克/千克）含量较多，在饲料中添加相应的酶制剂可改善肉鸡的增重和饲料转化率，雏鸡日粮中超过30%可引起雏鸡生长减慢，且会因在肠道内发生秘结而死亡。限制饲养的肉种鸡每日下午或停料日，每只鸡喂给约10克大麦或燕麦效果好。

（二）糠麸类

糠麸类含无氮浸出物较少，粗纤维含量较多，含磷量高，但主要是植酸磷（约70%），鸡对此利用率很低，B族维生素含量丰富。由于这类饲料营养特点，主要用于种鸡和育成鸡。

1. 麦麸

小麦麸蛋白质、锰和B族维生素含量较多，适口性强，为鸡最常用的辅助饲料。但能量低，ME约为6.53兆焦/千克，粗蛋白约为14.7%，粗脂肪3.9%，无氮浸出物53.6%～71.2%，粗纤维8.9%，灰分4.9%，钙0.11%，磷0.92%，但其中植酸磷含量（0.68%）高，含有效磷0.24%，麦麸纤维含量高，容积大，属于低热能饲料，不宜用量过多，一般可占日粮的3%～15%，育成鸡可占10%～20%。有轻泻作用。大麦麸在能量、蛋白质和粗纤维含量上都优于小麦麸。

2. 米糠

含脂肪、纤维较多，富含B族维生素，用量太多易引起消化不良，常作辅助饲料，一般可占种鸡日粮的5%～10%。

（三）油脂

动物脂肪和油脂是含能量最高的能量饲料，动物油脂ME为32.2兆焦/千克，植物油脂含ME为36.8兆焦/千克，适合于配合高能日粮。在饲料中添加动、植物油脂可提高生产性能和饲料利用率。肉用仔鸡日粮中一般可添加5%～10%。

二、蛋白质饲料

凡饲料干物质中粗蛋白含量超过20%，粗纤维低于18%的饲料均属蛋白质饲料。根据来源不同，分为植物性蛋白质饲料和动物性蛋白质饲料两大类。

（一）植物性蛋白质饲料

包括饼粕、豆科籽实及一些加工副产品。

1. 大豆饼和大豆粕

大豆经压榨去油后的产品通称“饼”，用溶剂提油后的产品通称“粕”，它们是饼粕类饲料中最富有营养的一种饲料，粗蛋白含量42%～46%。大豆饼（粕）含赖氨酸高，味道芳香，适口性好，营养价值高，一般用量占日粮的10%～30%。大豆饼（粕）的氨基酸组成接近动物性蛋白质饲料，但蛋氨酸、胱氨酸含量相对不足，故以玉米－豆饼（粕）为基础的日粮通常需要添加蛋氨酸。但是，如果日粮中大豆饼（粕）含量过多，可能会引起雏鸡粪便粘着肛门的现象，还会导致鸡的爪垫炎。加热处理不足的大豆饼含有抗胰蛋白酶因子、脲素酶、血球凝集素、皂素等多种抗营养因子或有毒因子，鸡食入后蛋白质利用率降低，生长减慢，产蛋量下降。

2. 花生饼粕

营养价值仅次于大豆饼粕，适口性优于大豆饼粕，含粗蛋白38%左右，有的饼粕含粗蛋白高达44%～47%，含精氨酸、组氨酸较多。配料时可以和鱼粉、豆饼一起使用，并添加赖氨酸和蛋氨酸。花生饼易感染黄曲霉毒素，使鸡中毒，贮藏时切忌发霉，一般用量可占日粮的15%～20%。

3. 菜籽饼粕

粗蛋白含量34%左右，粗纤维含量约11%。含有一定芥子苷（含硫苷）毒素，具辛辣味，适口性较差，产蛋鸡用量不超过10%，后备生长鸡5%～10%，经脱毒处理可增加用量。菜饼用量过多，鸡会由于甲状腺肿大停止生长，所产的蛋有时带有“鱼腥”味或其他异味，是蛋黄中含有过量的三甲胺引起的。

4. 棉仁饼粕

粗蛋白含量丰富，可达32%～42%，氨基酸含量较高，微量元素含量丰富、全面，含代谢能较低。粗纤维含量较高，约10%，高者达18%。棉仁饼粕含游离棉酚和棉酚色素，棉酚含量取决于棉籽的品种和加工方法。一般来说，预压浸提法生产的棉仁饼粕棉酚含量较低，赖氨酸的消化率较高。雏鸡对棉酚的耐受力较成年鸡差；棉酚中毒有蓄积性，棉酚可使鸡蛋呈橄榄色，鸡蛋蛋白变成粉红色；棉酚可与消化道和鸡体的铁形成复合物，导致缺铁，添加0.5%～1%硫酸亚铁粉可结合部分棉酚而去毒，并可提高棉仁饼的营养价值。棉仁饼一般不宜单独使用，喂量过多不仅影响蛋品质，而且还降低种蛋受精率和孵化率，种鸡尽量不用。一般用量不超过日粮的5%，低毒或去毒棉仁饼可增加用量，如添加少量鱼粉或蛋氨酸及赖氨酸可代替豆饼使用。

（二）动物性蛋白质饲料

1. 鱼粉

鱼粉是养鸡最佳的蛋白质饲料，营养价值高，必需氨基酸含量全面，特别富含植物性蛋白质饲料缺乏的蛋氨酸、赖氨酸、色氨酸，并含有大量B族维生素和丰富的钙、磷、锰、铁、锌、碘等矿物质，还含有硒和促生长的未知因子，是其他任何饲料所不及的，可用于调节日粮氨基酸的平衡，对雏鸡生长和成鸡产蛋、繁殖都有良好效能。含粗蛋白可达55%～77%，一般进口鱼粉含粗蛋白60%，多为棕黄色。国产优质鱼粉含粗蛋白可达55%，而一般鱼粉含粗蛋白35%～55%，灰褐色，含盐量高。选用鱼粉要注意质量，以免引起鸡的食盐中毒。鱼粉含粗脂肪约10%。一般用量占日粮的2%～8%。饲喂鱼粉可使鸡发生肌胃糜烂，特别是加工错误或贮存中发生过自燃的鱼粉中含有较多的“肌胃糜烂因子”。鱼粉还会使鸡肉和鸡蛋出现不良气味。鱼粉应贮存在通风和干燥的地方，否则容易生虫或腐败而引起中毒。因鱼粉含大肠杆菌较多，易污染沙门氏菌，国内有关部门规定曾祖代鸡日粮不用鱼粉，祖代鸡不用或少用。国外早已采用无鱼粉饲料，国内开发出的无鱼粉日粮，不仅降低了饲料成本，还有利于种鸡健康，受到养鸡场的普遍欢迎。

2. 肉骨粉

肉骨粉是屠宰场或病死畜尸体等经高温、高压处理后脱脂干燥制成。营养价值取决于所用的原料，饲喂价值比鱼粉稍差，含蛋白质50%左右，含脂肪较高。最好与植物蛋白质饲料混合使用，雏鸡日粮用量不要超5%，成鸡可占5%～10%。肉骨粉容易变质腐败，喂前应注意检查。

3. 蚕蛹粉、蚯蚓粉

全脂蚕蛹粉含粗蛋白约54%，粗脂肪约22%。脱脂蚕蛹粉含粗蛋白约64%，粗脂肪约4%，维生素B_2含量较多。蚯蚓粉含蛋白质可达50%～60%，必需氨基酸组成全面，脂肪和矿物质含量较高，加工优良的蚯蚓粉饲喂效果与鱼粉相似。鲜蚯蚓喂鸡效果更佳。蚯蚓粪含蛋白质也较多，还含有未知因子，可促进鸡的生长和产蛋。

4. 羽毛粉、血粉

水解羽毛粉含蛋白质近80%，含有较多的含硫氨基酸，但赖氨酸、色氨酸和组氨酸含量低，这是造成羽毛粉蛋白质生物学价值低的主要原因。水解羽毛粉的加工大多是高压蒸煮后烘干粉碎制成。羽毛制作方法适宜，蛋白质消化率可达75%以上。羽毛粉仅作蛋白质补充饲料，使用量一般限制在2.5%左右。血粉是动物鲜血经蒸煮、压榨、干燥或浓缩喷雾干燥或用发酵法制成，呈黑褐色，其粗蛋白含量达80%以上，但其蛋白质可消化性较其他动物性饲料差，适口性不好。据研究，发酵血粉和喷雾干燥血粉可提高蛋白质利用率。血粉氨基酸的含量很不平衡，赖氨酸非常多，但异亮氨酸、蛋氨酸缺乏，钙、磷含量很少。铁含量很高，每千克血粉可含铁1 000毫克。没有设备的地方土法也能生产血粉。夏日，从屠宰场收集新鲜血液在6小时内与等量的麸皮混合摊在水泥地上，越薄越好（不超过2.5厘米），每小时翻动一次，6小时左右可晒干，并可久存。

三、矿物质饲料

（一）含钙饲料

贝壳、石灰石、蛋壳均为钙的主要来源，其中，贝壳最好，含钙多，易被鸡吸收，饲料中的贝壳最好有一部分碎块。石灰石含钙也很高，价格便宜，但有苦味，注意镁的含量不得过高（不超过0.5%），还要注意铅、砷、氟的含量不超过安全系数。蛋壳经过清洗煮沸和粉碎之后，也是较好的钙质饲料。这3种矿物质饲料用量，雏鸡占日粮的1%左右，产蛋鸡占日粮的5%～8%。此外，石膏（硫酸钙）也可作钙、硫元素的补充饲料，但不宜多喂。

（二）富磷饲料

骨粉、磷酸钙、磷酸氢钙是优质的磷、钙补充饲料。骨粉是动物骨骼经高温、高压、脱脂、脱胶、碾碎而成。因加工方法不同，品质差异很大，选用时应注意磷含量和防止腐败。一般以蒸制的脱胶骨粉质量较好，钙、磷含量可分别达30%和14.5%，磷酸钙等磷酸盐在使用中应注意其中的氟含量不要超标。骨粉用量一般为日粮的1%～2.5%，磷酸盐一般占1%～1.5%，磷矿石一般含氟量高并含其他杂质，应做脱氟处理。饲用磷矿石含氟量一般不宜超过0.04%。

（三）食盐

食盐为钠和氯的来源，雏鸡用量占日粮的0.25%～0.3%，成鸡占0.3%～0.4%，如日粮中含有咸鱼粉或饮水中含盐量高时，应弄清含盐量，在配合饲料中减少食盐用量或不加。

（四）其他

沙砾有助于肌胃的研磨力，笼养和舍饲鸡一般应补给。虽然最新研究认为，喂沙砾并不能提高饲料转化率和生产性能，但是，有研究表明，现在用低纤维、高能饲粮养鸡，喂沙砾可减少肌胃腐蚀的发生。不喂沙砾时，雏鸡啄食垫草或羽毛，损伤肠道，日粮中一般添加0.5%～1%的沙砾，也可单独补饲，但要注意，种鸡停料日喂沙砾，容易采食过量。麦饭石、沸石和膨润土等，不仅含有常量元素，还富含微量元素，并且由于这些矿物结构的特殊性，所含元素大都具有可交换性和溶出性，因而容易被动物吸收利用，提高鸡的生产性能。饲料中添加2.5%～5%麦饭石、5%沸石、1.5%～3%的膨润土，对提高鸡的生产性能和饲料转化率均有良好效果。此外，它们还具有较强的吸附性，如沸石和膨润土有减少消化道氨浓度的作用。

四、氨基酸

1. DL-蛋氨酸

DL-蛋氨酸是有旋光性的化合物，分为D型和L型。在鸡体内，L型易被肠壁吸收。D型要经酶转化成L型后才能参与蛋白质的合成，工业合成的产品是L型和D型混合的外消旋化合物，是白色片状或粉末状晶体，具有微弱的含硫化合物的特殊气味，易溶于水、稀酸和稀碱，微溶于乙醇，不溶于乙醚。其1%水溶液的pH值为5.6～6.1。

2. L-赖氨酸

L-赖氨酸化学名称是L-2，6-二氨基已酸，白色结晶。赖氨酸由于营养需要量高，许多饲料原料中含量又较少，故常常是第一或第二限制性必需氨基酸。谷类饲料中赖氨酸含量不高，豆类饲料中虽然含量高，但是，作为鸡饲料原料的大豆饼或大豆粕均是加工后的副产品，赖氨酸遇热或长期贮存时会降低活性。在鱼粉等动物性饲料中赖氨酸虽多，但也有类似失活的问题。因而在饲料中可被利用的赖氨酸只有化学分析得到数值的80%左右。在赖氨酸的营养上尚存在与精氨酸之间的拮抗作用。肉用仔鸡的饲料中常添加赖氨酸使之有较高的含量，这易造成精氨酸的利用率降低，故要同时注意调整配方，提高精氨酸含量。

其他作为饲料用的维生素、微量元素预混剂、饲用抗病药物、饲料改善剂，因市场上有很多成品出售，养鸡场可参考具体产品的使用说明了解其性质，以便配料时购买使用。

第三节 肉鸡饲料中允许使用的饲料添加剂

饲料添加剂是指配合饲料中加入的各种微量物质。这些微量物质是维持肉鸡高生长率而一般饲料中又易缺乏的物质。这些添加剂主要有以下几种。

一、维生素添加剂

（一）科学添加维生素

机体对维生素的需求量并不是一成不变的，随着年龄、生理状态、健康状况、环境状况的变化需求量也在变化（见表3－7至表3－9）。日常饲料中维生素的添加量，是根据肉鸡健康状态下，实验环境里测定的数据来决定的，然而实际生产中由于生长阶段不同，饲养环境不同，再加上转群、免疫、强制换羽、气温变化、惊吓等应激以及患病状态下，机体对维生素的需求量也在增加。所以说，根据肉鸡的生理特点、环境状况、健康情况重视维生素添加应用，是保证肉鸡健康生长的必要条件。

表3－7 生理因素对肉鸡维生素需求量的影响

影响因素	受影响维生素种类	需要增加的比例
入雏至两周龄	维生素A、维生素D、维生素E、维生素C及B族维生素	30%～50%
产蛋种鸡	补充复合多维	40%～50%

表 3－8　管理因素对肉鸡维生素需求量的影响

影响因素	受影响维生素的种类	需要增加的比例
高温应激	维生素 C	50～100 毫克/千克配合饲料
低温应激	补充复合多维	20%～30%
扩群，断喙	补充复合多维	10%～20%
使用未加稳定剂的、含有过氧化物的脂肪	维生素 A、维生素 D、维生素 E、维生素 K	100%或更高
使用亚麻籽饼	维生素 B_6	50%～100%
笼养、密集饲养	B 族维生素、维生素 K	40%～80%
免疫接种	维生素 A、维生素 D、维生素 E、维生素 C	20%～30%

表 3－9　病理因素对肉鸡维生素需求量的影响

影响因素	受影响维生素的种类	需要增加的比例
呼吸道疾病	维生素 A、维生素 E、维生素 K	50%～100%
球虫病	维生素 A、维生素 K	100%或更高
脂肪肝症	维生素 E	50%～100%
禽脑脊髓炎	维生素 A、维生素 E、维生素 K、维生素 C	100%或更高

（二）维生素的选择和添加的时间

维生素的品牌很多，价格相差悬殊，质量更是参差不齐。好的维生素并不是味道香就好，甜就好，好的维生素是没有香味和甜味的，是维生素所特有的气味，是稳定性好、容易吸收、方便使用如纳米维生素。所以在选择维生素上，一定要选择有质量保证、信誉良好的厂家生产的，好的维生素在生产上是有明显效果的，可以通过饲喂对比试验进行选择；其次根据维生素添加的方式选择是粉状或是液体维生素；尤其是规模化养殖场，饮水多数采用水线，为了减少水线堵塞的概率，一般建议应用液体维生素。在使用液体维生素时，对于已经开封的要尽快用完，防止氧化。

在肉鸡的饲养过程中，维生素添加的时机是：育雏阶段，防疫前、中、后，各种应激状态下，如转群、低温、高温、过度喂料等。

二、微量元素添加剂

常需添加的微量元素有铜、铁锌、硒、锰等，这些元素常以盐类作为添加剂，在日粮中添加剂量较少，一般是0.01%～0.1%，常使用玉米或面粉作为扩散剂，因此应注意混合均匀。

三、氨基酸添加剂

添加于饲料中的氨基酸，主要是植物性饲料中最缺的必需氨基酸，用作添加剂的主要是人工合成的赖氨酸和蛋氨酸，添加剂量一般是0.02%～0.05%。

四、抗氧化剂

优质肉鸡饲料由于含油脂较多，在贮存过程中，其中的油脂和脂溶性维生素等会自动氧化，使饲料变质，因此在较长时间贮存优质肉鸡饲料时，配合饲料中添加抗氧化剂是必须的。

五、防霉剂

防霉剂的作用主要是在高温、潮湿的季节防止饲料发霉变质。

六、着色添加剂

此类添加剂的作用是为了满足市场上对优质肉鸡皮肤黄色的需要，在饲料中添加可加深皮肤颜色。常用的有合成的类胡萝卜素，以补充饲料中叶黄素的不足，添加量一般为每吨饲料添加2～10克。由于市场上着色添加剂产品种类较多，养殖户在生产中应密切关注所用的着色添加剂是否对人体有害。

七、中草药饲料添加剂

（一）作用

中草药中的主要有效活性成分多糖、苷类、生物碱、挥发油类、有机酸类等，它们起着调节动物机体免疫功能的作用。

某些中草药本身不是激素，但可以起到与激素相似的作用，并能减轻或防止、消除外激素的毒副作用，所以被认为是胜似激素的激素样作用物。

在防治畜禽应激综合征的研究中，一些中草药如人参、黄芪、党参、柴胡、延胡索等有提高机体防御能力和调节缓和应激的作用。

（二）应用

1. 改善饲料适口性

中草药本身具有芳香气味，既能矫正饲料的味道，又能改善家禽对饲料的适口性。许多动物都喜食带甜味的饲料，可将具有香甜味的中草药加工调制后加到饲料中，如马钱子、槟榔子、茴香油、芥子等都可作为家禽的开胃剂。

2. 使鸡肉和蛋黄着色

叶黄素是最好的着色剂。一般添加量为每千克 10～20 毫克，但成本较高。松针粉、金盏花粉、红辣椒粉、紫菜等都可以达到着色的目的。

3. 清热解毒，杀菌抗菌

为加强机体抗病能力，许多添加剂中都搭配数味抗菌解毒的中草药，常用药物有金银花、连翘、荆芥、柴胡、苍术、野菊花等。如把苦参、仙鹤草、地榆粉碎后，按一定比例混入饲料中，可作为防治鸡球虫病的添加剂。

4. 促进家禽生长，提高饲料转化率

中草药中除含有蛋白质、糖、脂肪外，还含有多种必需氨基酸、维生素和矿物元素等营养物质，这可以弥补饲料中一些营养成分的不足。

5. 中草药复方饲料添加剂

在中草药添加剂中加入少量微量元素，制成复方饲料添加剂效果更好。如，用穿心莲、黄柏、苍术、蒲公英、绿豆芽，加入一定量的硫酸锰、硫酸铁等化学药品，制成复方饲料添加剂用于肉鸡，肉鸡成活率提高43.1%，同时，使用中草药添加剂不会产生药物反应、耐药性等不良反应，克服了抗生素添加剂的缺点。

第四节　饲料配方的设计

一、饲料配合的原则

（一）科学性

就是以肉鸡饲养标准为依据。考虑肉鸡对主要营养物质的需要，结合鸡群生产水平和生产实践经验，对饲料标准某些营养指标可采用10%上下的调整。在确定适宜的能量水平时，要以饲养标准为依据，不可与标准差别太大，因为肉仔鸡日粮就是要求高能量高蛋白，当能量水平过低时会影响日增重，降低饲料报酬。

（二）饲料多样化

多种饲料搭配使用，可发挥各种营养成分的互补作用，提高营养物质的利用率。各类饲料的肉仔鸡日粮中比例大致如下：谷物饲料50%～70%，糠麸类5%以下，植物性蛋白质饲料15%～25%，动物性蛋白质饲料2%～7%，矿物质饲料1%～2%，添加剂1%，油脂为1%～4%。

（三）安全性

制作饲料配方选用的各种饲料原料，包括饲料添加剂在内，必须注意安全，保证质量，对其品质、等级必须经过检测。饲料卫生标准代号 GB 13078，是国家强制性标准，必须执行，否则就违法。

（四）实用性和经济性

制作饲料配方必须保证较高的经济效益，以获得较高的市场竞争力。为此，应因地制宜，充分开发和利用当地饲料资源，选用营养价值较高而价格较低的饲料，尽量降低配合饲料的成本。

二、饲料配方的设计方法

一般养殖户可用试差法、四边形法等手算方法计算所需配方。手算配方速度较慢，随着计算机的普及应用，利用计算机进行线性规划，使这一过程大大加快，配方成本更低。这里仅介绍试差法。

这种饲料配方计算方法，仍是目前国内较普遍采用的方法之一，又称凑数法。它的优点是可以考虑多种原料和多个营养指标。具体做法是：首先根据经验初步拟出各种饲料原料的大致比例，然后用各自的比例去乘以原料所含的各种养分的百分含量，再将各种原料的同种养分之积相加，即得到该配方的每种养分的总量。将所得结果与饲养标准进行对照，若有任一养分超过或不足时，可通过增加或减少相应的原料比例进行调整和重新计算，直至所有的营养指标都基本满足要求为止。调整的顺序为能量、蛋白、磷（有效磷）、钙、蛋氨酸、赖氨酸、食盐等。这种方法简单易学，学会后就可以逐步深入，掌握各种配料技术，因而广为利用。

第一步：找到所需资料。肉鸡饲养标准、中国饲料成分及营养价值表（中国饲料数据库）、各种饲料原料的价格。

第二步：查饲养标准。

第三步：根据饲料成分表查出所用各种饲料的养分含量，也可以通过检测获得原料的养分含量。

第四步：按能量和蛋白质的需求量初拟配方。根据饲养工作实践经验或参考其他配方，初步拟定日粮中各种饲料的比例。肉仔鸡饲粮中各类饲料的比例一般为：能量饲料 60% ~70%，蛋白质饲料 25% ~35%，矿物质饲料等 2% ~3%（其中，维生素和微量元素预混料一般各为0.1%～0.5%）。据此，先拟定蛋白质饲料用量，棉仁饼适口性差含有毒物质，日粮中用量要限制，一般定为5%；鱼粉价格昂贵，可定为3%，豆粕可拟定20%；矿物质饲料等按2%；能量饲料如麸皮为10%，玉米60%。

第五步：调整配方，使能量和粗蛋白符合饲养标准规定量。方法是降低配方中某一饲料的比例，同时增加另一饲料的比例，两者的增减数相同，即用一定比例的某一饲料代替另一种饲料。

第六步：计算矿物质和氨基酸用量。根据上述调整好的配方，计算钙、非植酸磷、蛋氨酸、赖氨酸的含量。对饲粮中能量、粗蛋白等指标引起变化不大的所缺部分可加在玉米上。

第七步：列出配方及主要营养指标。维生素、微量元素添加剂、食盐及氨基酸计算添加量可不考虑。

第五节　常用饲料的识别及质量控制

一、配合饲料的种类

（一）按营养成分分类

1. 全价配合饲料

又称全价饲料，它是采用科学配方和通过合理加工而得到营养全面的复合饲料，能满足鸡的各种营养需要，经济效益高，是理想的配合饲料。全价配合饲料可由各种饲料原料加上预混料配制而成，也可由浓缩饲料稀释而成。全价配合饲料鸡用得最多。

2. 浓缩饲料

又叫平衡用混合饲料和蛋白质补充饲料。它是由蛋白质饲料、矿物质饲料与添加剂预混料按规定要求混合而成。不能直接用于喂鸡。一般含蛋白质30%以上，与能量饲料的配合比应按生产厂的说明进行稀释，通常占全价配合饲料的20%～30%。

3. 添加剂预混料

由各种营养性和非营养性添加剂加载体混合而成，是一种饲料半成品。可供生产浓缩饲料和全价饲料使用，其添加量为全价饲料的0.5%～10%。

4. 混合饲料

又叫初级配合饲料或基础日粮。由能量饲料、蛋白质饲料、矿物质饲料按一定比例组合而成，它基本上能满足鸡的营养需要，但营养不够全面，只适合农村散养户搭配一定青绿饲料饲喂。

（二）按动物种类、生理阶段分类

鸡的配合饲料分为肉鸡、蛋鸡及种鸡3种。肉仔鸡按周龄分为三种或两种，蛋鸡及种鸡按周龄及产蛋率分为6～7种，即0～6周龄、6～12周龄、12～18周龄、18周龄至开产、产蛋率>80%，产蛋率65%～80%、产蛋率<65%等。

（三）按饲料物理形状分类

鸡的饲料按形状可分粉料、粒料、颗粒料和碎裂料，这些不同形状的饲料各有其优缺点，可酌情选用其中的一种或两种。通常生长后备鸡、蛋鸡、种鸡喂粉料；肉仔鸡2周内喂粉料或碎裂料，3周龄后喂颗粒料；肉种鸡喂碎裂料。

1. 粉料

粉料是目前国内最常见的一种饲料形态，它是将饲料原料磨碎后，按一定比例与其他成分和添加剂混合均匀而成。这种饲料的生产设备及工艺均较简单，品质稳定，饲喂方便、安全可靠。鸡可以吃到营养较完善的饲料，由于鸡采食慢，所有的鸡都能均匀采食。适用于各种类型和年龄的鸡。但粉料的缺点是易引起挑食，使鸡的营养不平衡，尤其是用链条输送饲料时。喂粉料采食量少，且易飞扬散失，使舍内粉尘较多，造成饲料浪费，在运输中易产生分级现象。粉料的细度应在1～2.5毫米。磨得过细，鸡不易下咽，适口性变差。

2. 颗粒料

颗粒料是粉料再通过颗粒压制机压制成的块状饲料，形状多为圆柱状。颗粒机由双层蒸煮器与环模压粒机组成，混合好的饲料加入到双层蒸煮器上层，由搅拦桨慢慢推进，并加入少量水蒸气，20～30 分钟后顺序进入环膜压粒机，由一对压辊压入环模无数特定直径的孔隙挤出切制成颗粒，再经干燥机干燥后过筛，筛上为颗粒饲料，筛下的破碎细末再送回重加工。为增强颗粒的结实度，还常加入黏着剂如糖蜜、膨润土等。脂肪的加入是在饲料制成颗粒冷却后喷涂在表面，或将油脂洒入环模内，这样颗粒不易破碎。若将油脂直接加入饲料中，由于润滑作用胜过它的黏合力，添加到 3% 就能使颗粒开裂或不成型。颗粒料的直径是中鸡 <4.5 毫米，成鸡 <6 毫米。颗粒饲料的优点是适口性好，鸡采食量多，可避免挑食，保证了饲料的全价性；鸡可全部吃净，不浪费饲料，饲料报酬高，一般可比粉料增重 5% ～15%；制造过程中经过加压加温处理，破坏了部分有毒成分，起到了杀虫、灭菌作用，饲料比较卫生，有利于淀粉的糊化，提高了利用率。但颗粒饲料制作成本较高，在加热加压时使一部分维生素和酶失去活性，宜酌情添加。制粒增加了水分，不利于保存。饲喂颗粒料，鸡粪含水量增加，易发生啄癖。还由于鸡采食量大，生长过快，而易发生猝死症、腹水症等。

3. 粒料

粒料主要是未经过磨碎的整粒的谷物，如玉米、稻谷或草籽等。粒料容易饲喂，鸡喜食、消化慢，故较耐饥，适于傍晚饲喂。粒料的最大缺点营养不完善，单独饲喂鸡的生产性能不高，常与配合饲料配合使用。对实施限饲的种鸡常在停料日或傍晚喂给少量粒料。

4. 碎裂料（粗屑料）

碎裂料是颗粒料经过粗磨或特制的碎料机加工而成，其大小介于粉料和粒料之间，它具有颗粒料的一切优点和缺点，成本较颗粒料稍高。因制小颗粒料成本高，所以，一般先制成直径 6～8 毫米的颗粒料，冷却后将颗粒通过辊式破碎机碾压成片状，再经双层筛，将破裂料筛分为 2 毫米和 1 毫米的碎料与粉碎料，喂给 1～2 周龄的雏鸡，特别适于作 1 日龄雏鸡的开食饲料。制粒时含水量可达 15% ~17%，冷却后可降为 12% ~13%。

二、掺假饲料的识别

（一）饲料掺沙的识别

饲料掺沙常见于鱼粉、大豆饼、肉粉等饲料中，可采用饱和盐水漂浮法予以识别。取一只玻璃杯，加入饱和盐水适量，将待检饲料样品放入盐水中，充分搅拌，泥沙因比重大而沉于水底。弃去漂浮物和盐水，便可识别沉淀物或估算其掺入量。

（二）鱼粉掺假的识别

鱼粉中常见的掺假物有血粉、羽毛粉、皮革粉、尿素、肉骨粉、木屑、花生壳粉、粗糠、棉籽壳粉以及饼粕、酱醋渣、贝壳粉、铁屑、棕色土等，其中以价廉不易消化的物质为多见，可用以下方法予以识别。

1. 感官识别

纯正鱼粉呈淡黄色、淡褐色或红褐色，有烤鱼香味和略带鱼腥味；手感松散，指捻颗粒细度较均匀。劣质鱼粉呈深褐色、腥臭味浓厚，甚至有氨味。掺有酱油渣的咸味浓，指捻成团。掺有肉骨粉、皮革粉的指捻感觉松软，颗粒细度不均匀。掺有棉籽壳粉、棉籽饼粕的指捻有棉绒感觉，并成团状。

若检查是否掺有尿素、盐分，可取一张光滑、深颜色的硬纸，把鱼粉样品薄薄铺上一层，在阳光下观察深颜色是否一致。见有白色结晶颗粒，则表明掺有尿素或盐分。

2. 燃烧识别法

取鱼粉样品少量放入铁勺置火上加热，若发出芳香味和焦煳味则表明掺有植物性物质；若是烧毛发味则表明是纯鱼粉或掺有动物性物质。

3. 磁棒吸附法

若检查鱼粉中是否掺有铁屑，可用磁棒搅拌，铁屑即吸附于表面。

4. 测色识别法

若检查鱼粉中是否掺有木屑，取鱼粉样品少量放入洁净的玻璃杯中，加入95%的酒精浸泡后再滴入浓盐酸1～2滴，木屑呈深红色，加水后且浮于表面。

5. 石蕊试纸测试法

取少量鱼粉样品置火上燃烧，待冒烟时用湿润的石蕊试纸测试，试纸呈红色则为鱼粉；呈蓝色则表明掺有植物性物质。

6. 碱煮识别法

取一支试管或烧杯，加入少量鱼粉样品和10%的氢氧化钾溶液适量，置火上煮沸，溶解的则为鱼粉；不溶解的则为植物性物质等。但羽毛等动物性物质亦可被溶解。

（三）大豆饼粕掺假的识别

大豆饼中的掺假物主要是细沙，一般是在加工时掺入。大豆粕中的掺假物主要是混入玉米胚芽饼，或用玉米胚芽饼冒充大豆粕销售。掺沙可用沉淀法检查。检查是否掺有玉米等含淀粉物质，方法有以下两种。

1. 清水浸泡法

将饼粕样品放入清水中浸泡或煮沸，待吸水膨胀后用木棒搅拌，是玉米及其胚芽饼则呈糊状，有黏性；而大豆粕不呈糊状，亦无黏性，稍静止即可分离出水分。

2. 碘溶液识别法

取饼粕样品少量，平摊于玻璃片上，滴加医用碘酒2～3滴，用肉眼或放大镜观察，豆品颗粒呈棕黄色；玉米颗粒呈蓝褐色。识别蛋白质中是否混入淀粉物质，均可用此法。

（四）小麦麸掺假识别

小麦麸中常见的掺假物有木屑、细稻糠等，一般仔细观察即可识别；手捻可感觉粗硬呈粒状；而小麦麸则手感柔软且手滑。

（五）骨粉掺假及真伪的识别

市售骨粉主要有脱胶骨粉、蒸骨粉和生骨粉。脱胶骨粉因高温除去了骨髓和脂肪，提取了骨胶，长期保存不宜变质，且质量上等。未经脱脂胶处理的骨粉，在保存期间极易变质。而未经高温灭菌处理的生骨粉，往往含有大量致病微生物，易引起传染病的发生。变质和未灭菌处理的骨粉均不宜饲用。

骨粉中的掺假物主要有石粉、贝壳粉、细沙等。假骨粉是近几年来在市场上出现的一种用不含钙的矿土制成的颗粒。用这种假骨粉喂雏鸡，易发生钙磷缺乏症。对掺假和伪劣骨粉的识别可用以下方法。

1. 观察法

纯正骨粉呈黄褐色乃至灰白色，颗粒呈蜂窝状；劣质骨粉一般呈土黄色；掺假骨粉加工的较细，蜂窝状颗粒少；而假骨粉呈灰白色，无蜂窝颗粒。

2. 清水浸泡法

真骨粉颗粒在水中浸泡不分解；而假骨粉颗粒在水中分解成粉状，与水混合后，静置又很快沉淀。

3. 饱和盐水漂浮法

真骨粉颗粒要漂浮于浓盐水表面；掺假骨粉常有部分沉淀物；而假骨粉在浓盐水中速速下沉，并且被分解。

4. 焚烧法

取骨粉样品少量，放入试管或金属小勺内置火焰上焚烧，真骨粉先产生蒸气，然后产生刺鼻的烧毛发味；掺假骨粉气味相对较少；而假骨粉无气味且无蒸气。

5. 稀盐酸溶解法

将盐酸溶液与水按1：（1～2）的比例稀释后倒入试管或酒杯中，取骨粉样品少量放入稀盐酸溶液中，观察反应情况。若发出轻微的、短暂的沙沙声，颗粒表面不断产生气泡，最后基本全部溶解，液体变混浊，则为脱胶骨粉；蒸骨粉和生骨粉的不溶性物较多，漂浮于溶液表面。

若是发生清晰的、较长时间的响声，并产生大量的气泡，则可能掺有石粉、贝壳粉；若无溶解现象，并沉淀于溶液底层，可能掺有细沙。而假骨粉在稀盐酸溶液中被分解成粉状。

（六）氨基酸掺假及真伪的识别

蛋氨酸和赖氨酸是配合饲料中常用的营养性添加剂。市售产品的主要掺假物有尿素、碳酸铵、葡萄糖、小苏打等，识别可用下列方法。

1. 感官识别法

蛋氨酸为白色或淡黄色结晶性粉末或片状，有特殊气味，稍甜。赖氨酸为白色或淡褐色的小颗粒或粉末，无味或略有异性酸味。而且假氨基酸气味不正，有的带芳香气味，品尝口感涩。甜味重可能掺有葡萄糖。

2. 水溶识别法

取氨基酸样品少量放入100毫升清水中，搅拌5分钟后静置，能完全溶解无沉淀物的可能是真品；而有沉淀物或漂浮物的则为掺假或假冒产品。蛋氨酸1%水溶液的pH值为5.6～6.1；赖氨酸水溶液的pH值为5～6。pH值在7以上，可能掺有小苏打等碱性物质。

3. 燃烧识别

取蛋氨酸或赖氨酸制剂少量，放入试管或金属勺内置火焰上燃烧，发生难闻的烧毛发气味的为真品；无这种气味的为假货。氨基酸含量98%以上的产品，能很快燃尽而无残渣的为真品；而有残渣的为掺假或假冒产品。

4. 化学试剂鉴别法

取蛋氨酸样品少许置试管内或玻璃板上，滴加硫酸 5 滴，无水硫酸铜数粒，搅拌均匀，呈深黄色者为真品。取赖氨酸样品 5 粒和水 20 滴，置于试管中溶解，加硝酸银试液 1 滴，生成白色沉淀者为真品。

第六节 饲料的选择与存放

随着饲料工业的发展，肉鸡的营养需求已不再是养殖场或养殖户考虑的范围，肉鸡的营养需求已成为饲料生产厂家的核心工作。所以作为养殖场或养殖业主，只要把精力放在饲料品质和饲料厂家的选择上就可以了。

好饲料就是营养均衡、有质量保证、能够满足不同季节、不同生长阶段肉鸡对营养的不同需求。由于近年来饲料行业竞争加剧、饲料原料价格上涨，加上气候对玉米、大豆产量的影响，个别饲料质量出现不稳。所以作为规模化养殖场在饲料采购和存放上应注意以下几点。

一、饲料厂家选择

在选择饲料厂家时，不要被饲料价格和返还所左右，无论是购买配合料、浓缩料，还是预混料，都要把注意力关注在饲料厂的资质上，重视饲料厂家的规模和信誉。正规饲料生产企业要具备有效的饲料生产企业审查合格证或生产许可证；饲料标签上要标明“本产品符合饲料卫生标准”字样，还应明示饲料名称、饲料成分分析保证值、原料组成、产品标准编号（国标或企标）、加入药物或添加剂的名称、使用说明、净含量、生产日期、保质期、审查合格证或生产许可证的编号及质量认证（ISO9001、HACCP 或 ISO22000、产品认证）等 12 项信息。

例如，现有两个品牌的饲料，A 饲料的转化率是 1.8，B 饲料的转化率是 1.9，那么一只喂 A 饲料的 2.5 千克的成鸡总采食量为 4.5

千克饲料，喂 B 饲料的 2. 5 千克的成鸡就需要 4. 75 千克饲料，显然喂 B 饲料的成鸡的成本就要比喂 A 饲料的成本高出 0. 25 千克饲料来，按照目前的饲料价格来核算，喂 B 饲料的每一只鸡的饲料成本与喂 A 饲料的相比就要增加 0. 8 ~ 1 元，那么每只鸡的效益就会降低 0. 8 ~ 1 元钱，1 吨饲料可供 250 只肉鸡生长的需要，250 只鸡就会增加 200 元的饲料成本，也就是说 1 吨饲料的价格要增加 200 ~ 250 元，从价格上看似便宜的饲料，如果料肉比高，其价格反而会更贵；所以更多的是关注饲料的品质，把注意力放在综合效益上。

二、饲料种类选择

肉鸡养殖场可根据自己的生产规模、设备、周边饲料的种类、质量、价格以及运输等因素，合理选择全价配合料、浓缩料或预混料。一般地，小型规模养鸡场，距离饲料厂近可选择配合饲料；中型养殖场规模较大，有简单的饲料加工设备，周边玉米价格较低，蛋白类原料不丰富时可选择浓缩料；中型规模养殖场，饲料加工设备较先进、周边各种原料充足、交通便利的情况下，可选择预混料。选择浓缩料和预混料时，可根据原料和推荐配方选用不同的浓度，现市场上的浓缩料有 25% 、40% 等，预混料有 1% 、3% 、5% 等。

按照饲料的形状，全价配合饲料又可分粉料、颗粒料和碎粒料，但生产中使用最多的是粉料和颗粒料。

粉料是将日粮中的所有饲料原料全部打成粉状，按照饲料配方加入维生素、矿物质、微量元素及其他保健驱虫药物等添加剂后，再均匀混合的配合饲料。肉鸡 3 周龄之前一般应使用粉料。

颗粒料是粉料通过专用的饲料颗粒机压成圆粒状的饲料，3 周龄之后的优质肉鸡使用较好。但应注意开始应给予颗粒较小的饲料，使用肥育饲料时颗粒可适当增大。

颗粒饲料的优点是提高了优质肉鸡的进食速度，提高了进食量，减少了进食动作的能量消耗，提高了优质肉鸡的增重速度，提高了饲料的转化率。提高饲料转化率的原因为：制粒过程中蒸汽处理及机械作用，破坏了谷物细胞的细胞壁，从而使细胞中丰富的蛋白质、脂肪、可消化碳水化合物等有效成分释放出来，容易被动物消化、吸收、利用。饲料中的某些有害及抑制生长因子也会因制粒过程中热作用被破坏。根据经验，每 100 千克颗粒料可比粉料多生产 2 千克肉，并可使优质肉鸡的饲料期缩短 2 天。但制颗粒过程又是一个能源消耗过程，其消耗能源是粉料的 3 ~ 5 倍，因此，颗粒料价格会比粉料高。

生产中一般采用方法是 0 ~ 2 周龄用粉料饲养，3 周龄至上市用颗粒料饲养。

三、饲料运输与贮存

运输车辆使用前要进行严格消毒，清除鸡毛、鸡粪等各种杂物，避免与有毒有害及其他污物混装。运输途中注意防护，避免因雨淋、受潮等引起饲料发霉变质。运输车辆禁止进入生产区，饲料运到养殖场后，先进行熏蒸消毒，再由转送料车转送到生产区内的料塔。

由于饲养规模大，又受饲料涨价、运输、节假日等因素的影响，所以规模化养殖场必须建造好的贮料间。好的贮料间要求干燥、通风好、便于装卸和出入；贮料间和料塔都应具备隔热、防潮功能，每次进料前对残留饲料和其他杂物进行清扫和整理，用 3 克/米^3 强力熏蒸粉进行熏蒸消毒 20 分钟；贮存期间做好防雨、防水、防潮、防鸟和防鼠害工作，减少饲料污染和浪费。

第四章　标准化规模肉鸡场的规划与布局

一个合理的规模化养殖场，首先应做到建设布局合理。合理的建设布局不仅能为肉鸡养殖提供最佳的生长环境，而且合理的建设布局便于生物安全防控，使养殖场始终处于一个洁净、无特种病原的生产环境，使养殖场置于一个可持续发展的生产环境。合理的建设规划与布局是获得养殖成功的首要前提。

第一节　肉鸡场场址的选择

一、标准化肉鸡养殖场的特点

① 全封闭化的养殖管理，有利于疫情的控制，创造最优化的养殖环境。

② 为生态养殖、绿色养殖、食品安全提供硬件条件。

③ 彻底淘汰传统的小规模散养模式。

④ 设备自动化程度高，节省人工成本，降低劳动强度。

⑤ 一次性投资大，但设备使用寿命长，维护成本低，综合效益提高。

⑥ 自动化养殖设备是规模化、现代化、信息化、标准化肉鸡养殖的必然选择。

二、场址选择

场址要符合当地土地利用发展规划和村镇建设发展规划要求。场区土壤质量符合 GB 15618《土壤环境质量标准》的规定。

考虑到建设投入和运营成本，要求所选择地块基本上具备“三通一平”的条件（水通、路通、电通、地面平整），如果能同时具备有线网络和电视信号的地块更好，另外要考虑所选地块的自然条件，地势高燥、背风向阳，适合花草、蔬菜和树木生长的地方优先考虑。这样有利于冬季保温、四季通风、光照和排水。如果想扩大规模，还应留有发展的余地。

三、交通要求

交通要方便，以便于雏鸡、饲料、垫料等物资的运进和出栏肉鸡以及粪便等的运出。

四、水源要求

常言道水是生命之源，可见充足清洁的饮用水源是进行肉鸡养殖生产的重要前提。因为养殖场处处离不开水，如在养殖过程中所养肉鸡需要大量的清洁饮水、夏季防暑降温湿帘用水、冲洗鸡舍、刷洗用具、消毒等都需要水，因此养殖场必须有可靠的饮用水源，水源充足，水质符合 GB 5749 的规定，取用方便。

水质要好，水中病菌不可超标，水质澄清、无异味，人能饮用则给鸡用，人不能用则不能给鸡用。如果饮用水中含盐含碱量高，就会引起肉鸡腹泻；如果细菌含量超标如大肠杆菌，就会引起肉鸡大肠杆菌病，投用抗菌药效果不理想，防不胜防。水源要丰富可靠，如夏季降温防暑湿帘大量用水，鸡也需要大量的清凉饮水，如果出现湿帘和肉鸡争水，水量不足以供给生产，后果很麻烦，不是缺水应激就是中暑发生，损失接踵而来。所以说养殖场必须有清洁、丰富的饮用水源。具体水质标准见表 4 – 1。

表 4 – 1　肉鸡饮用水可接受的最大矿物质浓度和细菌含量

物质种类	可接受的最大浓度
可溶性矿物总量	300 ~ 500 毫克/升
氯化物	200 毫克/升

（续表）

物质种类	可接受的最大浓度
pH 值	6～8
硝酸盐	45 毫克/升
硫酸盐	200 毫克/升
铁	1 毫克/升
钙	75 毫克/升
铜	0.05 毫克/升
镁	30 毫克/升
锰	0.05 毫克/升
锌	5 毫克/升
铅	0.05 毫克/升
粪大肠杆菌数	0

五、电力要求

规模化养殖场依靠先进的生产设备从事畜禽生产，而先进的生产设备处处离不开电，如风机、暖风炉、压力罐、刮粪机、电脑环境控制仪等，一旦停电，所有的生产设备将会停止运转，短则造成停电应激，久则生产停止、事故频发，如暖风炉停止工作，就会引起舍温下降；风机停转，就会引起舍温升高、空气污浊；压力罐停止工作，整个鸡场就会出现缺水等。可见停电危害之大，轻则应激诱发疾病，如感冒；重则造成突发事故，如中暑。所以说，养殖过程中不可断电，要求供电情况必须可靠，必须配备适合本场的专用发电机，避免因断电而导致生产停滞或诱发突发事件如中暑现象的发生。

六、防疫要求

鸡场应距离生活饮用水源地、动物屠宰加工场所、动物和动物产品集贸市场500 米以上；距离种畜禽场1 000米以上；距离动物诊疗场所200米以上；动物饲养场（饲养小区）之间距离不少于500米；距离动物隔离场所、无害化处理场所3 000米以上；距离城镇居民区、文化教育科研等人口集中区域及公路、铁路等主要交通干线500米以上。场区周围建有围墙；场区出入口处设置与门同宽的消毒池；生产区与生活办公区分开，并有隔离设施；生产区入口处设置更衣消毒室，各饲养栋舍出入口设置消毒池或者消毒垫；生产区内清洁道、污染道分设；生产区内各饲养栋舍之间距离在5米以上或者有隔离设施。

下列区域不应建场：水保护区、旅游区、自然保护区、环境污染严重区、畜禽疫病常发区和山谷洼地等易受洪涝威胁地段。

第二节　肉鸡场的规划布局

规划建设养鸡场，一方面要考虑防疫需要，另一方面要给鸡以舒适环境，以发挥最大饲养效益。

一、建设规模设计

鸡场建设规模要根据当地资源、资金，当地及周边地区市场对鸡肉需求的状况，及当地社会经济发展状况等因素，确定肉鸡养殖的发展规模。为了更有效地利用现代化的养殖设施和设备，一般每栋鸡舍按照1.5万~2万只设计，每个养殖场6~10栋鸡舍都是可行的，也就是现代健康养殖的规模每个批次9万~20万只不等，规模太小影响养殖和经营效益，规模太大对于供雏、防疫、管理、出栏等都会造成很多不便和风险。也有的人喜欢大规模养殖，到底多大规模才算大？不管规模多大，一个基本的原则就是能在3~4天之内能上完苗（这需要相当规模的种鸡场作为源头保障）、同时也要求相当规模的屠宰厂作为配套资源，否则规模太大，进雏和出栏会拖拉的时间很长，从生物安全的角度来讲无疑是一场灾难，另外规模太大对免疫和管理来讲也有很大的难度和不确定性。商品肉鸡建设规模划分见表4－2。

规模设计在很大程度上受土地、资金、种苗、屠宰等资源和条件的严格限制，不能违背客观条件而盲目发展。国内已经有很多失败的例子，希望对发展规模养殖的朋友有所警戒和借鉴，毕竟规模养殖也是要关注健康和风险的。

表 4 – 2　商品肉鸡场建设规模划分表　（单位：只）

项目	中型规模鸡场	小型规模鸡场
商品肉鸡存栏量	10 000 ~ 50 000	4 000 ~ 10 000

场区占地总面积按每千只鸡需 200 ~ 300 米^2 计算。不同规模鸡场占地面积调整系数为：大型场 1.0，中型场 1.1 ~ 1.2，小型场 1.2 ~ 1.3。不同规模鸡场占地面积见表 4 – 3。

表 4 – 3　不同规模鸡场占地面积

（单位：万只、米^2）

饲养规模	占地面积	总建筑面积	生产建筑面积	辅助生产建筑	共用配套建筑	管理区建筑
100	65 000 ~ 108 800	14 700 ~ 27 440	13 400 ~ 25 700	430 ~ 640	870 ~ 1 100	860
50	34 800 ~ 57 000	7 940 ~ 12 440	6 800 ~ 10 900	360 ~ 540	780 ~ 960	590
10	10 600 ~ 13 500	2 660 ~ 3 530	1 370 ~ 2 230	240 ~ 340	540 ~ 660	300

二、肉鸡饲养方式规划

鸡的饲养方式主要分为平养和笼养两种。平养指鸡在一个平面上活动，又分为落地散养、网上平养和混合地面平养。笼养可较充分地利用鸡舍空间，饲养密度较大，投资相对较少，且管理方便，鸡不接触粪便，减少疾病感染，但笼养投资较大；笼养鸡易发生猝死综合征，影响鸡的存活率；淘汰鸡的外观较差，骨骼较脆，出售价格较低；笼养肉鸡容易发生胸囊肿，屠宰率低。因此，较少使用。

（一）地面平养

肉鸡因为饲养期比较短，较多利用这种形式，在地面铺设厚垫草，出栏后一次清除垫草和粪便。落地散养的优点是设备要求简单、投资少；缺点是饲养密度小，鸡接触粪便不利于疾病防治。

（二）离地网上平养

网上平养鸡群离开地面，活动于金属或其他材料制作的网片上，也称全板条地面。鸡生活在板条上，粪便落到网下，鸡不直接接触粪便，有利于疾病的控制。

（三）笼养

肉鸡从育雏到出栏一直在笼内饲养。肉鸡笼养本身有增加饲养密度，减少球虫病发生，提高劳动效率，便于公母分群饲养等优点。但因底网硬、鸡活动受限、胸囊肿出现的概率大、商品合格率低，一次性投资大，比较难于推广。

目前，肉鸡笼养的还较少。尽管如此，近年国内外为增加肉鸡饲养量，作了许多笼养试验，主要是在笼底上铺塑料网垫或用镀塑铁丝网底，以缓冲对鸡胸的压迫，虽然目前还不够完善，还未在生产中普及，但是，由于地价日趋昂贵，改平养为笼养以增加肉鸡生产量，是今后肉鸡发展的必然趋势。

为避免肉鸡笼养的弊病又利用其优点，近年来国内有的场家，在仔鸡2~3周龄内笼养，2~3周龄以后放在地面平养，即采取笼养平养混合管理方式，也收到一定的效果。

三、场区规划布局

（一）建筑布置

现代养殖成功的保障在于环境控制和先进设备的自动化，如供暖系统（暖风炉+引风机+风道+水暖片）、通风降温系统（侧向风机+侧窗+纵向风机+湿帘和配套水循环系统）、供水系统（水井+备用水井或蓄水池+变频水泵+过滤器+加药器+自动乳头式饮水线）、供料系统（散装料车+散装贮料塔+主料线+副料线+料盘）、供电系统（高压线＋变压器＋相当功率的备用发电机组）、加湿系统（自动雾线或专用加湿器）、网上养殖（钢架床＋塑料垫网或养殖专用塑料床）等。附属设施，如服务房（卫生间、淋浴间、宿舍、餐厅、仓库、办公室、兽医室、化验室、车库等）、污水处理池、粪便发酵处理池、病死鸡焚烧炉、鱼塘等。都要严格按照区位划分要求进行合理布局。

1. 区位划分

建筑设施按生活与管理区、生产区和隔离区 3 个功能区布置，各功能区界限分明，联系方便。生活区与管理区选择在常年主导风向或侧风方向及地势较高处，隔离区建在常年主导风向的下风向或侧风向及地势较低处。区间保持 50 米以上距离。

生活与管理区包括工作人员的生活设施、办公设施与外界接触密切的辅助生产设施（饲料库、车库等）；生产区内主要包括鸡舍内及有关生产辅助设施；隔离区包括兽医室、病死鸡焚烧处理、贮粪场和污水池。

生活区设有入场大门，生产区设有生产通道。场区大门口要设有保卫室和消毒池，并配备消毒器具和醒目的警示牌；消毒室内设有紫外线灯、消毒喷雾器和橡胶靴子，消毒池要有合适的深度并且长期盛有消毒水；警示牌要长期悬挂在入场大门上或大门两旁醒目的位置上，上写“养殖重地、禁止入内”，一切入场车辆、物品、人员经允许、并严格消毒后方可进入。生产区和生活区要有隔墙或建筑物严格分开，生产区和生活区之间必须设置更衣室、消毒间和消毒池，供人员出入，出入生产区和生活区之间必须穿越消毒间和踩踏消毒池；生产通道供饲料运输车辆通行，设有消毒池，进入车辆必须严格消毒，禁止人员通行。

2. 道路设置

场区间联系的主要干道为 5～6 米宽的中级路面，拐弯半径不小于 8 米。小区内与鸡舍或设施连接的支线道路，宽度以运输方便为宜。场内道路分净道和污道，两者严格分开，不得存在交叉现象，生产和排污各行其道、各走其门，不得混用。污道要设有露肩并且做好硬化处理，便于消毒和冲洗。

3. 围墙

考虑到投资比较大而且没有什么实际意义，参照国外的做法，现代化肉鸡养殖场建议不设围墙，考虑采用花椒树、蔷薇等代替围墙。当然受当地民风的制约，有些地方兴建现代化养殖场时，设置安全的围墙也是必要的。

（二）配套设施

1. 给水排水

场区内应用地下暗管排放产生的污水，设明沟排放雨、雪水。污水通道即下水道，要根据地势设有合理的坡度，保证污水排泄畅通，保证污水不流到下水道和污道以外的地方，防止形成无法消毒或消毒不彻底地方而形成永久性污染源。

管理区给水、排水按工业民用建筑有关规定执行。

2. 供电

电力负荷等级为民用建筑供电等级三级。自备电源的供电容量不低于全场用电负荷的1/4。

3. 场区绿化

鸡场应对场区空旷地带进行绿化，绿化覆盖率不低于30%。场内空闲地如生活区、鸡舍之间、生产路两旁可以栽植树木，如速生杨、梧桐树、法桐等，既作为经济树种，又能遮挡风沙和改善局部小气候，成为天然的氧吧，也可以栽植冬青、小松柏、月季花等，并修剪整齐。养殖场周围可以栽植花椒、钩菊等代替围墙。

鸡舍两头，有条件的时候在鸡舍近端（净道）设置10米左右的防护林带，特别在夏季既利于空气净化又利于空气降温；在鸡舍远端（污道）预留15米左右的防护林带是必要的，否则纵向通风抽出的污浊空气和粉尘会影响到农民的庄稼、蔬菜和果树等，从而引起不必要的纷争。

生活区的绿化主要是果树、花草、草莓、葡萄等。鸡场内在生活区周围会有面积比较大的空闲地，开垦起来种植一些时令的蔬菜和瓜果是很好的，自给自足，既改善了员工生活，又吃着放心（安全无公害），比如芸豆、韭菜、茄子、辣椒、西红柿、黄瓜、扁豆、大葱、胡萝卜、青萝卜、地瓜、大白菜、土豆、山药等，如果设计好整个养殖场十几个人一年四季基本上是不用外出买菜的，同时也减少了与外界接触和污染的机会。

4. 场区环境保护

新建鸡场必须进行环境评估，确保鸡场不污染周围环境，周围环境也不污染鸡场环境。

采用污染物减量化、无害化、资源化处理的生产工艺和设备。鸡场锅炉应选用高效、低阻、节能、消烟、除尘的配套设备。

污水处理能力以建场规模计算和设计，污水经处理后的排放标准应符合 GB 8978 或 GB 14554 的要求。污水沉淀池要设在远离生产区、背风、隐蔽的地方，防止对场区内造成不必要的污染。

鸡粪应在隔离区集中处理。采用脱水干燥或堆积发酵设施。处理的堆肥和粪便符合 GB 7959 的要求后方可运出场外。

死鸡处理区要设有焚尸炉，用来焚烧病死鸡只和疫苗包装垃圾。

对于土建以后定点取土的地方，经过处理后建设成鱼塘，栽藕养鱼，同时也利于净化后冲刷鸡舍的污水排放。

5. 场内消防

应采取经济合理、安全可靠的消防措施，按 GB J39—90 的规定执行。消防道路可利用场内道路，紧急情况时应能与场外公路相通。采用生产、生活和消防合一的给水设施。

四、鸡舍建造

（一）判断鸡舍好坏的标准

好的鸡舍便于饲养环境的掌控，所以判断鸡舍好与不好的一个重要标准就是看是否有利于饲养环境的控制。

环境控制的重点是：温度、湿度、通风、密度。如鸡舍保温性能好，温度就便于掌控，而且节省燃料费用，降低饲养成本，夏季也便于高温的控制；通风条件好既能保证舍内空气质量，同时又不影响温度的掌控，且不会因通风不当而造成感冒或诱发呼吸道疾病。

（二）鸡舍建筑类型

我国一些畜牧工程专家根据我国的气候特点，以 1 月份平均气温为主要依据，保证冬季各地区鸡舍内的温度不低于 10℃，建议将我国的鸡舍建筑分为 5 个气候区域。Ⅰ区为严寒区，1 月份平均气温在 -15℃以下，Ⅱ区是寒冷区，1 月份平均气温在 -15 ~ -5℃，此两区采用封闭式鸡舍。Ⅲ区为冬冷夏凉区，1 月份平均气温在 -5 ~ 0℃，Ⅳ区为冬冷夏热区，1 月份平均气温在 0 ~ 5℃，此两区采用有窗可封闭式鸡舍。Ⅴ区为炎热区，1 月份平均气温在 5℃以上，采用开放式鸡舍。

1. 封闭式鸡舍

即无窗鸡舍。鸡舍无窗（可设应急窗），完全采用人工光照和机械通风，对电的依赖性极强。鸡群不受外界环境因素的影响，生产不受季节限制；可通过人工光照控制性成熟和产蛋；可切断疾病的自然传播，节约用地。但造价高，防疫体系要求严格，水电要求严格，管理水平要求高。我国北方地区一些大型工厂化养鸡场往往采用这种类型的鸡舍。

2. 开放式鸡舍

鸡舍设有窗洞或通风带。鸡舍不供暖，靠太阳能和鸡体散发的热能来维持舍内温度；通风也以自然通风为主，必要时辅以机械通风；采用自然光照辅以人工光照。开放式鸡舍具有防热容易保温难和基建投资运行费用少的特点。开放使鸡易受外界影响和病原菌侵袭。我国南方地区一些中小型养鸡场或家庭式养鸡专业户往往采用。

3. 有窗可封闭式鸡舍

这种鸡舍在南北两侧壁设窗作为进风口，通过开窗机来调节窗的开启程度。气候温和的季节依靠自然通风；在气候不利时则关闭南北两侧大窗，开启一侧山墙的进风口，并开动另一侧山墙上的风机进行纵向通风。兼备了开放与封闭鸡舍的双重功能，但该种鸡舍对窗子的密闭性能要求较高，以防造成机械通风时的通风短路现象。我国中部甚至华北的一些地区可采用此类鸡舍。

（三）几种环境因素设计参数

1. 通风换气

鸡舍的通风功能的衡量标准主要体现在三个方面，即气流速度、换气量和有害气体含量。鸡舍通风换气量应按夏季最大需要量计算，每千克体重平均为4～5米^3/小时，鸡体周围气流速度为1～1.5米^3/秒，有害气体最大允许量：氨为20克/米^3，硫化氢为10克/米^3，二氧化碳为0.15%。鸡舍的通风换气有着较复杂的形式和设计。按引起气流运动的动力不同可分为自然通风和机械通风两种。

2. 光照

严格地说，肉鸡群的光照时间随日龄而不同，但要求不是很严格，能看清饮水和采食即可。肉鸡光照的主要目的，还是防止产生停电应激。一般地，出壳3天内光照强度应以10～20勒克斯为宜，其余时间以5勒克斯为宜。鸡舍面积4瓦/米^{2}的照明即相当于10勒克斯的照度。

3. 防寒保暖

鸡舍气温对鸡的健康和生产力影响最大。对防寒保暖来说，鸡舍内温度设计参数应按各地区冬季1月份的舍外平均气温计算。肉鸡舍要求保温性能好。

4. 隔热防暑

大部分墙体和屋顶都必须采用隔热材料或装置，尤其是屋顶部分，因为这是热交换的主要区域。材料的热阻越大其隔热效能就越强，可根据所用材料的热阻值求出墙壁或屋顶的总热阻值。

5. 饲养密度

饲养密度与鸡舍环境有密切关系，它对舍内温度、湿度情况和光照、通风的效果等因素都有影响。饲养密度取决于肉鸡的饲养工艺和饲养方式。

（四）商品肉鸡舍建筑设计与施工要求

1. 土建

（1）图纸设计　在同行业肉鸡养殖场建筑设计的基础上结合使用情况并参照国外发达国家的设计模式进行修正，按照建筑行业的设计规范和付费标准在专业建筑设计人员的参与下绘制施工图纸。图纸要简单明了，能让建筑施工单位一目了然，避免由于看错了图纸而导致不必要的麻烦，国内很多大的一条龙企业都有这方面的经验。

（2）建筑招标与合同　根据图纸要求和预算，对建筑施工队进行招标，在工期紧张的情况下可考虑分段招标，让多个建筑队同时进入，以免遇上阴雨天气而延误工期。招标采用公开透明的做法，同时对建筑队的资质和信誉进行考察，中标单位要签订建筑施工合同和相关补充协议，内容涵盖材料（品种、规格、价位）、进度（预定与约定工期，因天气等不可抗拒原因导致工期拖延的要酌情扣除，否则要承担因工期延误所造成的直接或间接经济损失）、质量监督（监工和施工同步进行）、付款约定（原则上付款进度要参照施工合同和施工进度拨付）、工程验收（专业人员负责验收并进行决算审计）、质保项目（部分易损、易坏、风险性高的项目）、质保期限（参照国家和行业标准执行）、质保金（原则上在工程结束后要预留部分质量保证金，用于应急维修或质量保证，到约定期限没有质量问题和隐患的要按照事先约定清欠）等方面的内容。

建筑施工阶段如有变更的地方，经双方确认后要签订建筑施工变更协议或补充规定，以免发生不必要的纠纷。

凡是多页合同文本的要在文本边缘盖启封章，以免单方面更改内容导致说不清的纠纷。

（3）建筑材料把关　根据建场的实际需要与当地原材料的供应情况，指定建筑施工所需要的主要材料，如砖（出于环保和节能需要，现在机制红砖已经很少生产和使用了，而水泥石子或炉渣压制的环保砖和空心砖开始成为主导）、水泥、钢筋、保温材料、防水材料等，明确注明所用材料的规格、质量、标号、价格、数量、使用比例等，尤其不能使用假冒伪劣建筑材料，否则对以后的生产运营将是重大安全隐患甚至是灾难。

（4）施工进度　不考虑天气原因，一般要求土建施工为 20 ~ 30 天，可根据建设规模确定建筑队和施工人数，工期拖延势必会导致开办费用的增高。

（5）付款进度　在建筑施工过程中，施工队要垫付部分原料款，然后根据施工进度可以随时协议付款，也可以分 3 ~ 4 次付清。

（6）工程验收与质保金　土建结束后要重点验收门口、窗口、风机口是否符合规定尺寸，各类图纸上标明的管线出入口和下水管道出口是否符合要求，舍内地面和散水台的混凝土厚度，水泥标号等是否符合建筑标准等。当我们在施工中有建筑施工质量监督员的时候，就很容易验收，能避免很多麻烦和质量事故。验收完毕预留 5% 的质保金，一般在一年后结清，个别情况下可以充当维修费使用。

2. 房顶

房顶的施工很多时候是和土建结合在一起的（因为房顶施工中的很多预埋件都是在土建中完成的，二者的衔接要在合同中有明确的规定）；有时也可以由专业建筑施工队承担，相关的手续和流程基本上和土建施工相似。

屋顶形式主要有单坡式、双坡式、平顶式、钟楼式、半钟楼式、拱顶式等。单坡式一般用于跨度 4 ~ 6 米的鸡舍，双坡式一般用于跨度 8 ~ 9 米的鸡舍，钟楼式一般用于自然通风较好的鸡舍。屋顶除要求不透水、不透风、有一定的承重能力外，对保温隔热要求更高。天棚主要是加强鸡舍屋顶的保温隔热能力。天棚必须具备：保温、隔热、不透水、不透气、坚固、耐久、防潮、光滑，结构严密、轻便、简单且造价便宜。

（1）钢结构　按照图纸的设计要求，对钢管、钢筋、预埋件、电焊条、防锈处理等进行严格的要求和监督，特别是在施工过程中对焊接点的要求和处理标准来不得丝毫的马虎，预埋件的规格、尺寸、间隔等要标示清楚并能准确施工。

（2）保温板　保温板的规格和型号很多，根据养殖对保温隔热的要求，不仅对保温板的厚度有要求（7.5～15 厘米），同时对保温板的密度也有要求（12～16 千克/米^3），同时为了减少保温板之间的缝隙，建议选用相对大尺寸的材料，具体方案受到地域气候特点和保温需要的影响，要因地制宜不搞一刀切。

（3）防水材料　防水材料是鸡舍顶部最外面的一层，要求防水、防晒、抗老化、耐低温（山东地区一般选用负 10 号的防水材料，在东北地区用更耐低温的型号），防水材料的厚度一般要求 3～5 厘米。质保期根据厂家的约定具体签订质保协议。现在还流行一种防水处理方法，就是在保温板之外用玻璃丝棉固定、外层是无纺布（用钢丝或竹竿压实拉紧），在无纺布上喷一层水泥胶（水泥＋胶）。

（4）天棚　为了提高鸡舍顶部保温隔热的性能和更好地保护顶部的钢架结构不受腐蚀，在鸡舍内用一面是塑料压膜的编织袋吊制顶棚很成功。天棚除了上述作用外，还能增加鸡舍内部的有效通风空间，改善舍内的通风换气效果。天棚结构会影响到通风效果。

也有的场家在房顶建造完成以后直接对保温板的缝隙进行内喷涂处理，通过发泡处理包埋棚顶缝隙和钢构，真正做到浑然一体和保温防腐。

（5）防风处理　除了对防水材料进行严格的热处理黏合外，还要用钢丝等封压四周和顶部，以免局部开裂而被大风吹开造成不必要的麻烦和意想不到的损失，必要时用钢丝＋膨胀螺栓固定防水材料。

3. 网架

（1）支架　大多是用角钢焊接而成，也有采用水泥檩条、竹竿、方木等做支架的。

（2）床面　10～12 号的钢筋焊接而成；16～18 号的冷拔钢丝拉

扯而成；竹排床面（双面刨光）；木头床面（双面刨光）等，因地制宜、就地取材、使用方便、价格便宜。

（3）垫网　网孔大小适中富有弹性的塑料垫网。当床面致密的时候，垫网的网孔适当大一些（一般不超过2厘米×2厘米）；当床面稀疏的时候，垫网的网孔适当小一些（1.5厘米×1.5厘米）。既适合肉鸡生长发育，又利于粪便漏下。

（4）供电线路设置　根据设备厂家的要求，对能提前预留的线路管道，最好在施工时就做预埋或穿管处理，以免在线路铺设时频繁挖掘或打洞而劳民伤财。

4. 供水管道设置

包括进水口、出水口、下水道以及管道接口的处理都要准确无误（位置、尺寸等），确保在后续设备安装过程中尽量不要因为使用不便和漏水而再次破坏土建工程。

5. 其他部位设计与建构

（1）基础　基础是地下部分，基础下面的承受荷载的那部分土层就是地基。地基和基础共同保证鸡舍的坚固、防潮、抗震、抗冻和安全。

（2）墙　墙对舍内温湿状况的保持起重要作用，要求有一定的厚度、高度，还应具备坚固、耐久、抗震、耐水、防火、抗冻、结构简单、便于清扫和消毒的基本特点。一般为24厘米或36厘米厚。

（3）地面　地面要求光、平、滑、燥；有一定的坡度；设排水沟；有适当面积的过道；具有良好的承载笼具设备的能力，便于清扫消毒、防水和耐久。

（4）门窗　门的位置、数量、大小应根据鸡群的特点、饲养方式、饲养设备的使用等因素而定。窗户在设计时应考虑到采光系数，成年鸡舍的采光系数一般为1：（10~12），雏鸡舍则应为1：（7~9）。寒冷地区的鸡舍在基本满足采光和夏季通风要求的前提下窗户的数量尽量少，窗户也尽量小。大型工厂化养鸡常采用封闭式鸡舍即无窗鸡舍，舍内的通风换气和采光照明完全由人工控制，但需要设一些应急窗，在发生意外，如停电、风机故障或失火时应急。目前我国比较流行的简易节能开放性鸡舍，在鸡舍的南北墙上设有大型多功能玻璃钢通风窗，形若一面可以开关的半透明墙体，这种窗具备了墙和窗的双重功能。门的设置要方便，一般在鸡舍南面，单扇门高 2 米、宽 1 米、双扇门高 2 米、宽 1.6 米。

第五章 标准化规模肉鸡场生产设备与设施管理

第一节 标准化规模肉鸡场重要的生产设备

发展标准化肉鸡养殖技术的一个重要标志是，基本上能实现喂料、供水、光照控制的自动化或半自动化，达到人管理设备，设备正常养鸡的状态。标准化鸡舍内均安装了肉鸡盘式喂料线、乳头式饮水线、通风系统、湿帘系统、养殖环境控制系统等自动化程度较高的设备，实现自动喂料、自动饮水、机械通风、水帘降温、人工供暖、废物控制的现代化肉鸡饲养方式。

一、环境控制设备

（一）供暖设备

育雏阶段和严冬季节需要供暖设备，可以用电热、水暖、暖气、红外线灯、远红外辐射加热器、煤炉、火炕等设备加热保暖。比较先进的是暖风炉供暖系统，主要由暖风炉、轴流风机、有孔塑料管和调节风门等设备组成。它是以空气为介质，煤为燃料，为空间提供无污染的洁净热空气，用于鸡舍的加温。该设备结构简单，热效率高，送热快，成本低。

电热、水暖、暖气比较干净卫生。煤炉加热要注意防止发生煤气中毒事故。火炕加热比较费燃料，但温度较为平稳。只要能保证达到所需温度，因地制宜地采取哪一种供暖设备都是可行的。

红外线灯，育雏时将250瓦的灯挂于离地40～55厘米处，可几个灯组合使用，一个 250 瓦红外线灯可为 100 只鸡供热。

远红外辐射加热器，育雏多用板式加热器，长 24 厘米，宽 16 厘米，功率 800 瓦。一般 50 米^2 育雏室用该板一块，挂于离地 2 米处，辐射面朝下。当辐射面涂层变为白色时，应重新涂刷。

电热保温伞可以自制，也可购买。主要由热源和伞罩组成。伞罩内有电热管、温度调节器、照明灯等。伞罩由铁皮做成，也可用铁皮、铝皮或木板、纤维板以及钢筋骨架加布料制成，热源可用电热丝或电热板，也可用石油液化器燃烧供热。目前电热保温伞的典型产品用埋入式陶瓷远红外加热板加热，每个 2 米直径的伞面可育雏 500 只，在使用前应将其控温调节与标准温度计校对，以使控温正确。

暖风炉的作用主要是供暖，分为烟道和暖风道两条线路，非常值得注意的是烟道不能漏烟，同时安装时尽量避免烟道和暖风道离顶棚太近，以免高温或漏烟而引发火灾。现在也有的暖风炉附带有水暖设施并具备加湿功能（产生蒸汽），这对健康育雏是有贡献的。

（二）通风设备

通风设备的作用是将鸡舍内的污浊空气、湿气和多余的热量排出，同时补充新鲜空气。主要包括风机、湿帘等。

1. 风机

多数鸡舍必须采用机械通风来解决换气和夏季降温。通风机械普遍采用的是风机和风扇。现在一般鸡舍通风采用大直径、低转速的轴流风机。通风方式分送气式和排气式两种：送气式通风是用通风机向鸡舍内强行送新鲜空气，使舍内形成正压，排走污浊空气；排气式通风是用通风机将鸡舍内的污浊空气强行抽出，使舍内形成负压，新鲜空气由进气孔进入。

纵向风机，一般都是安装在鸡舍远端（污道一侧），负压通风，风机数量在 6 ~ 8 个，如果是安装 8 个，往往会受到鸡舍建筑尺寸的限制，有两个要安装在侧墙上（远端）。风机功率在 1.1 ~ 1.4 千瓦/台。纵向风机的作用主要是满足肉鸡养殖后期和炎热季节对通风换气和散热降温的需要。

侧向风机，均匀分布在鸡舍的一侧，负压通风，风机数量在4～6个。功率在0.2～0.4千瓦/台。侧向风机主要是满足肉鸡育雏期对缓和通风换气的基本需要，在寒冷季节养殖也会主要依赖侧向风机的通风换气，在我国北方冬季养殖是很少使用纵向风机的。侧向风机和纵向风机的有效组合支撑着整个通风换气系统的正常运转。

开放式鸡舍主要采用自然通风，利用门窗和天窗的开关来调节通风量，当外界风速较大或内外温差大时通风较为有效，而在夏季闷热天气时，自然通风效果不大，需要机械通风作为补充。

2. 湿帘风机降温系统

风机降温系统的主要作用是夏季空气通过湿帘进入鸡舍，可以降低进入鸡舍空气的温度，起到降温的效果。湿帘风机降温系统由纸质波纹多孔湿帘、湿帘冷风机、水循环系统及控制装置组成。在夏季空气经过湿帘进入鸡舍，可降低舍内温度5～8℃。

湿帘，分国产湿帘和进口湿帘两种，现在普遍认为进口湿帘比较好，耐用、不变形，正常使用寿命都在十几年以上。

水循环系统，包括水泵、进水管、喷雾装置、回水管、水罐或水池。

（三）光照设备

目前，采用白炽灯、日光灯和高压钠灯等光源来照明。白炽灯应用普遍。也可用日光灯管照明，将灯管朝向天花板，使灯光通过天花板反射到地面，这种散射光比较柔和均匀。用日光灯照明还可以省电。

光控仪是控制光照时间和强度的仪器，可以自动控制光照时间和强度，并自动开关灯。目前，我国已经生产出鸡舍光控仪，有石英钟机械控制和电子控制两种，较好的是电子显示光照控制器，它的特点是：开关时间可任意设定，控时准确；光照强度可以调整，光照时间内日光强度不足，自动启动补充光照系统；灯光渐亮和渐暗；停电程序不乱等。

（四）清粪设备

鸡舍内的清粪方式有人工清粪和机械清粪两种。小型鸡场一般采用人工定期清粪，中型以上鸡场多采用自动刮粪机机械清粪。

（五）其他设备

鸡场需要有发电设备、消毒器具等。有些使用自拌料的鸡场还需要饲料加工设备。

二、主要饲养设备及配套设施

（一）供料设备（料线）

主要有贮料塔、输料机、给料机、食槽。小型鸡场主要是食槽的选择。笼养鸡都用长的通槽，自动化喂料是采用输料机及链条式给料机供料，平养鸡也可使用这种供料方式，也可用圆形饲料桶供料。雏鸡可用饲料浅盘。中型以上鸡场供料系统实行机械化，供料机械都配有食槽。

1. 贮料塔

现代健康养殖的自动化首先就是解决了人工喂料的问题，贮料塔是自动喂料系统必不可少的一部分，可以一栋鸡舍一个，也可以两栋鸡舍共用一个。为了便于考核，建议还是每栋鸡舍一个贮料塔比较好；如果是两栋鸡舍合用一个贮料塔，不仅考核分不清，关键是到了养殖后期肉鸡采食多的时候，因为饲料生产、道路、天气原因而影响拉料时，由于饲料贮备不够容易导致饲料供给不足而影响增重。

2. 给料机

（1）链式给料机　是我国供料机械中最常用的一种供料机，平养、笼养均可使用。它由料箱、链环、驱动器、转角轮、长形食槽等组成，有的还装有饲料清洁器。

（2）塞盘式给料机　是为平养鸡舍设计的，适于输送干粉全价饲料。它由传动装置、料箱、输送部件、食槽、转角器、支架等部件组成。

3. 食槽

食槽可用木材、镀锌铁皮、硬质塑料制作。食槽的形状影响到饲料能否充分利用，槽底最好用 V 字形，食槽过浅、没有护沿会造成较多的饲料浪费，食槽一边较高、斜坡较大时能防止鸡采食时将饲料抛洒出槽外，可在面向鸡的一面的槽口设 2 厘米高的挡料板。如在鸡群中使用，两边都要加挡料板，中间还要装一个可以自动滚动的圆木棒。

4. 圆形饲料桶

可用塑料和镀锌铁皮制作，圆形饲料桶置于一定高度用于平养。料桶中部有圆锥形底，外周套以圆形料盘。料盘直径 30 ~ 40 厘米，料桶与圆锥形底间有 2 ~ 3 厘米间隙便于饲料流出。

（二）供水设备（水线）

目前养殖场常用的饮水系统主要有以下四种：槽式饮水器、真空式饮水器、杯式饮水器和乳头式饮水器。前三者结构简单、使用方便、供水可靠、价格便宜，但饮用水直接暴露于空气中，水易蒸发，不仅造成水的浪费、鸡舍潮湿，而且水体易被污染，引发传染性疾病，不利于防疫与彻底清洗。乳头式饮水器水质不易污染，能减少疾病的传播，蒸发量少，而且使用后清洗方便、劳动强度低，是一种封闭式的理想饮水设备，因而生产中建议使用乳头式饮水器。

从节约用水和防止细菌污染的角度看，乳头式饮水器是最理想的，主要用于笼养、网上平养的鸡群。乳头式饮水器系用钢或不锈钢制造，由带螺纹的钢（铜）管和顶针开关阀组成，可直接装在水管上，利用重力和毛细管作用控制水滴，使顶针端部经常悬着一滴水。鸡需水时，触动顶针，水即流出；饮毕，顶针阀又将水路封住，不再外流。乳头式饮水器有雏鸡用和成鸡用两种，每个饮水器可供 10 ~ 20 只雏鸡，但常因产品质量问题，漏水问题不好解决。

槽式饮水器有 V 形或 U 形，深度为 50 ~ 60 毫米，上口宽 50 毫米。平养鸡舍内的水槽每个一般长 3 ~ 5 米，每只鸡所占的水槽长度，一般中雏 1 ~ 1.6 厘米。饮水器一端接水龙头，另一端通过限位溢水口和排水管道相连，长流水供水。这种水槽只要连接牢固，安装坡度适当，不会漏水，但要每天清洗水槽。小型鸡场两端封闭，人工加水。

雏鸡使用钟形真空饮水器最合适，由圆桶和水盘两部分组成，可用镀锌铁皮和塑料等制成。市售钟形真空饮水器具有不同的型号，要根据鸡体的大小进行配置。由贮水器和饮水盘组成，在饮水盘上开一个出水孔。将贮水器装满水，饮水盘倒置其上，扣紧后翻转 180°即可。这种饮水器适用于平养雏鸡。但要定期加水，定期清洗。

平养鸡可以使用吊塔式自动饮水器，这种饮水器吊在天花板上，顶端的进水软管与主水管相连接，进来的水通过控制阀门流入饮水盘，既卫生又节水。

自动饮水线，进口的乳头质量好、耐用、不滴漏，过滤器和加药器是必备的（也是易损易坏的，要随时准备好备用配件，以免影响生产）。目前，国产的水线也有很大的改善，从某种意义上来讲已经是物美价廉了。

标准化商品肉鸡场的设备设施配套情况，可参照表 5 - 1、表 5 - 2执行。

表 5 - 1　标准化商品肉鸡场设备设施配套（标准型）

<table>
<tr><td rowspan="3" colspan="2">名称</td><td rowspan="3">设备型号</td><td rowspan="3">每栋鸡舍数量</td><td colspan="4">标准化肉鸡场配置</td><td rowspan="3">备注</td></tr>
<tr><td>15 万只</td><td>10 万只</td><td>5 万只</td><td>3 万只</td></tr>
<tr><td>12</td><td>8</td><td>5</td><td>3</td></tr>
<tr><td>架棚</td><td>447.2 米^2
(313 米^2)</td><td>钢制</td><td>2 架</td><td>24 架
10 733 米^2</td><td>16 架
7 155 米^2</td><td>10 架
4 204 米^2</td><td>6 架
2 415 米^2</td><td></td></tr>
<tr><td rowspan="3">喂料系统</td><td>自动料线</td><td>含杆秤</td><td>4 条</td><td>48</td><td>32</td><td>20</td><td>12</td><td rowspan="3">自动料线电机功率 0.75 千瓦，主料线电机功率 1.5 千瓦</td></tr>
<tr><td>主料线</td><td></td><td>1 条</td><td>12</td><td>8</td><td>5</td><td>3</td></tr>
<tr><td>料塔</td><td></td><td>0.5 台</td><td>6</td><td>4</td><td>3</td><td>2</td></tr>
</table>

（续表）

名称		设备型号	每栋鸡舍数量	标准化肉鸡场配置				备注
				15 万只	10 万只	5 万只	3 万只	
				12	8	5	3	
饮水系统	自动水线		4 条	48	32	20	12	
	塑料水桶	600 升	1 个	12	8	5	3	
	水桶支架		1 个	12	8	5	3	
	加药器		1 台	12	8	5	3	
纵向通风系统	纵向通风机	FVF-T 1250	6 台	72	48	30	18	配电机 0.852 千瓦
	水　帘	3 600 × 1 800	4 组	48	32	20	12	
横向通风系统	侧进风口	620 × 250	35 个	420	280	175	105	
	自动铰链	1 套	12	8	5	3		
	横向风机	Ø500	5 台	60	40	24	14	
光照系统	照明线路（含灯）		4 条	48	32	20	12	
	照明控制箱		1 台	12	8	5	3	
采暖系统	燃烧炉	大号	16 个	192	128	76	44	配动力 0.75 千瓦
	引风机		1 台	12	8	5	3	
	烟囱	Ø300	86 米 68 米	12 条 1 032 米	8 条 688 米	5 条 412 米	3 条 240 米	
自动系统			1 套	12	8	5	3	
工器具	高压清洗机		1 台	12	8	5	3	
	粪车		2 辆	24	16	10	6	
	铁锹		3 把	36	24	15	9	
	笤帚		3 把	36	24	15	9	
	扫帚		3 把	36	24	15	9	
	手钳		1 把	12	8	5	3	

（续表）

名称		设备型号	每栋鸡舍数量	标准化肉鸡场配置				备注
				15 万只	10 万只	5 万只	3 万只	
				12	8	5	3	
公用系统	变压器	S9		S9160 1 台	S9100 1 台	S980 1 台	S950 1 台	
	发电机组			50 千瓦 1 台	50 千瓦 1 台	30 千瓦 1 台	30 千瓦 1 台	
	供电系统			1 套	1 套	1 套	1 套	
	供水系统			1 套	1 套	1 套	1 套	
	压力罐			6 米^2 1 台	6 米^2 1 台	4 米^2 1 台	2 米^2 1 台	
	紫外线杀菌器			1	1	1	1	
	火炬喷射器			6	4	2	1	
	小客货车			1	1			

表 5－2　商品肉鸡场设备设施配套（解剖室、焚烧炉、饲料库、消毒室）

名称		设备型号	标准化肉鸡场配置				备注
			3 万只	5 万只	10 万只	15 万只	
解剖室	解剖台		1 个	1 个	1 个	1 个	
	手术刀	含刀片	1 把	1 把	1 把	1 把	
	解剖盘		2 个	2 个	2 个	2 个	
	垃圾桶		1 个	1 个	1 个	1 个	
	清水桶		1 个	1 个	1 个	1 个	
	消毒药		2 瓶	2 瓶	2 瓶	2 瓶	
	洗手盆		1 个	1 个	1 个	1 个	
	毛巾、肥皂		1 套	1 套	1 套	1 套	
焚烧炉	焚烧间		1 个	1 个	1 个	1 个	
	燃料		1 宗	1 宗	1 宗	1 宗	
	煤锨		1 个	1 个	1 个	1 个	

（续表）

名称			设备型号	标准化肉鸡场配置				备注
				3 万只	5 万只	10 万只	15 万只	
饲料库	颗粒机			1 台	1 台	1 台	1 台	
	垫板			1 组	1 组	1 组	1 组	
	铁锨			2 张	2 张	2 张	2 张	
	筛子			1 个	1 个	1 个	1 个	
	台秤			1 台	1 台	1 台	1 台	
	控制系统			1 套	1 套	1 套	1 套	
	笤帚			2 把	2 把	2 把	2 把	
	铁簸箕			1 个	1 个	1 个	1 个	
消毒室	消毒喷淋系统			1 套	1 套	1 套	1 套	
	水泵			1 台	1 台	1 台	1 台	
	消毒液水桶			1 个	1 个	1 个	1 个	
	条椅			2 把	3 把	4 把	5 把	
	更衣柜			3 个	4 个	5 个	6 个	
	垃圾桶			1 个	1 个	1 个	1 个	
	迎检物品	工作服		10 套	10 套	10 套	10 套	
		工作鞋		10 双	10 双	10 双	10 双	
		帽子		10 顶	10 顶	10 顶	10 顶	
		鞋套		10 双	10 双	10 双	10 双	
		口罩		10 个	10 个	10 个	10 个	

三、设备的选用

（一）设备厂家的选择

在设备厂家的确定上，一定要选那些信誉口碑好，有一定知名度，有质量保障，售后服务好的专业厂家。在设备选用时，要重在质量兼顾价格，不要只对比价格，节省一时的费用，好的设备性能优越，便于维护和维修，生产过程中能满足生产的需要，且不容易出现问题。设备出问题总是在使用过程中出现，而养殖业不同于其他行业，一旦投入生产便不能暂停，否则损失便接踵而来。比如在暖风炉的选用上，如果性能不好，首先是鸡舍达不到合理的温度要求，鸡的生长便会受到影响，甚至引发疾病；其次是浪费煤炭，如果几批鸡下来统算一下，费用差距惊人；最头疼的是养不好鸡。

（二）设备型号的确定

在确定设备型号上，一定要根据自己鸡舍的具体情况选用，尤其是在供暖和通风设备上，因为温度和通风是决定养殖是否成功的重要因素。比如在供暖设备暖风炉的选用上，尽可能选用大一个型号的炉子，如果通过计算 3 号可以，在选用时就要选用大一个型号的，这样不仅供暖效果好，而且温度更容易掌控，煤炭的浪费也少，只是在设备价格上高一点，但和长期效益比起来还是便宜的。同样在鸡舍的通风设备风机的选用上，也要选好型号，大风机要有，小风机也必须合理，这样在生产过程中，才能合理解决通风和保温的矛盾，才能养好鸡。

第二节　设备管理的重点

先进的设备是规模化养殖场的一大特点，如何让这些先进的设备发挥最佳的性能，如何延长这些设备的使用寿命，减少或避免设备故障，那就必须对这些设备进行正确的使用和管理。

一、规范操作

先进的设备离不开规范的操作，规范的操作是保证人身安全、设备安全的重要保障。所以规模化养殖场必须对饲养员尤其是新进人员包括后勤人员进行现场技术培训，让他们尽快了解设备功能，进行熟练操作；并做好定期检查和督导。

二、定期保养和维修

任何设备都有使用期限，任何设备都有可能出现故障，对其维护、保养得好坏，决定着设备使用寿命的长短，决定着生产效益的高低。因此对设备的检查、清洗要及时，保养要到位。对设备进行定期检查，小修及时，大修准时，努力减少计划外检修，以此提高设备的完好率，保证生产的正常运行。一批鸡出栏后，要指定专人负责设备检修和保养，不可麻痹大意，保障下一批进鸡后，设备能正常运转。

设备的维护和保养要结合设备使用说明书，不同的区域、不同的养殖场，设备不一样，这里列举几个重要设备的维护保养，仅供参考。

（一）水线的维护和保养

首先保证水线有合理的压力，压力过大过小都不好。压力过大，鸡饮水时，乳头容易喷水，浪费饮水和药物；压力过小，水不能到达水线的另一端。其次是保证每个乳头都处于正常的工作状态，不堵、不滴、不漏。水线的日常维护如下。

1. 定期冲洗水线、过滤器

冲洗水线时先把水线中间或两端的阀门打开，防止水线压力突增而破坏，然后把解压阀置于反冲状态，同时要求水流有足够大压力，一条一条地逐条冲洗，每条水线冲洗的时间不少于 15 分钟，直至流出的都是清澈的水为止；平时每 2 ~ 3 天冲洗 1 次，用药多时 1 ~ 2 天冲洗 1 次。

2. 药物的过滤

用药时要先在水桶里把药物溶解好，再通过过滤布倒入加药器中。过滤布可选用纱布，减少药水如含有多维、中药口服液的药水对水线堵塞的概率。

3. 乳头和过滤器勤清洗

勤于检查乳头和过滤器，并及时更换工作不正常的或坏掉的乳头和过滤器，保证水线管道接口良好、无滴水和漏水现象；过滤器要勤于换洗过滤网，保证过滤性能良好；及时调整水线的高度，保持饮水乳头和鸡的眼睛相平。

4. 肉鸡出栏后的维护保养

肉鸡出栏后要对水线进行彻底的清理，包括饮水管道和过滤器。

可选用专用的黏泥剥离剂等制剂对水线进行浸泡，浸泡过程中水线内始终保持药水充盈，浸泡足够时间后用有足够大压力的清水进行反复冲洗，直到冲洗干净为止。对于难于冲洗干净的可分解水线管道，从接口处解开，然后用钢丝拴系棉球，在水线内拉动，然后用清水冲洗。

横向饮水管道因为没有饮水乳头，清洗过程中最容易被忽视。横向管道因长时间使用，内部同样会沉淀下很多黏泥堵塞管道，造成管腔狭窄，导致水线压力降低，供水不足，乳头缺水的现象。因此，也必须彻底清洗。

（二）料线的维护和保养

注意检查料盘是否完好，防止料盘脱落浪费饲料；在料线打料的过程中，切忌把手伸入辅料线管腔中，防止绞龙绞破手指。

料塔要做好防水工作，以免饲料发霉或结块，影响饲料质量和饲料的传送。夏季，要注意料塔不可一次贮料过多，随用随加，同时做好隔热处理，防止料塔内高温影响饲料的质量和品质。

（三）暖风炉

1. 随时检查水位

随时检查补水箱的水位，保证补水箱内始终有水，并做到及时添加，防止因缺水干烧而烧坏暖风炉；及时排净热水循环管和辅机中的气体，保持辅机内热水的正常循环。定时检查辅机进水管和出水管的接口是否牢固，防止接口松动而流水，导致暖风炉缺水被烧坏。

2. 停电后的管理

当停电时，由于循环水泵停止工作，暖风炉中的热水便停止循环，炉腔内的热水变成死水，很快便会被烧开而发生热水喷溢，这样炉子极容易被烧坏，而且再次通电后由于热水循环管中因缺水进气，导致辅机中有气体存在出现辅机不热。所以停电后要立刻关闭暖风炉风门，打开添碳的炉门，并用碎灰封上炉火，把电脑置于停止状态；待电恢复供应时，并再次给辅机、热水循环管进行排气，同时查看补水箱，注意补水，一切正常后再把暖风炉置于正常工作状态，把电脑置于自动控制状态。

3. 检查炉灰和烟囱

当暖风炉停止使用时，要彻底清理炉膛和炉腔中的煤灰，防止因炉灰填满炉腔，导致炉火不能有效加热热风管而出凉风，影响供暖效果；仔细检查烟囱，尤其是烟囱的接口、烟囱的背面，查看是否有漏烟的地方，及时修缮或更换，防止进鸡后烟囱冒烟或外漏有害气体，对鸡造成危害。

4. 辅机检查与维护

对于水暖辅机，在使用过程中，要勤于排气，保持热水畅通和良好的散热功能。对于出鸡后辅机的清理工作，要卸开辅机，彻底清理辅机上黏附的舍内粉尘，如果用水清洗要注意保护电机，并注意水压不可过大而把散热片喷坏，清理完后，用气枪吹干，防止叶片生锈或轴承锈死。再次进鸡时，提前用手转动风叶，然后再通电工作，防止因轴承生锈而烧坏电机。

5. 温度探头的检查

勤于检查温度探头位置，做好温度探头的防水工作，保证温度探头灵敏，所反映的温度正确。

（四）风机和进风口

要定期检查风机的转速是否正常，传送带的松紧程度是否合适，风机外面的百叶窗开启和关闭是否良好，并定期往轴承上涂抹润滑油，保证风机正常工作，并避免因百叶窗关闭不好，往舍内倒灌凉风的现象。对于进风口要定期查看，要求关闭良好，有问题及时修缮。

（五）电脑环境控制仪的检查

定期检查环境控制仪的各种探头、仪表的位置是否合适，有无移动，保证温度、湿度、负压指数具有代表性；根据舍内鸡只要求及时调整环境控制仪的各项指标示数，以更好地控制舍内环境。环境控制仪一般由技术场长或助理管理人员来操作，其他任何人都不许随便触动，更不许改动。

（六）发电机及配电设备

定期检查和使用，保证良好的工作状态，做到随开随用，要用能开；同时备好燃料油、水、防冻液、维修工具、常用配件等。对中型以上的规模养殖场，要有两台备用的发电机组，其中一台一旦出现故障，另一台保证能正常使用。

所有配电设备做好防水，尤其是冲刷鸡舍的时间；并定期检查接头是否良好、有无老化和漏电现象。对容易腐蚀的金属设备要定期涂刷防锈漆，延长其使用寿命。对于高负荷运转的风机、电机、刮粪机要经常涂抹润滑油，做好定期保养。

中小型规模养鸡场一旦停电，整个养殖过程就会陷入瘫痪状态。由于采用24小时光照的方法饲养肉鸡，若突然停电容易造成鸡群应激，出现鸡群扎堆死亡现象；饮水系统停止供水，喂料系统停止供料，供暖设备停止供暖，通风系统风机停转；如果是在饲养前期，鸡群容易感冒，诱发呼吸道疾病；规模化养鸡场为封闭式鸡舍，如果停电发生在夏季，且在饲养的后期，由于风机停转、湿帘不能降温，中暑随时可能发生。为了确保生产的稳定，避免事故的发生，可采取对鸡群定时停电训练的方法加强鸡群对应激的适应能力。

1. 训练日龄

从鸡群约12日龄时开始定时停电训练（因大日龄鸡群训练应激大）。

2. 训练方法

停电时间为入夜后1小时，即天黑后先开灯，亮灯1小时后关灯，观察鸡群情况。一般前几天的训练鸡群会出现骚乱，若鸡群骚乱立刻开灯，待鸡群平静下来再关灯，重复3~4次。

3. 减少应激

开始停电训练前一天可使用泰乐菌素+多维饮水4小时，连用3

天，以减少鸡群的应激及预防呼吸道病的发生。经过约一个星期的训练，把停电的时间控制在 1 ~ 2 小时。

4. 辅助措施

细分鸡群，把大鸡群（几千到几万）分成每栏 1 000 ~ 2 000 只，这样鸡群就不容易出现扎堆死亡。

（七）门窗的开启和关闭

随时检查门窗的开启和关闭情况、烟囱的完好情况，对于出现问题的地方要做到及时修缮。

第六章　标准化的日常饲养管理

第一节　肉鸡的生理特性和生长特点

一、新陈代谢旺盛

雏鸡的代谢很旺盛，单位体重的耗氧量是成鸡的3倍。体温高，平均41.5℃，成鸡高于雏鸡；心跳快，血液循环快，雏鸡比成鸡快，母鸡比公鸡快，一般为250～300次/分钟；呼吸频率高，范围在20～110次/分钟，母鸡比公鸡高。因此，在管理上必须满足其对新鲜空气的需要。

二、生长速度快，对营养水平要求高

肉鸡有很高的生产性能，表现为生长迅速，饲料报酬高，周转快。肉鸡在短短的56天内，平均体重即可从40克左右长到3 000克以上，8周间增长70多倍，而此时的料肉比仅为2.1∶1左右。因此，在饲料营养上要充分满足其生长的需要。

三、消化道短，对粗纤维的消化能力差

雏鸡的消化器官还处于一个发育阶段，每次进食量有限，同时消化酶的分泌能力还不太健全，消化能力差。所以，配制雏鸡料时，必须选用质量好、容易消化的原料，配制高营养水平的全价饲料。

四、雏鸡体温调节机能较差

初生雏体温调节中枢的机能还不完善，体温又比成鸡低1～3℃，

刚出生时全身都是稀短的绒毛，皮薄、皮下脂肪少，缺乏抗寒和保温能力，既怕热又怕冷。随着日龄的增长，绒毛逐渐换成羽毛，保温能力逐渐增强，同时体温调节机能也逐渐完善。根据雏鸡这一生理特点，在育雏期维持适宜的育雏温度，对雏鸡的健康和正常发育是至关重要的。一般第 1 周 35 ~ 33℃，第 2 周 33 ~ 31℃，第 3 周 31 ~ 28℃，第 4 周 28 ~ 24℃，以后逐渐过渡到常温。在具体执行时还要根据雏鸡对温度的反应情况和气候状况进行看鸡施温。

五、抗病能力差

无论多大规模的养鸡场，疾病仍然是养鸡的最大隐患。从鸡的解剖生理不难看出，鸡抗病力差的原因主要有以下几点。

（一）肺和气囊相通

鸡的肺脏很小，并连接着气囊。经空气传播的病原体可以沿呼吸道进入肺和气囊，从而也进入了体腔、肌肉、骨骼之中。

（二）生殖孔和排泄孔开口于泄殖腔

鸡的生殖孔和排泄孔都开口于泄殖腔，种蛋在产出过程中容易受到污染。故有些鸡病经种蛋可垂直传播给雏鸡。

（三）鸡没有横膈膜和淋巴结

鸡没有横膈膜，腹腔的感染很易传至胸腔各器官，胸腔的感染也易传至腹腔。

鸡没有淋巴结，等于缺少阻止病原体在体内通行的关卡。因此，在同样条件下，鸡比鹅、鸭的抗病力差，规模化饲养更有传播速度快、发病严重、死亡率高的问题，即使不死也严重影响生长发育，极易给生产造成直接经济损失。

六、群居性强，适合规模化饲养

鸡胆小、缺乏自卫能力，喜欢群居，并且比较神经质，稍有外界的异常刺激，就有可能引起混乱炸群，影响正常的生长发育和抗病能力。所以肉鸡需要有安静的饲养环境，防止各种异常声响、噪声以及新奇颜色入内，防止鼠、雀、兽入侵，同时在管理上要注意鸡群饲养密度。

同时，肉鸡不仅对环境变化很敏感，由于生长迅速，对一些营养素的缺乏也很敏感，容易出现某些营养素的缺乏症，对一些药物和霉菌等有毒有害物质的反应也十分敏感。所以在注意环境控制的同时，选择饲料原料和用药时也都需要慎重。

七、特有的气囊结构

气囊是禽类特有的器官，充斥于体内各个部位，分为胸气囊、腹气囊、背气囊、锁骨间气囊，甚至进入骨腔，气囊上血管分布极少。气囊的主要作用如同风箱，将空气吸入推出，使之在肺部进行交换。气囊同骨骼及其他脏器相互联通，以减轻自身重量，这种解剖构造是禽类祖先适应飞行的进化结果。而恰恰是这一特点使得禽类在外界病原体通过呼吸道进入机体后，会很快发生全身感染，鸡得了呼吸道病也很容易引起气囊炎，且治疗起来比较顽固，原因就是气囊上血管分布少，血液中的药物难以到达病灶。所以临床上治疗气囊炎时，可以采用喷雾疗法，这样药物通过鼻腔可以快速直达病灶，见效快。

八、初期易脱水

刚出壳的雏鸡含水率在 76% 以上，如果在干燥的环境中存放时间过长，则很容易在呼吸过程中失去很多水分，造成脱水。育雏初期干燥的环境也会使雏鸡因呼吸失水过多而增加饮水量，影响消化机能。所以，在出雏之后的存放期间、运输途中及育雏初期，注意湿度问题就可以提高育雏的成活率。

第二节　鸡舍内小气候的控制

肉鸡的日常管理工作繁琐，但重点工作概括起来就是掌握好“三度一通”，即温度、湿度、密度和通风。只有把“三度一通”工作做好了，才能为肉鸡提供最佳的生长环境，才能够保证肉鸡健康的生长，才能够最大限度地发挥肉鸡生产性能。

一、温度

温度是肉鸡生长环境中最为敏感的一个环境因素，也是最难于掌控的，稍有疏忽便会诱发疾病，尤其短时间低温应激和高温应激是造成鸡群发病的重要诱因，如常见的感冒、传染性支气管炎主要诱因就是短时间低温应激引起的，而中暑的发生则是高温造成。所以根据不同的饲养模式，肉鸡的不同生长阶段、不同的饲养季节，科学掌控温度，方能保证鸡只健康生长。

（一）适宜的环境温度是育雏的最基本条件

雏鸡采食饮水的多少、体内各种生理活动、饲料的消化吸收是否正常以及对疾病的抵抗能力等，都与环境温度是否适宜有直接的关系。温度过低时，雏鸡畏寒而扎堆，影响卵黄吸收，影响抗病能力，有的发生感冒或下痢，严重时互相挤压扎堆而造成大量损伤或死亡；温度过高，则影响雏鸡的正常代谢，食欲减退、体质软弱、发育缓慢、引起啄癖，也易感冒和感染呼吸道疾病。

1. 育雏前期的温度管理

由于雏鸡体温调节能力弱，环境适应能力差，所以育雏期要求较高的舍温，通常舍温定在33～35℃。这就要求育雏期间，重点看管好供暖设备，满足雏鸡生长所需要的温度。

雏鸡刚刚转移到鸡舍时，舍温不可以过高，通常设定在28～30℃。一般冬春季节设定为28℃，夏秋季节设定为30℃。主要考虑运输途中运输车内的温度，给雏鸡一个温度过渡的过程，提高雏鸡对鸡舍环境的适应能力；同时防止因转移雏鸡慢而出现雏鸡热死在雏鸡盒内的现象；待雏鸡全部转入舍内后，再逐渐把舍温提高到33～35℃。

育雏时的温度通常有两种说法，即：高温育雏和低温育雏。高温育雏是育雏开始时舍内温度设定为35℃，优点是利于蛋黄吸收，成活率高；缺点是后期难养、抵抗力差。低温育雏是育雏开始时舍内温度设定为33℃，优点是后期好养，抵抗力强；缺点是前期淘汰率高，成活率稍低。这些都是相对而言的。合理的育雏温度，应该根据雏鸡的健康状况和体质强弱灵活设定，通常建议育雏开始时舍温定在34℃，育雏前3天温度控制在33～35℃，10日前温度保持在30℃，而20日后温度逐步过渡到25℃。

35日前温度最重要，注意温控，35日后，变动范围在19～26℃，22～24℃是肉鸡实现最佳生产性能的温度。

2. 温度控制的稳定性和灵活性

雏鸡日龄越小，对温度稳定性的要求越高，初期日温差应控制在3℃之内，到育雏后期日温差应控制在5℃之内，避免因温度的不稳定给生产造成重大损失。

对健壮的雏鸡群育雏温度可以稍低些，在适温范围内，温度低些比温度高些效果好，此时雏鸡采食量大、运动量大、生长也快。对体重较小、体质较弱、运输途中及初期死亡较多的雏鸡群温度应提高些。夜间因为雏鸡的活动量小，温度应该比白天高出1～2℃。秋冬季节育雏温度应该提高些，寒流袭来时，应该提高育雏温度。接种疫苗等给鸡群造成很大应激时，也需要提高育雏温度。雏鸡群状况不佳或处于疾病状态时，适当提高舍温可减少雏鸡的损失。随着日龄的增长，雏鸡对温度的适应能力增强，所以应该及时降温。

3. 学会看鸡施温

目前，规模化养殖场多采用电脑控温，所以，温度比较容易掌控；但电脑控温有时不适合鸡群需要或者设备出现故障导致舍内温度不合理；如温度探头悬挂位置不合理过高或过低，或者是鸡只碰到温度探头等。

正确的温度管理要以电脑、舍内温度计为参考，重在看鸡施温。也就是说，温度是否合适，不能由饲养员自身的舒适与否来判断，也不能只参照温度计，应该观察雏鸡的表现。温度适宜时，雏鸡均匀地散在育雏室内，精神活泼、食欲良好、饮水适度。

① 冷应激时雏鸡会堆挤在热源旁边，也会乱挤在饲料盘内，发出叽叽的叫声，肠道内物质呈水状和气态，排泄的粪便稍稀且出现糊肛现象。

② 热应激时雏鸡会俯卧在地上并伸出头颈张嘴喘气。雏鸡会远离热源，寻求舍内较凉爽、贼风较大的地方，特别是远离热源沿墙边的地方，还会拥挤在饮水器周围，使全身湿透，饮水量增加。嗉囊和肠道会由于过多的水分而膨胀。

4. 导致舍内温度下降的因素及预防措施

（1）导致舍温下降的因素　育雏空间过大、供暖设备功率小；门窗关闭不严，保温性能差；供暖设备出现故障或炉子照管不周；通风不合理、雾化降温；天气突然变化，寒流来袭等，都会导致舍内温度下降。

（2）预防措施　根据季节和进鸡数量合理确定育雏面积，并吊好舍内隔断，隔断可选用塑料布，冬季可吊用两层隔断；经常检查门窗的关闭状况，尤其是冬春季节，发现问题及时修缮；进鸡前做好供暖设备的清理和检修工作，反复强调并监督落实，保证设备工作正常；供暖期间，尤其是育雏期间，加强暖风炉的管理工作，规范操作，强化责任心，并做好巡视督导工作；妥善处理保温和通风的矛盾；雾化消毒或雾化用药时用温水勾兑，并于雾化前把舍内温度提升1~2℃，雾化结束后及时恢复原来舍温。

5. 合理降温

合理的降温，控制舍内温度波动过大，可有效减少温度应激，降低鸡只发病率，并充分发挥鸡只生长性能。

育雏期，要根据鸡舍构造、季节、鸡群健康状况，结合鸡的日龄合理降温，每天降低0.5℃，进入生长期即从12日龄开始每两天降低0.5℃，或每天降低0.3℃，舍温降到21℃时不再降温。防疫时把舍温提升1~2℃。夏秋季节由于室外温度本身就高，降温困难，舍温一般降到26~27℃为止。春秋季节由于昼夜温差过大，为了降低舍内的昼夜温差，通常也是降到24~25℃为止；冬季降温也不要过低，如果舍内温度过低，低于23℃时，鸡吃料的时间和次数明显减少，如果温度提高会发现很多鸡站起来吃料，温度过低还会浪费饲料。有实验数据显示，舍温25~26℃时，鸡的饲料转化率最高。

（二）饲养中后期的温度管理

1. 饲养中期

应避免温度不稳定而出现忽高忽低现象，尤其是冬春季节、夜间、天气变化的时候，要随时关注鸡舍温度，灵活开启窗户和通风，避免低温应激；保持舍内合理温度，不要为了“捂”温度而不敢通风，而要通过供暖设备供暖，切忌“省了煤钱，花了药钱”。

2. 饲养后期

到了饲养后期，鸡只生长快，新陈代谢旺盛，体积大，拥挤；加上规模化鸡舍是封闭式鸡舍，所以饲养后期白天很容易出现舍内温度高，鸡群张口呼吸的现象。此时应加强鸡舍通风和降温工作，防止过热、过挤影响采食或导致鸡群中暑；到了晚上，要控制舍温，不可过低。

二、湿度

湿度一般用相对湿度表示。相对湿度是指在一定温度下，空气中的实际水气含量占该温度下最高水气含量（饱和湿度下的水气含量）的百分比。气温越高，饱和水气含量也越高。相对湿度的测定是根据干湿温度表的温度差和干球温度数值通过查表而得出，干湿球温度差越大，说明湿度越低，温度差越小，则湿度越高。

（一）肉鸡舍湿度要求

因为育雏舍通常比外界温度高得多，另外雏鸡的排泄量较小，所以空气的相对水气含量，即相对湿度一般都较低。如果湿度过低，雏鸡体内的水分会通过呼吸大量散失，影响雏鸡体内剩余卵黄的吸收和正常采食，严重时雏鸡会出现脱水现象。表现为脚趾干瘪，羽毛干燥、蓬乱，生长发育缓慢。同时由于育雏舍内过分干燥，容易引起尘土飞扬，使雏鸡患呼吸道疾病。

高温高湿气候下，育雏舍相对湿度也可能过大，在高温高湿条件下，雏鸡体热散失不出去，感觉闷热不适，采食下降。同时，高湿环境有助于霉菌和球虫的繁殖，使雏鸡易发生霉菌中毒和球虫病。一般育雏舍的相对湿度要求为：1～10 日龄 65%～70% 为宜，10 日龄以后 50%～60%。10 日龄以后，由于肉鸡排泄量较大，通常容易引起湿度太大，而这时肉鸡对湿度的要求较低，所以一般情况下 10 日龄以后，应设法通过通风或其他手段降低湿度。不同湿度下达到目标可感温度所需的干球温度见表 6－1。

湿度是否合适也可以用观察和体验的方法来判断。如果湿度适宜，人进入鸡舍会有一种湿热感，长时间在鸡舍中，人不会感到鼻干口燥；鸡的胫、趾润泽细嫩，羽毛柔顺光滑，鸡群活动时不易扬起灰尘。

表 6－1　在不同的相对湿度条件下，达到目标可感温度所需的干球温度

日龄/天 温度/℃ 湿度/%	0	3	6	9	12	15	18	21	24	27
50	33.0	32.0	31.0	29.7	27.2	26.2	25.0	24.0	23.0	23.0
60（理想值）	30.5	29.5	28.5	27.5	25.0	24.0	23.0	22.0	21.0	21.0
70（理想值）	28.6	27.6	26.6	25.6	23.8	22.5	21.5	20.5	19.5	19.5
80	27.0	26.0	25.0	24.0	22.5	21.0	20.0	19.0	18.0	18.0

（二）湿度控制要点

1. 雏鸡一般需要较高的湿度

湿度偏低时，要首先保证充足的饮水；及时加湿、勤加湿，可用喷雾器向舍内走廊上、炉道及烟囱下面适当喷洒清水，最好选用温水或热水，加湿效果好；地面养鸡喷雾时要避开垫料，防止垫料潮湿引发疾病；也可以在走廊上方或热水管道、烟道的上方悬挂湿棉布，棉布要长期处于潮湿状态，但不可滴水；使用风带供暖的，可以在风带上用小水泵喷洒清水，但喷水要和暖风炉启动吹风同步；在保证温度和舍内空气质量的前提下，降低风机排风。

湿度高低应查看湿度计（表），不可增湿过度，不可通过向地面或墙壁上洒水增湿，因为地面、墙壁温度较低，水分不易蒸发，增湿效果不显著，而且容易因墙壁、地面过湿，而导致霉菌繁殖。

2. 肉鸡饲养后期应注意降低鸡舍的湿度

降低鸡舍的湿度，可通过更换垫料、升温和增加通风量、防止饮水溢出等来防止鸡舍湿度过大。

湿度偏高时，要在保证温度的前提下加强通风。春秋季节最好选在中午或天气暖和的时候进行；检查水线，查看有无漏水的地方并及时修缮；如果垫料潮湿，把潮湿的垫料勤翻动，或者湿的垫料用袋子装起来带出舍外，并铺上干爽的垫料；可用暖风炉适当吹暖风；网上养鸡勤刮除鸡粪。

三、密度

密度过大或过小都不好，合理的密度便于发挥肉鸡的优良生产性能。

密度过小不仅浪费舍内空间资源，还会增加供暖费用，但鸡只生长良好、发病率低。密度过大会导致鸡群生长缓慢，均匀度差，容易发生啄癖，发病率高，用药费用大，养殖易失败。有实验数据显示：肉鸡饲养密度每增加一倍，鸡只发病率增加6倍！这也是养鸡发病率高、得病后难治疗、药费高的主要原因之一；而且密度过大将会严重影响肉鸡成活率和后期增重（见表6－2）。

表 6－2 饲养密度对增重和死淘率的影响（42 日龄出栏）

性别	公		母		公＋母	
密度/（只/米^2）	9	11	9	11	9	11
21 日体重/克	819	790	724	718	771.5	754
42 日体重/克	2 525	2 198	2 198	2 135	2 361	2 166
21 日死淘率/%	2.7	2.7	3.0	3.0	2.8	2.3
42 日死淘率/%	7.3	13.7	7.3	15.3	7.3	9.5

上表充分说明，肉鸡饲养密度要合理，不宜过大。对规模化养殖场而言，合理的肉鸡饲养密度，网上饲养的肉鸡，1～9 日龄，每平方米网面 30 只；10～19 日龄，15 只；20 日龄后，8～10 只。具体的饲养密度要看所养肉鸡的规格、即出栏时的体重来决定。夏季饲养密度更不能太大，一般下调 10%～15%。同时注意及时分群，分群时间通常是在第 8 天、第 15 天、第 18 天。肉鸡合理的饲养密度见表 6－3。

表 6－3 不同屠宰体重下的饲养密度

屠宰时平均体重/千克	饲养密度/（只/米^2）	
	标准化鸡舍	开放式鸡舍
1.0	32	22
1.5	21	15
1.8	18	12
2.0	16	11
2.5	13	9
3.0	10	7

四、通风

通风换气，可以保证舍内氧的供应以利于新陈代谢；排出有害气体、灰尘；排出湿气，降低湿度；调节舍内温度。通风是肉鸡饲养的关键。鸡舍中，二氧化碳＞0.15%易发腹水症；氨气＞20 毫克/

千克易发呼吸道病；一氧化碳 >10 毫克/千克易中毒；风量不足或负压过大易发生缺氧；湿气 >70% 影响生长，<40% 粉尘多易诱发呼吸道疾病和带菌感染。

在肉鸡饲养的后期（5 周后）通风更重要，因舍内累积的鸡粪产生的氨气以及舍内空气中浮游的尘埃和二氧化碳等愈来愈多。原因是肉鸡后期体重大、采食量大、排泄量也大。如体重 1.8 千克的肉鸡，排粪 70 克/天；呼出的二氧化碳 1.7 升/小时；散热、排泄出的水分 200 克/天。如果不能将有害气体、粉尘，过多水分及时排到舍外，舍内的环境就会越来越恶劣，不仅会严重影响肉鸡的生长速度，易导致呼吸道病，还会增加肉鸡的死亡率。

因此，要加强通风，处理好通风与温度的关系，在冬季不可因保温而减少通风，但也不可加大风量，以防止冷应激。要保障饲养后期舍内比较适宜的环境。

（一）通风的原则

21 日龄前以保温为主，适当换气。采用横向通风；22 ~ 35 日龄在保温同时进行通风，采用过渡式通风；36 日龄后以通风为主，采用纵向通风。夏季采用湿帘加水通风降温。

（二）通风方式

1. 横向通风

侧风口进风（3 ~ 5 厘米）侧风机排风，目的是保温、换气，用于小日龄（1 ~ 2 周）。负压 0.08 千帕。

2. 过渡式通风

侧风口进风纵风机排风（ <1/2），目的是保温，通风保新鲜空气，用于较大日龄（3 周后），负压 0.06 ~ 0.07 千帕。

3. 纵向通风

湿帘进风纵风机排风（ >1/2），目的是降温，用于大日龄（5 周后），负压 0.05 千帕，达不到降温目的时应采用湿帘加水，打开全部纵向风机，白天多开，夜晚少开并不加湿。

（三）封闭式鸡舍通风量的计算及风机数量、湿帘面积的确定

1. 鸡舍单位活重所需通风量（*q*）的确定

密闭鸡舍，每千克活重风量 7~9 米^3/小时。非密闭式鸡舍每千克活重 15 米^3/小时以上，在夏季高温高湿地区，以上数据应选较大值；在炎热干燥地区则可选较小值。

计算鸡舍所需总通风量（Q），$Q=n\cdot w\cdot q/3\ 600$ 米^3/小时，n-饲养数量，w-平均活重。

2. 风机的型号及台数（*N*）

即：$N=Q\cdot K/q$，K-风机布置系数 =1~2.5。

3. 根据通风量确定所需湿帘的面积

湿帘降湿效率与过帘风速（v）有关，在生产中，一般选用的过帘风速为 1.0~1.5 米/秒，夏季高温潮湿地区，以上数据选用较小值；在干燥地区则选用较大值，计算所需湿帘的面积：

$$S=Q/3\ 600\cdot v=n\cdot w\cdot q/3\ 600\cdot v$$

实例：某肉鸡场为封闭式鸡舍，饲养 5 000 只，均重 2 千克。则，鸡舍所需总通风量：

$$Q=n\cdot w\cdot q/3\ 600=5\ 000\times 2\times 9/3\ 600=25\ 米^3/小时$$

1 400 厘米风机每小时通风量为 5.2 米^3/小时，代入方程可得所需风机数：

25/5.2 =5 台

湿帘安装面积 = Q/V = 25/1.5 = 16 米^2（一般选用 10 厘米厚的湿帘）

4. 侧墙风口的设置

侧墙风口按过渡通风使用纵风机一半（3 台）计：

大风机（125 型）为（0.625 米）2×3.14×3 台，总面积为 11 米^2，风口面积每个以（18×110）厘米计为 0.20 米^2，侧风口数 = 11/0.20 =55 个。110 米长鸡舍，可每间屋一个，用 56 个均匀分布在两侧墙上方，每侧 28 个。如舍长 120 米，每侧设 30 个。

使用过程中可按1米^{3}通风量，风口用1厘米^{2}计算风口，或以排风机排风面积的3倍计算。而后除以风口个数，则为风口应开大小。

一般情况下，湿帘面积的大小应与截风面积一致（舍宽12×舍高2.5=30，如无顶棚另加顶棚上的空间，12×3/2=18，合计48，最好有顶，可减小湿帘面积），不可过小，过小易造成负压大，风速快，对鸡不利，也难以保证通风量。湿帘面积的有效率为70%，开启时可依下列方法计算其大小。

按进风口与风机排风面积比为3∶1计，如开4台纵风机，纵风机125型，湿帘应开面积=（0.625米）2×3.14×4台×3=14.7米^2。

按有效率70%计应加30%，计4.4米^2，总计为19米^2。用帘布遮挡湿帘，开到19米^2。如开6台，湿帘可打开至28米^2。

5. 风速的确定

应随日龄而变化，小日龄风速应慢，以0.1~0.4米/秒为好，5~6分钟换完舍内气体即可，较大日龄应控制在1米以内，大日龄为降温可在1分钟换完，2米/秒。

风速=舍的长度/一次换完舍内气体所需时间

6. 降温风速

（1）风速=鸡舍长度÷60秒（1分钟换完）可保快速，风速均匀不落地，不增加地面湿度。通风过程中绝对防止漏风。

（2）1台风机40 000米^3/小时，每分为666米^3，鸡舍总通风量为12×120×2.5=3 600米^3，用1台需5.4分，为在1分钟内排完，需6台同时开，风速可达2米。体感温度可降6℃。

（3）风速（米/秒）=总风量（米^3/小时）÷鸡舍截面积（米^2）÷3 600秒

为提高风速可减少截面积的大小，一般可采用遮挡法来调节鸡舍截面积的大小，即在横梁上下按挡布遮风。

（四）正确使用湿帘和风机进行降温

在炎热的夏季，对于规模化养殖场的封闭式鸡舍来说，没有很好的硬件降温设备是无法养好肉鸡的，特别是风机与湿帘；但有了风机与湿帘，如果使用不当极易诱发疾病，造成损失。现就风机与湿帘的正确应用提供以下几点意见。

1. 应用湿帘合适的时机

鸡的日龄在30天以上；外界温度超过30℃以上；单纯依靠风机改善不了鸡舍内的热环境的时候，都应考虑使用湿帘。

2. 开启风机和湿帘时的注意事项

风速不可过大，否则影响鸡只休息和采食。鸡舍截面风速标准值在2～3米/秒，即风机风量总值/鸡舍横截面积=鸡舍截面风速。

高温高湿情况下，不建议开启湿帘；因为高湿的情况下，湿帘水分得不到有效蒸发，降温效果不明显，而且还会增加舍内的湿度，造成舍内高温高湿的环境，所以只能加大通风。

开启湿帘时要关闭湿帘以外的其他进风口，从而保证湿帘的过风风速，保证降温效果。

由于现在的湿帘多数集中在鸡舍的一端，所以开启湿帘时出现湿帘端温度偏低，鸡群过挤的现象，所以要控制好从湿帘进入舍内的冷风的吹向，避免冷风直接吹在肉鸡的鸡身上造成冷风应激，引发疾病；同时做好隔栏，防止湿帘一端出现鸡群过挤的现象。

（五）合理通风

1. 降低舍内氨气等有害气体浓度

要经常打扫鸡舍，及时清除粪便；保证舍内温度的同时合理通风；饲料中添加微生态制剂，减少粪便中氨气的排放；对于患病鸡群，及时投药治疗；经常检查烟囱、烟道的密封情况，并及时修缮。

标准化鸡舍最好安装氨气浓度监测器，便于查看和管理；如果条件不具备没有安装，可以人工作出简易判断：氨气浓度5～10毫克/千克，可以闻出氨气味；氨气浓度10～20毫克/千克，轻微刺激眼睛和鼻孔；氨气浓度20～30毫克/千克，较强刺激眼睛和鼻孔，人进入舍内呼吸困难。合理的舍内氨气浓度应低于10毫克/千克。

2. 鸡舍通风

鸡舍通风可以通过自然通风和机械通风来完成。规模化鸡场通常使用机械通风，即通风降温系统：采用湿帘降温和负压风机通风，使鸡舍内温度与湿度适合，有利于鸡只生长，舍内环境完全自动调节。

值得一提的是，许多养殖户为了保温，忽视了通风。而有的养殖户强调了通风，又忽视了保温。那么，在何种情况下，才能说明保温和通风处理得合理呢？一般地，如果鸡在鸡舍内分布均匀，无扎堆现象，说明温度合理；人入鸡舍闻不到氨味，不觉胸闷，说明有害气体少；保温棚薄膜内壁无水珠，若有水珠，说明保温棚密封过死，换气不好，地面或垫料过湿。若地面或垫料过湿时，应增加煤炉，换好垫料，拉开薄膜或窗户，加大湿气排放。

在通风换气的同时，注意不要造成舍内温度忽高忽低，严防由于温差过大造成应激反应引起疾病，通风口以高于鸡背上方 1.5 米以上为宜。当气温急剧下降，防寒保温工作跟不上时，往往易使肉鸡外感风寒，发生咳嗽、喷嚏、呼吸困难等症状为特征的呼吸道疾病。

鸡舍要维修好，防止贼风、穿堂风侵袭鸡群。

（1）小型标准化肉鸡场的合理通风　小型肉鸡场，鸡舍一般是塑料大棚养殖。首先要有足够的保温用具，使温度能升到足够高，这样才能打开薄膜或窗户；要确保扩栏前后温度平稳，温度下降只能通过增加煤炉来升温，不允许通过密封薄膜来提温；不能用薄膜将室内封死；每隔几小时把保温棚的薄膜拉开一些缝隙，排放废气，特别在晴天中午温度高的时候，可把塑料薄膜拉开大一些，时间长一些；及时铲除保温棚内的潮湿垫料，尤其是饮水器周围的垫料更应勤清勤换；冬天，若吹南风，可打开北风窗，若吹北风，则开南风窗；白天中午气温高时，通风时间可长一些，晚上可短一些。白天可侧重于通风，晚上鸡群可适当同栏，侧重保温，要灵活运用。

地面平养的肉鸡要加厚垫料，利用垫料来提高室内温度。要勤换垫料，中午开窗通风。一般情况，6 日龄开始通风，并随日龄增加通风量，使鸡群有足够的氧气。雏鸡入舍前3天，将舍内温度控制在34.5~35℃。鸡入舍后，升温1~2℃，第1周温度在35~36℃为佳，此时鸡只状态佳，精神活泼，分布均匀，活动自由，饮食正常。

（2）中型标准化肉鸡场的合理通风　中型以上规模化鸡场，要妥善处理通风和舍内负压的关系。由于现在的规模化鸡场，鸡舍多为封闭式鸡舍，舍内多采用负压通风。所以，在做好通风工作的同时，还要控制好舍内负压。

负压即小于一个标准大气压，或者说小于常压。负压值也叫静态压力差值，是指鸡舍内外大气压的差值。密闭性好的鸡舍，在关闭所有的进风口的情况下，启动排风机，鸡舍内的静态压力差值，即负压值必须能超过29帕。由负压形成的通风口的风速，会因外界天气或昼夜温差的变化而改变，此时环境控制器会自动调整负压，但由于各种配套设施和人为原因，会造成偏差。

舍内负压过大和过小，都会给鸡群带来不同程度的危害。舍内负压过大会造成鸡舍前后风速不均匀、温度不均匀，造成舍内鸡群冷热应激。舍内负压过大会导致舍内空气稀薄，空气氧含量低，鸡只缺氧，血液缺氧，心肺负担加重，腹水症增加，生长缓慢；舍内负压过小，舍外的空气不能进入舍内，不能形成空气交换，或者出现舍外进入舍内的冷空气直接下沉下去，不能与舍内空气进行良好的混合。

合理的舍内负压值：在实际应用上，鸡舍负压不能超过24.9帕，通常是控制在15~20帕。

要特别注意负压表的安装。控制器连接的进气管的一端一定要放在鸡舍外面，与大气压相连，把进气管放在鸡舍工作间是不对的，看似微小的区别，实际上会影响对鸡舍实况的判断。其次关注负压还要注意风机百叶窗开启角度，有的百叶窗密闭性好，可是开启不足90°，会影响风机排风效率。不管是何种原因造成的风机排风量不够，都会使水帘的过帘风速达不到要求，使得水帘降温效果大打折扣。

（3）通风的几个细节问题　对于网上养鸡，窗口及通风口应高出网面80厘米以上，尤其是冬春季节，防止冷风直接吹在鸡身上而诱发呼吸道病。

根据鸡只不同的生长阶段保持合理的通风量（见表6－4），避免贼风、穿堂风，风速过大，保证鸡只休息、采食不受影响。尤其是夏季，通风量大，不要开启大门出现穿堂风；过高的风速直接吹在鸡身上，不仅影响休息，而且严重影响采食。正确的做法是通过湿帘和进风口进风。

当遇到连续阴雨、大风、大幅降温等恶劣天气时，一定注意检查窗户和门的关闭情况，即便是夏季和饲养后期，也不可大意或疏忽。

考虑通风工作的重要性和通风工作的特点，最好的方式是由管理人员和助理管理人员统一负责安排，饲养人员辅助执行，这样通风工作才能做得合理。

表6－4　不同体重时肉鸡需要的最低通风量和最高通风量

体重/千克	最低通风量/（米^3/小时）	最高通风量/（米^3/小时）	体重/千克	最低通风量/（米^3/小时）	最高通风量/（米^3/小时）
0.05	0.074	0.761	0.75	0.566	5.803
0.1	0.125	1.280	0.8	0.594	6.090
0.15	0.169	1.735	0.85	0.621	6.374
0.2	0.21	2.153	0.9	0.649	6.653
0.25	0.248	2.546	0.95	0.676	6.928
0.3	0.285	2.919	1.0	0.702	7.200
0.35	0.319	3.276	1.1	0.754	7.734
0.4	0.353	3.621	1.2	0.805	8.255
0.45	0.386	3.956	1.3	0.855	8.766
0.5	0.417	4.281	1.4	0.904	9.267
0.55	0.448	4.598	1.5	0.951	9.759
0.6	0.479	4.908	1.6	0.999	10.243
0.65	0.508	5.212	1.7	1.045	10.179
0.7	0.537	5.510	1.8	1.091	11.189

（续表）

体重/千克	最低通风量/（米^3/小时）	最高通风量/（米^3/小时）	体重/千克	最低通风量/（米^3/小时）	最高通风量/（米^3/小时）
1.9	1.136	11.652	3.2	1.680	17.226
2.0	1.181	12.109	3.3	1.719	17.629
2.1	1.225	12.560	3.4	1.758	18.028
2.2	1.268	13.006	3.5	1.796	18.424
2.3	1.311	13.447	3.6	1.835	18.817
2.4	1.354	13.883	3.7	1.873	19.208
2.5	1.396	14.315	3.8	1.911	19.596
2.6	1.437	14.742	3.9	1.948	19.982
2.7	1.479	15.165	4.0	1.986	20.365
2.8	1.520	15.585	4.1	2.023	20.745
2.9	1.560	16.000	4.2	2.060	21.124
3.0	1.600	16.412	4.3	2.096	21.500
3.1	1.640	16.821	4.4	2.133	21.874

第三节　肉鸡日常饲养与管理

细节决定肉鸡养殖的成败。肉鸡养殖过程中，每一项工作、每个时间段都同等重要，任何一项工作的疏漏或过失，任何一个时间段的粗心大意，都可能导致整个养殖链条不顺，甚至养殖失败。既要把重点工作如温度、密度、湿度和通风做好，还要注重每个工作细节，不能存在任何侥幸和麻痹大意。只有这样养殖才能取得更高的养殖效益。

一、做好进雏前的准备工作

进雏前通常是指育雏开始前 14 天。进鸡前首要工作就是制订工作计划和对全部员工尤其是饲养员进行全面技术培训，对养殖流程、操作细节、规范化的日常工作等进行培训，使饲养员熟悉设备操作和养殖流程。

（一）设备设施检修

为了进鸡后各项设备都能正常工作，减少设备故障的发生率，进鸡前第 5 天开始对舍内所有设备重新进行一次检修，主要有以下几方面。

1. 供暖设备、烟囱、烟道

要求把供暖设备清理干净，检查运转情况，保证正常供暖；烟囱、烟道接口完好，密封性好，无漏烟漏气现象。

2. 供水系统

主要检查压力罐、盛药器、水线、过滤器。要求压力罐压力正常，供水良好；水线管道清洁，水流通畅；过滤网过滤性能完好；水线上调节高度的转手能灵活使用，水线悬挂牢固、高度合适、接口完好、管腔干净，乳头不堵、不滴、不漏。

3. 检查供料系统

料线完好，便于调整高度，打料正常，料盘完好，无漏料现象。

4. 通风系统

风机电机、传送带完好，转动良好，噪声小；风机百叶完整，开启良好；电路接口良好，线路良好，无安全隐患。

5. 清粪系统

刮粪机电机、链条、牵引绳子、刮粪板完好、结实，运转正常，刮粪机出口挡板关闭良好。

6. 供电系统

照明灯干净明亮、开关完好。其他供电设备完好，正常工作。

7. 鸡舍

门窗密封性好，开启良好，无漏风现象，并在入舍门口悬挂好棉被。

（二）全场消毒

在养鸡生产中，进雏前消毒工作的彻底与否，关系到鸡只能否健康生长发育，所以广大养殖户进雏前应彻底做好消毒工作。

1. 清扫

进雏前 7～14 天，将鸡舍内粪便及杂物清除干净，清扫天棚、墙壁、地面、塑料网等处。

2. 水冲

用高压喷枪对鸡舍内部及设施进行彻底冲洗。同时，将鸡舍内所有饲养设备如开食盘、料桶、饮水器等用具都用清水洗干净，再用消毒水浸泡半小时，然后用清水冲洗 2～3 次，放在鸡舍适当位置风干备用。

3. 消毒

待鸡舍风干后，可用 2%～3% 的火碱溶液对鸡舍进行喷雾消毒，要求消毒药液浓度要足，喷洒不留空白。墙壁可用 20% 石灰乳加 2% 的火碱粉刷消毒，也可用酒精喷灯进行火焰消毒。如果采用地面平养，应该在地面风干后铺上 7～10 厘米厚的垫料。

4. 熏蒸

在进雏前 3～4 天对鸡舍、饲养设备、鸡舍用具以及垫料进行熏蒸消毒。具体消毒方法是将鸡舍密封好，在鸡舍中央位置，依据鸡舍长度放置若干瓷盆，同时注意盆周围不可堆积垫料，以防失火。对于新鸡舍，可按每立方米空间用高锰酸钾 14 克、福尔马林 28 毫升的药量；对污染严重的鸡舍，用量加倍。将以上药物准确称量后，先将高锰酸钾放入盆内，再加等量的清水，用木棒搅拌湿润，然后小心地将福尔马林倒入盆内，操作人员迅速撤离鸡舍，关严门窗。熏蒸 24 小时以后打开门窗、天窗、排气孔，将舍内气味排净。注意消毒时要使禽舍温度达 20℃以上、相对湿度达到 70% 左右，这样才能取得较好的消毒效果。在秋冬季节气候寒冷时，在消毒前，应先将鸡舍加温、增湿，再进行消毒。消毒过的鸡舍应将门窗关闭。

（三）鸡舍内部准备

1. 确定育雏面积，悬挂塑料隔断

根据进鸡数量和季节确定育雏面积。通常情况下冬春季节育雏面积占整栋舍饲养面积的 1/3，夏季育雏面积占整栋舍的 1/2。悬挂塑料隔断，从上到下，降低育雏空间，便于升温和保温。夏秋季节可用一层隔断，冬春季节可用两层隔断，两层隔断之间的距离正好是第一次扩群所要到达的位置。同时注意关闭好隔断处水线上的阀门，鸡群到哪里，水就能流到哪里。

2. 铺设垫料

地面平养肉鸡，进鸡前第2天铺好垫料，要求垫料厚度保持8～10厘米，舍内要均匀分布，一次性铺设好。

3. 铺好开食布、开食盘，悬挂温度表、干湿度表、温度探头

进鸡前一天，铺好开食布或开食盘，注意不要置于水线正下方，以免影响雏鸡喝水或漏湿开食布；同时把温度表、干湿度表、温度探头悬挂于舍内合适的位置，高度与鸡背相平，并注意负压表的连接。

4. 鸡舍预加温

点燃炉子对鸡舍进行预加温。冬春季节进鸡前一天点燃炉子，夏秋季可以根据雏鸡到场的时间提前6～8小时点燃即可。同时开启环境控制系统，调好电脑，控制舍内温度为28～30℃，并仔细检查温度探头悬挂位置是否合适。

5. 开启茶水炉

提前一天点着茶水炉烧开水，一是雏鸡饮用，二是喷洒加湿。尤其是进鸡当天喷洒热水的加湿效果明显好于凉水。

6. 保证舍内合理湿度

进鸡前一天可用喷雾器向舍内墙上、走廊上、炉道及烟囱下面适当喷洒清水，最好选用温水或热水，加湿效果好；地面养鸡要避开垫料，防止垫料潮湿引发疾病。要求进鸡前相对湿度达到65%～70%。

7. 饲料药物准备

准备好开口料、雏鸡开口用的营养性药物和预防性药物，做好雏鸡开口用药计划。

（四）具体工作日程

1. 进雏前 14 天

① 舍内设备尽量在舍内清洗。

② 清理雏鸡舍内的粪便、羽毛等杂物。

③ 用高压枪冲洗鸡舍、网架、储料设备等。冲洗原则为：由上到下，由内到外。

④ 清理育雏舍周围的杂物、杂草等；并对进风口、鸡舍周围地面用2%火碱溶液喷洒消毒。

⑤ 鸡舍冲洗，晾干后修复网架等养鸡设备。

⑥ 检查供温、供电、饮水系统是否正常。

⑦ 初步清洗整理结束后，对鸡舍、网架、储料设备等消毒一遍。消毒剂可选用：季胺盐、碘制剂、氯制剂等，为达到更彻底的消毒效果，可对地面等进行火焰喷射消毒。

⑧ 注意事项：如果上一批雏鸡发生过某种传染病，需间隔 30 天以上方可进雏，且在消毒时需要加大消毒剂剂量；计算好育雏舍所能承受的饲养能力；注意灭鼠、防鸟。

2. 进雏前 7 天

① 将消毒彻底的饮水器、料盘、粪板、灯伞、小喂料车、塑料网等放入鸡舍。

② 将门窗关闭，用报纸密封进风口、排风口等，然后用甲醛熏蒸消毒。

③ 进雏前 3 天打开鸡舍，移出熏蒸器具，然后用次氯酸钠溶液消毒一遍；鸡舍周围铺撒生石灰并洒水，起到环境消毒的作用。

④ 调试灯光，可采用 60 瓦白炽灯或 13 瓦节能灯，高度距离鸡背部 50 ~ 60 厘米为宜。

⑤ 准备好雏鸡专用料（开口料）、疫苗、药物（如支原净、恩诺沙星等）、葡萄糖粉、电解多维等。

⑥ 检查供水、照明、喂料设备，确保设备运转正常。

⑦ 禁止闲杂人员及没有消毒过的器具进入鸡舍，等待雏鸡到来。

⑧ 注意事项：采购的疫苗要在冰箱中保存（按照疫苗瓶上的说明保存）；用甲醛和漂白粉混合熏蒸消毒时，每立方米用甲醛 42 毫升、漂白粉 21 克。

3. 进雏前 1 天

① 进雏前 1 天，饲养人员再次检查育雏所用物品是否齐全，比如消毒器械、消毒药、营养药物及日常预防用药、生产记录本等。

② 检查育雏舍温度、湿度能否达到基本要求。温度：春、夏、秋季提前 1 天预温，冬季提前 3 天预温。雏鸡所在的位置能够达到 35℃；湿度：鸡舍地面洒适量的水或舍内喷雾，保持合适的湿度。

③ 鸡舍门口设消毒池（盆），进入鸡舍要洗手、脚踏消毒池（盆）。

④ 地面平养肉鸡铺好垫料。

总之，标准化规模鸡场在空舍休整到接雏前，需要做大量的准备工作。这些工作要做得有条不紊，扎扎实实，确实有效。

二、雏鸡管理

（一）雏鸡的特点

① 雏鸡是比较适合运输的动物，因在出雏的两天内，雏鸡仍处于后发育状态。在实际生产中，我们经常会发现，在孵化场内放置 24 小时的雏鸡，看起来比刚出雏不久的雏鸡精神状况更好。

② 雏鸡脐部在 72 小时内是暴露在外部的伤口，72 小时后会自己愈合并结痂脱落。

③ 雏鸡卵黄囊重 5 ~ 7 克，内含有供雏鸡生命所需的各种营养物质，雏鸡靠它能存活 5 ~ 7 天。雏鸡开始饮水、采食越早，卵黄吸收越快。研究显示，青年种母鸡的后代和成年或老龄种母鸡的后代相比，在育雏的温度尤其是湿度上要得到更好的保证。温度（前 3 天）31 ~ 33℃，湿度 50% ~ 60%。

（二）接雏程序

① 不论春夏秋冬，要在进雏前 1 ~ 2 天预温鸡舍，接雏时鸡舍温度 28 ~ 30℃ 即可，放完鸡后，再慢慢升至规定温度。

② 雏鸡运到鸡场后，要迅速卸车。雏鸡盒放到鸡舍后，不能码放，要平摊在地上，同时要随手去掉雏鸡盒盖，并在半小时内将雏鸡从盒内倒出，散布均匀。

③ 如果在接到雏鸡后要检查质量和数量，最好把要检查的雏鸡盒卸下车，并摊开放置，再指派专人去查。不能在车内抽查或在鸡舍内全群检查，这样往往会造成热应激而得不偿失。雏鸡临界热应激温度是 35℃，研究显示，夏季运雏车停驶 1 分钟，雏鸡盒内温度升高 0.5℃。

（三）抓好“三度一通”

“三度”内容前面已经说过，这里不再赘述。

在进鸡的第一天就要通风。因育雏舍高温高湿，易于细菌繁殖。所以育雏舍内细菌含量是最高的。最低通风标准：每小时每千克体重 0.5 ~ 0.7 米^3，每万立方米的通风量需要 0.15 米^2 的进风口面积。例：存栏 1 万只鸡，体重 45 克，总重 450 千克，每小时需要通风 315 米^3，通风量 2 万米^3 的风机每分钟通风量为 330 米^3，即第一天每小时通风 1 分钟，以后每天增加 100 千克体重，相应地每天需要增加 20% 的通风量。

（四）保持环境安静

雏鸡非常胆小怯弱，对周围环境的微小变化都非常敏感。外界的任何干扰都会使雏鸡严重的惊群，致使雏鸡互相挤压而引起死亡。因此，育雏室要注意保持环境安静，防止猫狗等进入惊扰；拒绝参观，因为参观不仅惊扰雏鸡休息，而且还会传染疾病。

（五）搞好防疫

雏鸡常患的疾病主要有：白痢、球虫病和新城疫等。预防这些疾病，除了保持育雏室清洁卫生，室内外用具和饲饮用具天天清洗消毒外，还要对症进行药物预防。入舍时要切实搞好防疫。

① 再次检查确保雏鸡入舍时温度不低于 28～30℃，相对湿度达到 65%～70%，饮水准备完好。

② 雏鸡车入场时对车进行全面消毒，按计划指导车辆到达指定鸡舍，并立刻组织人员转移雏鸡，时间越短越好，雏鸡转入鸡舍后快速倒在育雏区域；雏鸡在雏鸡盒内待的时间越长，脱水和中暑的概率就越大。严重者影响第一周增重，并且死亡率高。网上养鸡为防止雏鸡别腿或别头，可用雏鸡盒盖均匀地铺在靠近走廊的网面上，尤其是雏鸡拥挤的地方。

第二天开始就可以做带鸡消毒工作，这一点非常重要，带鸡消毒工作避开免疫当天即可，不会影响免疫效果。育雏期带鸡消毒时要关风机。消毒要贯穿整个饲养过程，迟到的消毒就等于没有消毒。

③ 雏鸡全部转入鸡舍稳定后，将舍温逐渐升高，在 2～3 小时内升到 35℃。并注意勤加湿，保证相对湿度在 65%～70%。

④ 饮水。雏鸡转入舍后便可饮水。饮用水最好用凉开水，水温接近舍温，饮水中添加 2% 的葡萄糖或者 2% 的红糖（一般用 1～2 天，以后不再添加），有助于恢复雏鸡的体力；同时添加优质液体多维，补充雏鸡需要的微量元素、维生素及矿物质，促进雏鸡发育，提高雏鸡成活率。注意水线的高度，水线乳头与雏鸡的眼睛相平，要求雏鸡能顺利够到饮水乳头，同时来回巡视查看，防止雏鸡站到托盘上出现洗澡现象。如有洗澡现象发生，要及时调高水线，并且把已经洗澡的小鸡挑出来，放到有暖风的地方吹干，然后再放到鸡群中。

⑤ 开食。雏鸡一般在孵出后 24～26 小时开食。开食后可将小米、碎玉米等饲料，撒在红色或绿色的塑料布上面，让雏鸡练习啄食，3 天后再逐渐换为配合饲料。饲喂次数，一般 1～45 日龄每天饲

喂5~6次；46日龄以后饲喂4~5次。每次不宜饲喂得太饱，要少喂勤添，以饲喂8成饱为宜。随时供给充足的清洁饮水。1~4日龄，最好饮用5%的温红糖水，以利于雏鸡腹中剩余蛋黄的吸收利用。饲喂时要随时注意饲料的消耗变化，饲料消耗过多或过少，都是雏鸡患病的先兆。

⑥ 雏鸡前2天尤其是第一天最重要，要尽可能地保证全部鸡只饮到水、吃上料；并勤于查看鸡群分布情况，观察鸡群是否挤堆，温度、湿度是否达标，如有异常及时改善，以利于雏鸡第一周的健康生长。雏鸡第一周的生长最为重要，第一周体重每增加1克，出栏时体重便会增加5克；而且第一周卵黄吸收得越好，今后的抗病力就越强。

⑦ 雏鸡第一天很容易出现挤堆现象。挤堆的原因主要是：雏鸡还没有适应环境；雏鸡喜欢有声音的地方，如小鸡的叫声、辅机的响声、饲养员的唤鸡声；温度偏低；雏鸡较弱等。注意查找原因，如果温度偏低，及时把温度提上去。注意不要一味地提高温度，参考电脑、室内温度计，只要温度达到35℃即可。多数情况下是湿度达不到要求的结果。

⑧ 从第二天开始，根据本场用药史结合雏鸡健康状况，选用毒副作用小的敏感抗菌药物添加到饮水中，预防沙门氏菌和脐炎，连用3~4天。并注意补充优质液体多维，液体多维水溶性好、利于吸收，尤其是脂溶性维生素。

接到雏鸡后，在第一遍饮水中不要添加任何药物。换水后开始添加抗生素，药物选择如下：2~6日龄、9~12日龄，庆大霉素、卡那霉素、阿莫西林、氟苯尼考等8~12毫克/（只·日），分两次给，每次限饮2~4小时。研究显示，一次喂给会使毒性增加一倍而药效减一半。16~20日龄，庆大霉素、喹诺酮类药物、阿莫西林、泰乐菌素等各12~15毫克/（只·日），分两次给。不要考虑细菌耐药性问题，因为我们的种鸡在产蛋阶段是不喂此类药的。泰乐菌素不能与聚醚类抗生素合用，否则会增加后者的毒性。如：莫能菌素、盐霉素、马杜拉霉素等抗球虫药。

应客户要求，有的公司在雏鸡1日龄时喷雾免疫ND+IB二联活疫苗，客户在7~10日龄可重复免疫。在多日龄混合饲养的鸡场，新支油苗应在5~7日龄接种半剂量。

（六）早期挑鸡、分群，防止过大、过小鸡的出现

在育雏的前两周，要随时进行挑鸡工作，对刚入舍1~2天的雏鸡要让其尽快饮水、开食。对弱小雏要助饮助食，对没有种用价值的残次弱雏要及时淘汰，父母代种鸡亦有选种任务，前两周要主动淘汰♀0.5%~1%，♂1%~2%，对挑出的5%的弱小鸡，要通过喂药、多次喂料、减少饲养密度等措施使其恢复健康，在4~8周龄时，体重超出大群平均体重5%~10%，然后将其逐步混入大群饲养。

（七）雏鸡是否需要喂多维、电解质或开口药的问题

脱水就是机体因失水而导致电解质代谢紊乱，进一步发展会使脏器受损而危及生命。雏鸡卵黄囊内各种营养物质齐全（包括水），能保证雏鸡3天内正常生命活动需要，所以不要担心雏鸡在运输途中脱水。一般地，在最初1~2天的饮水中，没有必要添加电解质、维生素或开口药，除非雏鸡出雏超过72小时或在运输途中超过48小时，且又长时间处在临界热应激温度中，在接雏后的第二遍饮水中，可添加一些多维、电解质，每次饮水2小时为限，每天一次，两天即可，如果雏鸡已开食了，就不需要了。

如果不喂开口药心里不踏实，那就要在说明书推荐用量的基础上，再加倍对水稀释，而不是加倍加药，每天喂的时间不应超过2小时，喂两天即可。千万不能拿开口药当药喂。

近年来，雏鸡因喂开口药中毒事件很多。原因：① 由于竞争激烈，药厂为增加卖点，把电解质、维生素与抗生素混合在一起，这种含抗生素少，含食盐、葡萄糖多的混合制剂价格便宜，诱惑性大。② 这种混合制剂当抗生素用没什么效果。通过药厂的宣传，养殖户拿它当药用，当药用就习惯于加大剂量。③ 说明书写得模糊不清，

夸大药效，没有考虑到雏鸡在最初几天内是全天光照、饮水、喂料。

三、垫料管理

（一）常用垫料的种类

地面平养的肉鸡都要使用垫料。常用的垫料有稻壳、刨花、麦秸、稻草、锯末、沙子等，各类垫料原料均有不同的优缺点，在使用过程中可以扬长避短，两种混合使用。

1. 稻壳

松散易用，但吸湿性稍差。由于稻壳易于铺撒，使用后便于翻动，出栏后极易清除清扫，所以目前得到普遍使用。

2. 麦秸或稻草

麦秸或稻草切割后使用，松软而且吸湿性好。但容易受到农药、霉菌及其他毒素污染，有害肉鸡健康。降解速度较刨花慢，而且容易发酵产热，也不宜单独使用，最好与刨花各50%混合使用。

3. 刨花

有较好的吸湿性和降解性。容易形成氯胺，造成垫料很快腐败。实际上由于刨花价格较贵、数量少，一般很少采用。

4. 锯末

灰尘较多，不宜单独使用。

5. 沙子

通常在干旱或沙漠地区的水泥地面使用。使用效果好，但由于必须经常添加新沙子，导致厚度较高，鸡运动困难。

（二）垫料管理

使用垫料饲养肉鸡，首先保证鸡舍地面易于清洗和消毒，最好使用混凝土水泥地面，不但利于冲洗消毒，而且利于垫料在使用过程中的翻动管理。垫料管理的要点是定期翻动，保持垫料的松软、干爽。垫料潮湿、结块、发霉、发酵，是导致鸡舍空气质量差的最主要原因。

鸡舍的垫料厚度应保持8～10厘米，在鸡舍内要均匀分布，一次性铺好。鸡舍使用垫料的厚度主要看鸡舍的建筑质量和保温效果，鸡舍保温性能好垫料可以薄一些，保温性能差就要加厚垫料。鸡舍使用的垫料原料要求具有良好的吸湿性，生物降解效果好、舒适、清洁、粉尘含量低、不易腐败等要求。

肉鸡饲养者通常着重于雏鸡、饲料和水的质量，对垫料的质量却很少给予足够的重视。生产实践证明，垫料具有许多重要的作用，垫料状况的好坏将直接影响肉鸡生产性能的发挥。目前业内常见的垫料问题主要是潮湿问题。

1. 垫料潮湿的成因

（1）垫料材料的特性 一种有效的垫料材料必须具有吸湿性强、轻便、价格低廉和无毒的特点。有的材料吸湿性差（稻壳），有的材料在湿度低的情况下很少释放湿气（如花生壳），像这些材料就难以使垫料处于理想状态。

（2）垫料材料的质量 如果垫料因存贮不当而受潮，它就失去了大部分的吸湿能力，那么在铺撒到鸡舍后，垫料很容易变得潮湿。

（3）鸡只排泄大量的水分，是造成垫料潮湿的重要原因之一 研究证明，大约70%流入鸡舍的水最终被排到空气和垫料中。对于饲养10 000只肉鸡的鸡舍，假如肉鸡的出栏体重为2.5千克，平均每只饮水10千克，那么该鸡舍共消耗100吨水，其中有70吨水将被排到鸡舍中。

（4）通风不足 通风是排除舍内湿气的唯一有效手段，它能有效地防止鸡只排出的水和水气在鸡舍内堆积。然而许多肉鸡饲养者认为，为了降低能耗，舍内没有氨气就没有必要通风。这种观念使前3周的舍内水气堆积严重，垫料变得非常潮湿，使垫料完全失去吸湿能力，并导致日后舍内的环境每况愈下，氨气浓度越来越高，鸡只在4周后易暴发疾病，死亡率上升。

（5）气候条件 在湿热的气候条件下，垫料吸收空气中的水分而变得潮湿；在低温的气候条件下，舍内的湿热空气与进入室内的冷空气混合，形成冷凝水，并落到地面，使垫料变潮。

（6）设备因素　对饮水器、喷雾装置和湿帘装置管理和维护不当，也会造成垫料潮湿。

（7）饲料因素　一些饲料成分（尤其是盐）和药物能刺激鸡只饮水，使鸡只排出更多的水分。

（8）疾病因素　绝大多数疾病可引起或继发引起腹泻，造成垫料潮湿。

2. 垫料潮湿的危害

（1）细菌增殖较快，病毒存活时间长　当垫料潮湿时，鸡舍内变得温暖湿润，细菌增殖较快，病毒存活时间长。大量的细菌和病毒在舍内堆积，容易导致鸡群暴发疾病，最终增加肉鸡饲养者的药费支出，从而加大生产成本。

（2）舍内氨气浓度高　当垫料潮湿时，部分尿酸或尿酸盐溶解于水，并在细菌分泌的分解酶的作用下，分解成氨气。研究表明：即使只有5毫克/千克的氨气（人的鼻子察觉不到），也能刺激和损伤鸡呼吸系统的保护性纤毛，使鸡只对呼吸道疾病更为易感；25毫克/千克的氨气（人的鼻子能够感觉到），能明显地抑制鸡只的生长速度和饲料转化率，还能引发气囊炎、病毒感染和高的屠宰废弃率；50～100毫克/千克的氨气（人感到刺眼、流泪），将导致鸡只失明，进而严重影响生产。

（3）易暴发球虫病　当垫料潮湿时，球虫卵囊易于孢子化，造成球虫病的暴发。因此，养殖场户不得不长期使用球虫药，从而带来药残和食品安全问题。

（4）垫料容易结块　当垫料潮湿时，一般都伴有垫料板结的问题。易造成胸部囊肿、皮肤损伤、皮肤结痂、淤血和较高屠宰废弃率的问题。

3. 通过日常管理，防止垫料潮湿

概括地讲，当进入鸡舍的水量大于排出的水量时，垫料就会变得潮湿。通过以下方法，减少进入鸡舍的水量、增加排出的水量，即可防止垫料潮湿。

（1）增加最小通风量　在育雏的前几周，有必要增加最小通风量。最初每10分钟通风2分钟，如果你闻到氨味，应立即增加通风量。

（2）使空气在舍内流动　使用混合风扇，使空气在舍内流动起来。通过将热空气从鸡舍上方吹到垫料上，混合风扇有助于垫料干燥，因为热空气能吸纳更多的水气。浆式吊扇特别有效。

（3）促进水气排出　给鸡舍加热，以促进水气排出。随着空气被加热，它的吸纳水气的能力增强。加热和通风的联合作用将从舍内排出数量可观的水气。

（4）尽快降低水位　如果使用的是水槽，那么在雏鸡熟悉水槽后，应尽快降低水位。应检查和维修饮水器的渗漏。不要将饮水器中的水倒在垫料上。

（5）调整饮水器的高度和水压　如果使用的是封闭饮水系统，那么应经常适当地调整饮水器的高度和水压。

（6）及时清除湿垫料　如果发生渗漏或溢出，形成了湿块，应及时将湿垫料清出鸡舍，换上干净和干燥的垫料。

（7）高湿时段停止喷水　如果使用水帘降温，在高湿时段内应停止喷水。如果使用舍内喷雾降温，应检查和维修喷雾不好的喷嘴，并在高湿时段内停止喷水。

4. 通过药物处理，弱化垫料潮湿的危害

有时即使各项管理都很好，但是垫料还会变得潮湿，使病原微生物在垫料中过度繁殖、氨气浓度在舍内严重超标，最终严重影响肉鸡的健康。为了解决这个问题，人们使用硫酸亚铁、过磷酸钙和垫料净等药物处理垫料。垫料净的主要成分是中草药的萃取物，能抑制细菌生长和氨气生成，改善鸡舍内环境条件，减轻呼吸道疾病和消化道疾病的症状。

四、光照管理

前面已经说过，对肉鸡来讲，光照的主要目的是为了延长采食时间，增加采食量，促进生长发育，达到快速增重的目的和防止由于突然停电而出现鸡群恐慌造成应激的目的。对中小规模化养鸡场来讲，因为条件具备，要想充分发挥肉鸡的优良生产性能，还是要合理控制光照时间和光照强度的。

（一）光照时间控制的方法

在肉鸡的光照控制上，规模化养殖场采用的主要有连续光照法和间歇光照法两种。

1. 连续光照法

现在规模化养殖场在肉鸡生产中绝大多数鸡场实行的是连续光照法，即每昼夜实行连续22～24小时的光照。半开放式鸡舍窗户稍大有采光条件，故只需在夜间补充光照，白天不需要补充。每昼夜尽量留1～2小时的黑暗时间，这1～2小时的黑暗期应固定下来，目的是使鸡群能适应黑暗环境，防止由于突然停电而出现鸡群恐慌造成应激。连续光照法耗电量大，饲养成本相对高些，但这种方法简单易行，而且便于管理，故为一般肉鸡场所采用。育雏期前3天保证光照强度和24小时光照，便于雏鸡熟悉环境和采食。从第4日龄开始每天1～2小时黑暗，生长期黑暗时间最多不要超过4小时，这段时间可以冲洗水线或带鸡消毒应激小。不同日龄肉鸡的光照强度和光照时间见表6－5。

表6－5　不同日龄肉鸡的光照强度和光照时间

日龄	光照强度/勒克斯	光照时间
0～3	最低20	24小时光照
4～7	最低20	23小时光照，1小时黑暗
7～21	20～10（逐渐降低）	22小时光照，2小时黑暗
21～35	10	22小时光照，2小时黑暗
35至出栏	10	23小时光照，1小时黑暗

2. 肉用仔鸡间歇光照法

间歇光照法不是什么新概念，早在几年前国外发达国家已经实行。所谓间歇光照是指在肉鸡的生产实践中，采用间歇性光照即2小时亮光与2小时黑暗交替执行或1小时亮光与2小时黑暗交替执行的模式。采取这种光照控制方法，鸡在光照期间进行采食活动，而在黑暗期间不吃食也不运动，这样鸡群休息得好，减少能量消耗，从而提高饲料转化率，利于增重。采取这种方法肉用仔鸡生产速度快，耗电量低，饲料转化率高，饲养成本较低。但需要注意每次黑暗时间不能超过 2 小时，因为鸡在黑暗期间不吃不动，2 小时后嗉囊内食物基本排空了，如果超过 2 小时，鸡会感到饥饿，这样将会影响肉用仔鸡的生长速度。

间歇光照法通常只在密闭式鸡舍中采用，开放式鸡舍也可采用，但操作较不便。开放式鸡舍要想实行间歇光照，要求白天门窗遮光条件要好。白天鸡舍在需要黑暗的时候，门要关严、窗户要用黑布或其他东西遮好，不能有光线透过。如果在黑暗期间透进光线，就会使间歇光照的作用大打折扣或者化为乌有。要充分发挥间歇光照的作用，需要管理者制订严格的光照制度，每天什么时间开灯，什么时间关灯，白天开放式鸡舍什么时间遮光，要固定下来，形成习惯。不能忽早忽晚，也不能忽长忽短，否则间歇光照就起不到作用。

（二）光照强度的控制

对肉鸡采食进行合理的人工光照，除了控制好光照时间外，还要求鸡舍光照强度要适宜。肉鸡的光照强度在育雏初期可以强一些，刚出壳的幼雏 3 日内，由于视力弱，为保证充足的采食和饮水，光照强度以每平方米地面 2～3 瓦为宜，以后逐渐降低到每平方米地面 0.75 瓦，鸡能自由采食和自由饮水的亮度就可以了。光照不能过强或过弱，过强会引起雏鸡兴奋，易惊慌，容易引起啄癖；过弱会影响饮水和采食，影响生长。另外，鸡舍内灯泡要均匀分布，使灯光均匀照射到鸡舍内的地面，灯泡距地面要有 2 米左右。肉用仔鸡饲养初期灯泡瓦数要高一些，以后逐渐降低灯泡瓦数，从而逐渐降低鸡舍的光照强度。

通常跨度在 13 米的鸡舍，育雏期每 3 米的距离安装一只 60 瓦的灯泡，育雏期结束后由 60 瓦过渡到 45 瓦最后换成 25 瓦。每栋舍安装两排灯，分别安装在距离墙壁 3.5 米的位置。为节约用电可用荧光节能灯代替灯泡，要求荧光节能灯与灯泡的照明效果近似。对于密闭式鸡舍，为了节约用电，也可以建造带窗帘的窗户，在白天可以有计划地开启一部分窗帘采用自然光。但必须保证光照强度和均匀度符合要求。

五、分群管理

随着雏鸡体重的增加，个体的生长，鸡群密度在不断地增大，所以要适时分群。如果分群不及时，就会造成鸡只过分拥挤、密度增大，容易造成舍内空气污浊、垫料潮湿，鸡群均匀度变差，容易引发多种疾病，所以在肉鸡的饲养过程中要适时分群。

（一）分群时间

通常安排在第 8 天、第 15 天、第 18 天，分 3 次逐渐占满全舍。第一次分到全舍的 2/3，第二次分到全舍 4/5，第三次分完。

（二）分群时注意事项

① 结合季节和天气状况，计划好分群的具体时间；提前一天预热待分区域，如有供暖设备像水暖辅机需要移动，要提前移好，确定运转正常；要求分群时新分到的地方达到肉鸡生长所需要的温度。

② 提前一天调整水线、料线到合适的高度，打开水线中间的阀门、检查水线工作状况、把乳头下水盘擦拭干净；并整好护栏。

③ 提前一天对待分区域进行全面消毒，选用气味小、疗效确切、可带鸡消毒的消毒液。

④ 对待分区域喷洒清水加湿，保持鸡只所需要的湿度。

⑤ 选在中午暖和的时间进行分群，无需驱赶，让鸡自由扩散。

⑥ 分群期间饮水中添加优质电解多维或大剂量维生素 C，降低因分群对鸡造成的应激。

⑦ 如果冬季分群，要提前封好隔断，便于加热和控温。

⑧ 如果是夏季养鸡，要增加育雏空间，育雏空间可以占到舍内的 1/2 空间，并且要及时扩群，减少饲养数量，降低饲养密度，夏

季饲养数量通常比冬春季节减少 10% ~15% 。

六、饲喂、饮水、用药管理

（一）饲喂管理

1. 雏鸡的饲喂管理

1 ~3 日龄可将饲料撒在报纸或塑料布上饲喂，每 2 小时喂 1 次。每次的饲喂量应控制在使雏鸡 30 分钟左右采食完，从每只鸡每次 0. 5 克开始，逐渐增加。如使用粉料，则应拌入 30% 的饮水，拌匀后再喂。

从 4 日龄开始逐步换用料桶喂料，减少在报纸和塑料布上的喂料量，3 日龄之后完全用料桶喂料。可逐渐减少饲喂次数，每隔 4 ~ 6 小时喂 1 次，22 日龄后每隔 4 小时喂 1 次。

注意经常调整料桶高度，使其边沿与鸡背高度相同，减少饲料浪费。

2. 喂料的管理

记录每日的饲喂量，计算每只鸡每日的大致采食量。当采食量有异常时，应该关注饲料的营养和饲喂，以提高鸡群体质，增强抵抗力。

当鸡群染病时，可根据疾病的不同情况，采用不同的管理措施。如，鸡群感染法氏囊后，肾脏受损，代谢的压力加大，饲喂时需要降低饲料的蛋白含量，同时添加通肾利尿的药物；鸡群发生啄癖、啄羽时，排除管理和光照的因素后，要调整饲料氨基酸平衡，适当增加粗纤维、锌等的比例。

3. 饲料的贮存管理

饲料应该贮存在贮料间或阴凉干燥处，离地 30 厘米以上，饲料袋与墙壁之间应该留有 20 厘米的空隙。夏季购入的饲料，最好能在一二周内用完，冬季购入的饲料存放期也不应超过 1 个月。

使用前注意检查饲料有无霉变、结块、变质的现象，绝对不能使用已经变质和过期的饲料，以免造成严重损失。

当饲料中添加了较多的骨粉、羽毛粉或已经发霉变质时，饲料会产生腥臭味或霉味。此时应立即停止饲喂并尽快准备质量好的饲料，避免鸡群拒食或引起霉菌毒素中毒造成更加严重的损失。

4. 肉鸡采食不足的可能原因

① 料桶不足，采食很不方便，对饲养后期的肉鸡影响明显。在饲养前期，应让肉鸡在步行 1 米之内能找到饮水和饲料。

② 饮水不足、饮水器缺水或不足、饮水不便或水质不良影响饮水量。

③ 饲料营养水平过低，适口性不强，或有霉变等质量问题。

④ 肉鸡误食过多的垫料，在育雏的第一周需要特别注意。

⑤ 喂料不足或料桶吊得过高。

⑥ 密度过大，鸡舍混乱。

⑦ 鸡舍环境恶劣，影响到鸡的正常生理活动。

⑧ 鸡群感染疾病，处于亚临床症状。

⑨ 光照时间不足。

（二）过渡喂料（换料）管理

过渡喂料即换料，是指肉鸡 20 日龄前后，由小鸡料向中鸡料转换的过程，以及饲养后期由中鸡料向大鸡料转换的过程。

为了顺利转换，降低因换料对鸡造成的肠道应激，换料时应采用“渐进式”的换料方式，通常采用“三三制”渐进法。即利用 3 天的时间进行过渡转换，如由 510 料向 511 料转换：第一天 2/3 的 510 料、1/3 的 511 料混合饲喂；第二天 1/3 的 510 料、2/3 的 511 料混合饲喂；第三天全部换成 511 料。注意换料期间最好每天准确测量每只鸡的耗料量，如果采食量下降，要及时采用匀料、饲料潮拌等方法，刺激增加采食量。为减少换料给鸡群带来的应激，可在饲料中适当添加鱼肝油、电解多维、维生素 C 等。

对于中小规模养殖场，大多与屠宰厂都签订宰杀合同宰杀肉鸡胴体，而宰杀胴体要除去腹脂。所以对于宰杀胴体的养殖场，饲养后期不建议由中鸡料转换成大鸡料，以防因换料造成肠道应激，影响生长，降低屠宰率，影响收益。

（三）饮水管理

水是维持生物体生命不可或缺的物质，对于养鸡场来说，饮用水的清洁卫生情况直接决定鸡群生长与生产性能的发挥。

1. 鸡群饮用水标准

水中化学污染物和微生物的存在会降低水的质量，致使肉鸡饮水量降低，从而严重影响生长性能。因此，在保证充足的饮水量同时，也要保证水是洁净、新鲜、无污染、无异味。

2. 供水系统管理

（1）水源管理　养殖场水源要远离污染源，如工厂、垃圾场、生活区与储粪场等；水井设在地势高燥处，防止雨水、污水倒流引起水源污染；定期检测饮用水中的微生物（大肠杆菌），1 周 1 次，从水线上下两处采样送检。大肠杆菌严重污染时（大肠杆菌 >10 个/升，总大肠杆菌≥230 个/升）应进行消毒，反冲水线。宜用酸制剂，可抑制细菌生长。

（2）入舍水管理　微生物能通过吸附于悬浮物表面进入鸡舍感染鸡群，因而在进入鸡舍的管道上安装过滤器是消除部分病原体、改善入舍水质量的有效方法。为保证入舍水的过滤效果，过滤器应每周清洗 1 次，定期更换丧失过滤功能的滤芯；如果过滤器两侧有水表，可通过观察进水口与排水口水表的水压差来判断过滤器清洗、更换时间。当进水处压力值等于排水处水压值时，可不考虑过滤器清理或更换，当进水处压力值高于排水处水压值时，应及时清理或更换滤芯。

（3）饮水管理　水是肉鸡生长最重要的营养物，水占体重 70%，水的 70% 在体细胞内，30% 在体液（包括血液中）。水与体蛋白结合，参与代谢。供水不足就会影响鸡的生长。鸡场必须有充足的水源。

鸡对水的需求随日龄增长而增加，也与采食量、气温密切相关，通常料水比为 1：(1.6 ~ 1.8)。5 周龄后，在 21℃ 基础上每升高

1℃，饮水升高6.5%，炎热季可增3倍以上。具体见表6-6。

表6-6　不同体重鸡不同温度下的饮水量

周龄	体重（周末）/克	饲料（克/天）	饮水/毫升		
			10℃	21℃	32℃
1	159	20	23	30	38
2	396	42	49	60	102
3	718	68	64	91	208
4	1 109	96	91	121	272
5	1 555	126	113	155	333
6	2 033	154	140	185	390
7	2 517	182	174	216	428
8	2 900	206	189	235	450

注意饮水方法，育雏的前4天开启水线同时，用辅助水帽24小时供水，习惯以后撤出，并不断调整水线高度，调整水压。首次饮水可用5%葡萄糖水，2小时后开食。

保证足够水位，调整乳头与地面的角度，小鸡35～45°（10～12厘米），大鸡75～85°为宜，乳头12只鸡/个，全天供水。

注意水温（与舍温相近，最低10～12℃），要冬温夏凉。过冷过热都会减少饮水量，影响生长速度。

由于饮水管长时间处于密闭状态，管内细菌接触水中固体物时会分泌出黏性的、营养丰富的生物膜，生物膜形成后又会吸引更多的细菌和水中其他物质，从而迅速成为病原菌繁殖的活聚居地，使原本封闭的饮水系统变成了传递病原菌的工具。所以，养殖者要加强对饮水管的管理。具体方法包括：

① 存栏舍饮水管清理　每15天用高压气泵将消毒液注入饮水管内，对其进行冲洗消毒，浸泡20分钟后，用高压冲洗20分钟。

② 空栏舍饮水管清理　通过冲洗的方式清理饮水管后，用高压气泵将水线除垢剂注入饮水管内，浸泡24小时后，用高压气泵冲洗1小时。

3. 污水处理

养殖场在生产过程中会形成大量污水，污水中残留大量有机污染物，这些有害物质不仅是病原微生物的载体，同时也是破坏环境的主要因素。为了有效保护环境，养殖场必须做好污水处理。

4. 注意事项

（1）饮水用药管理　饮水投药前，首先检测饮用水的 pH 值，防止药物被中和，其次饮水投药前 2 天对饮水系统进行彻底清洗（刚消毒后的饮水系统更应彻底冲洗），以免残留的清洗药物影响药效。投药结束后也应对饮水系统进行清洗，不仅可以防止黏稠度较大的药物粘连于饮水管表面，滋生氧化膜；还可防止营养药物（如维生素 C 等）残留饮水中，滋生细菌。

饮水用药尽量不要用带糖的药物以免促进微生物生长形成生物膜，堵塞乳头。在生产期不能长期应用含氯、苯酚、季铵盐类、过氧化氢处理饮水，以免危害肠道。

（2）饮水免疫管理　为保证饮水免疫的成功，稀释疫苗用水最好用蒸馏水、清洁的深井水或凉开水，pH 值接近中性。饮水器具要清洁、无污物、无锈，不要用金属饮水器，最好用塑料饮水器。免疫时最好在水中加入 0.1% ~0.2% 的脱脂奶粉，以保持疫苗的免疫力，同时还可中和水中的消毒剂。

（四）安全用药管理

1. 国内市场的用药规范

（1）及时更换大鸡饲料　一般肉食鸡大鸡料分为含药和不含药两种，其营养成分完全一致。如果在生产中延长使用含药饲料会引起鸡肉中药物残留。饲养场、户要严格按规定时间更换成不含药的大鸡料，一般在屠宰前 8 天更换大鸡料，换料时要把料桶内原来的饲料打扫干净。

（2）正确合理用药　乱用药是引起药物残留的主要原因。因此，在饲养过程中使用的药物必须是国家和地区有关规定允许使用的，不得使用违禁药物、未被批准的药物及可能具有“三致”作用和过敏反应的药物，同时必须严格按照兽药的使用期限、使用剂量和休药期使用兽药。在肉鸡的整个饲养过程中，使用药物时注意如下事项。

① 禁止使用国家明令禁用的药物：如氯霉素、痢特灵，同时禁止用性激素类、氯丙嗪、甲硝唑等作为促生长药。

② 在整个饲养期禁止使用下列药物：克球酚（氯羟吡啶）、球虫净（尼卡巴嗪）、灭霍灵、氨丙啉、枝原净、喹乙醇（快育灵）、螺旋霉素、四环素、磺胺嘧啶、磺胺二甲嘧啶、磺胺二甲氧嘧啶、磺胺喹噁啉。

③ 肉鸡25~30日龄内可用如下磺胺药物（30日龄后禁用）：复方敌菌净、复方新诺明。

④ 肉鸡送宰前14天禁止用下列药物：青霉素、卡那霉素、链霉素、庆大霉素、新霉素、氯霉素、痢特灵。

⑤ 肉食鸡宰前14~7天根据病情可继续选用如下药物，其药量按规定要求使用：土霉素、强力霉素、北里霉素、红霉素、恩诺沙星（普杀平、百病消）、环丙沙星、氧氟沙星、泰乐菌素、氟哌酸。

⑥ 预防球虫病可选用如下药物，宰前7天停药：二硝苯酰胺（球痢灵）、氯苯胍、拉沙里霉素（球安）、马杜拉霉素（加福、球必杀）、三嗪酮（百球清）。

⑦ 送宰前7天停用一切药物，最后1周所用饲料必须不含任何药物。

⑧ 禁止使用所有激素及有激素类作用的药物。

（3）淘汰病鸡　肉鸡临近出栏时，对于个别发病肉鸡给予药物治疗时，会引起药物残留，出售时如混入鸡群中就会影响全群质量。对于这样的病鸡要进行淘汰或康复后过了休药期（药残安全期）再出售，这点要特别注意。

（4）防止环境污染　有的饲养户在给农作物喷洒农药时污染了水源，或农药污染了饲料，其中，有机氯农药的危害问题最大，特别是DDT（滴滴涕）、BHC（六六六）、PCB（多氯联苯）和三氯乙烯等；有的饲养户在鸡临近出栏时，用敌百虫、敌敌畏等有机磷类药物灭蝇，也会引起药物残留，这点也应该特别注意。

2. 国际市场的特殊要求

对于出口到日本、欧盟的肉食鸡，要严禁使用下列药物：在整个饲养期禁用磺胺六甲氧嘧啶及其钠盐、磺胺二甲基异噁唑及其钠盐、四环素类（四环素、土霉素、金霉素）、甲砜霉素、庆大霉素、伊维菌素、阿维菌素。

3. 科学管理减少疫病的发生

科学严格管理，制定合理的用药保健程序。

① 在肉鸡整个饲养过程中，要科学管理，注意通风、温度、湿度等，创造一个肉鸡适宜的生长环境，提高鸡群的健康指数。

② 建立合理的免疫程序和消毒制度，尽量减少疾病的发生，减少因病突发用药。

③ 可根据实际情况制定一个合理的用药保健程序，减少抗生素的使用量，保证出栏时无药物残留。

七、不同生长阶段的管理

根据肉鸡的生理生长特点，习惯上把肉鸡的生长过程划分为：育雏期、饲养中期和饲养后期 3 个阶段。根据不同生长阶段、不同的生长特点，实行针对性、差异化管理，强调并做好重点管理工作，以满足肉鸡不同生长阶段的生长需求。

（一）饲养前期

0～18 日龄，以保温、保湿为主，合理通风。

① 由于此阶段，肉鸡自身体温调节功能不完善，生长需要的舍温较高，所以重点是加强供暖设备的管理工作，确保温度适宜。第一，强调饲养员把温度管理作为重点，把管好炉子当成重点工作，并强调规范操作；第二，密切关注天气变化，并做好夜间值班工作，查缺补漏，防止饲养员因疲劳或过失，造成炉子没看管好，而出现温度忽高忽低的现象，造成短时间低温应激，导致雏鸡发病。

② 注重湿度的管理。采取合理的加湿措施，保持舍内相对湿度

在65%～70%，避免因湿度过低而造成雏鸡成活率低和诱发呼吸道病。

③ 饲养前期防疫频繁，加上扩群、换料，应激较多，要注意优质电解多维的添加应用，提高鸡只抗应激的能力。

④ 此阶段注意淘汰残弱鸡只，不留残鸡栏，降低疾病的传播概率，提高鸡群均匀度。

⑤ 正确开启侧向风机（或纵向小风机）和灵活确定进风口的大小，合理通风，保证舍内空气质量。

在防病上，0～18 日龄的肉鸡主要控制沙门氏菌病和大肠杆菌病。要求从正规的、条件好的孵化场进雏，改善育雏条件，采用暖风炉取暖，减少粉尘污染，用药预防疾病要及时，选药要恰当。同时，喂一些辅助类的营养添加剂及药物，如葡萄糖、复合多维、诺氟沙星、左旋氧氟沙星、头孢噻呋等，以提高雏鸡抗病力，一般用药3～5 天即可大大降低死亡率。

这个阶段要在保温的基础上做到逐渐的通风，防止贼风侵袭。在通风换气的同时，注意不要造成舍内温度忽高忽低，严防由于温差过大造成应激反应引起疾病，通风口以高于鸡背上方1.5 米以上为宜。在夏秋季节育雏可以节省一些取暖的费用，但是，温度的控制是有些难度的，一般要求白天熄火或微火维持，晚上要旺火供暖，以免昼夜温差过高诱发鸡群的呼吸道疾病。在进行夜间供暖的时候要密封旁窗和地窗，打开天窗保证充足的氧气供应，防止煤气中毒。

（二）饲养中期

18～33 日龄，以通风换气为主，妥善处理通风和保温的矛盾。

此阶段由于母源抗体逐渐消失，自身产生的抗体不足，所以极易形成免疫空缺、免疫力低下。加上此阶段肉鸡的采食量增加、代谢旺盛、粪便增多，又处于换羽过程，所以，舍内有害气体产生的明显增多，碎羽毛和粉尘明显增多，故此阶段鸡群比较容易生病。所以，要加强环境管理保证舍内氨气浓度不超标、氧气含量充足、湿度合理、昼夜温差小。重点工作就是加强通风换气，降低昼夜温差，并勤于带鸡消毒，减少各种应激。用药上可以多用些提高机体免疫力的药物：如转移因子、优质多维和一些补气、扶正的中药如黄芪多糖、玉屏风散等。

本阶段的肉鸡主要控制球虫病、支原体病和大肠杆菌病，同时密切注意传染性法氏囊病。改善鸡舍条件，加大通风量（以保证温度为前提），控制温度，保持垫料干燥，经常对环境、鸡群消毒。在保持舍内温度前提下，加大通风量，以保证舍内氧气含量。3 周龄以上肉鸡要以通风为主，舍内温度不低于 21℃ 即可。尽量减少不必要的应激因素，采取一切措施保证让鸡采食，以保证机体能量需要，增强鸡只抗病能力。除采取以上相应措施外，在饮水和饲料中添加适量的抗菌药物和维生素或小苏打，以增强鸡只的抗应激能力和缓解由于呼吸不畅引起的酸中毒。大群免疫和进行分群时，应事先喂一些抗应激、增强免疫力的药物，并尽量安排在夜间进行，以减少应激。预防球虫病，应选择几种作用方式不同的药物交替使用，有条件的采取网上平养，使鸡与粪便分离，减少感染机会。防治大肠杆菌病，要选择敏感度高的药物，剂量要准，疗程要足，避免试探性用药，以免延误最佳治疗时期。使用新城疫、支气管炎活苗对鸡呼吸道影响较大，免疫后应马上使用预防支原体病的药物进行饮水。法氏囊活苗对肠道有影响，易诱发大肠杆菌病，免疫后要用一次修复肠道的药物，如果有法氏囊发生，应及时用药物治疗，早期可肌肉注射高免卵黄抗体，及早发现及早治疗，才能取得好的治疗效果，否则由于传染性法氏囊造成的鸡群后期非典型新城疫和球虫病发生的概率非常大。

（三）饲养后期

33 日龄到出栏，以通风换气为主、保成活率；保肝护肾、促进食欲、提高鸡只采食量。

① 此阶段是鸡只处于绝对生长速度最快的阶段，新陈代谢旺盛，所以要加强通风，保证舍内空气质量和氧气含量。

② 同时由于鸡只接近出栏，为了食品安全，为了鸡能多吃料，

所以要减少各种药物的应用，尤其是一些毒性较大的药物；并合理添加优质多维、葡萄糖等保肝排毒、提高机体抗病力、保证鸡只良好食欲的保健用品。

③ 加强对饮水和添料的管理。把检查水线、饮水乳头作为重点工作，保证水线工作正常，保证鸡只有充足的饮水，防止因饮水不足而减料，同时提供足够的料位，及时添料。

④ 饲养后期温度不可降得太低，舍温不要低于24℃；并注意中午时间的温度，避免热应激的发生。

本阶段主要控制大肠杆菌病、非典型新城疫及其混合感染。改善鸡舍环境，加强通风；勤消毒，交替使用2～3种消毒药，但免疫前后2天不能进行带鸡环境消毒；该阶段预防用药，要联合使用抗生素和抗病毒药，并注意停药期，适当增喂益生素，调整消化道环境，恢复菌群平衡，增强机体免疫力和饲料利用率。

八、不同季节的管理

（一）春季管理的重点是预防呼吸道病的发生

春季对于肉鸡饲养来说要注重两个特点，一是春季乍暖还寒，昼夜温差大，气温变化快；二是春季多风干燥，风势硬、空气湿度小，蒸发强。这两个特点使得肉鸡饲养管理更难于掌控，即便是标准化鸡舍也存在外界环境的干扰因素加大的隐患。因而，对于鸡群发生呼吸道病的掌控也更难。

1. 投药不能只重治不重防

总认为鸡群没发病就不用药。春季呼吸道病的潜伏期较其他季节要短促，如禽流感、新城疫、传染性支气管炎、气囊炎等。传播急速且呈条状、点状、跳跃式发病。鸡群今天还好好的，第二天一早就有明显发病，几小时就波及全舍且症状严重。这就要求在春季防病上注意前期投药，把病患苗头、萌芽及早杀灭。另有一种情况是投药不正确，一旦发病，不等确诊就自行用药，一用就形成大剂量滥用、乱用。如将一袋标明拌料500千克的药拌入50千克料里，3

天的用量一次拌入饲喂，对水饮的药一次对入连饮一天一宿，甚至生物制剂也是如此。这种肆意加大剂量的理由是“现在假药多，用量小了不管用。”由于这种心理的作用，许多鸡群在7~8天就开始出现药源性肾肿拉稀，此时的鸡群代谢机能处于紊乱状态，到10天以后做疫苗就会出现呼吸道症状，针对这一症状，又开始了新一轮用药。如用治感冒的、治咳嗽的、治肠道炎症的等。有的养殖场违规使用泰乐菌素、磷酸替米考星、强里霉素等的原粉药，更加重了肾肿，于是，又开始用通肾的药物，加速排泄。而排泄的结果是机体的脱水和肾功能的衰竭。这一过程的鸡群在病和药的双重围攻夹击中勉强求生，发育参差不齐，骨质疏松，免疫力低下，死亡不断。还有些养殖户是错误用药，又如用氟苯尼考治疗咳嗽的，用抗病毒药治疗肠炎的，用药中毒肾肿了，又用阿托品解毒等。

2. 管理要细心

春雏的饲养管理难，不仅是气候原因，春雏本身也有季节性的固有弱点。春季种鸡也处于多病季节，自身调节也处于应激期。种蛋合格率会有所降低，母源抗体不高，种蛋内维生素不易均衡，这都给春雏的孵化质量带来先天不足。此时，若管理疏漏则很容易导致发病。如雏鸡的开食和开饮同步做。春季干燥，从孵化场出壳到进入育雏室，雏鸡极易轻微脱水，理应先开饮，后开食。若开食过早，会造成雏鸡肠道功能紊乱，消化不良，还会导致卵黄吸收不良，致使雏群弱质化，抗病力自然降低。这就不是消毒和投药所能解决的。还有，雏鸡因长时间的运输、不停的鸣叫、鸡群密集的拥挤，会呈现焦渴症；一旦进入育雏室见到饮水器就会蜂拥而上，形成雏鸡暴饮。雏鸡暴饮会导致水泻，体内电解质失衡，最终是弱雏增多。科学的方法应是开饮以少量多次，先润口，再稍饮，后才是持续饮。不要让雏鸡喝成歪胀嗉囊。

育雏室因保温的考虑，往往湿度低温度高。高温低湿会致雏鸡呼吸道黏膜、支气管表层失水，气管壁绒毛脱落，加之干燥空气中粉尘飞扬，这样病原微生物极易突破这层首道防线，造成发病。

春季保温重于通风认知会给人一种误区，就是不敢增大通风量。

而雏鸡日渐成长过程中，呼吸量、排泄量、体热散发量日渐增多，通风量一直不大，舍内污浊气体一直得不到及时更换，鸡群处于缺氧、湿热、散热不均和病原杂菌密布的环境里，发病在所难免，甚至在干燥季节里不易发病的慢呼、球虫都难免。

有些鸡舍由于通风设备布置不合理，不能形成有效的舍内气体流动，即使延长通风时间也达不到合理换气的目的。有害气体一般比较轻，多集中于鸡舍的上方，排气扇应在舍顶部或相对高位安装；如果排气扇设置较低，则有害气体就不能充分排出，而新鲜空气的补入又会因排出口与进入口的位差短易形成贼风，尤其是春季风冷硬，易伤害鸡群。

3. 正确免疫

在春季里，鸡群的免疫程序有着重要意义。由于鸡群在春季的特殊应激状态，免疫的抑制、缺失、失败更容易发生。有的养殖户以为只要加大用苗剂量就能防止发病，有的认为几种疫苗混用效果好，这是最容易干扰免疫效果的。疫苗并非剂量越大越好，过量会致免疫器官的麻痹、抑制，不能形成免疫应答。还有，除非是生物制品厂的浓缩联苗，一般尽可能不做单苗联用。因为许多单苗是有着特殊佐剂或制备条件的，最好单苗单用。并且，两次免疫之间最好间隔 7 天，至少也得 5 天，这样才有助于免疫抗体的生成和免疫机制的建立。有的养殖户 5 日龄用新支二联苗 2 倍量滴鼻点眼，后发现鸡群有呼吸道症状，就误以为是免疫失败了，又忙着在 7 日龄用新城疫Ⅳ4 倍量饮水。结果是两次免疫都不成功，造成免疫残漏缺失。还有的在 10 日龄用新城疫和法氏囊苗混饮、用新支肾三联苗和法氏囊混饮、用新城疫Ⅳ混合鸡痘苗饮水等，所有这些都导致了疫苗不能产生相应的免疫应答，还造成了鸡群机体的免疫系统的功能紊乱，抗体水平一直在低水平或高低不齐状态徘徊；加上春季里的干燥、大风降温频繁、应激多，鸡群总是处于发病与亚健康的临界线，病毒性呼吸道病就成了难于防控的老大难问题。

（二）三个关键点确保肉鸡安全度夏

1. 有效降低鸡舍温度

（1）高温高湿天气里，增加通风量的风冷效应降温

对密闭式鸡舍采用纵向通风，即在鸡舍前门设置进风口，后门设置排风口，根据舍内空间大小合理、均匀地设置一定数量的大功率排风扇，通风时将两侧窗户关闭，防止热空气流入。可以大大地增强对流散热的效果，加快浑浊空气排出及室外新鲜空气的快速流入。当风速为0.5~1米/秒时，使环境温度下降2~3℃。开放式鸡舍应打开所有门窗，以促进空气流通。

（2）高温干燥天气里，利用湿帘和水雾蒸发降温

湿帘降温：在进风口处设置水帘，使外界热空气经过水帘冷却之后再进入鸡舍，从而达到降温效果。鸡舍的另一端装有风机（排气扇），使用水帘时，可在温度升高之前（28℃以上时）打开，下午降温后关闭，可使鸡舍温度降低3~8℃。

水雾蒸发降温：用高压旋转式喷雾器向鸡舍顶部或用一般手压式喷雾器向鸡体直接喷洒凉水。应选择在气温高（在气温超过32℃时）而相对湿度低的干燥天气进行，一般可降低气温5℃左右。

2. 科学调整饲喂管理

（1）更换夏季饲料配方，提高饲料日粮营养浓度

提高饲料的营养浓度：夏季炎热，鸡群食欲差，采食量减少，营养物质的摄取量也相应减少，这就需要用含较高营养浓度的日粮予以补偿。因此，在高温环境中，当鸡的采食量降低时，适当减少谷物类饲料如玉米的用量，同时适量提高饲料的能量水平（或添加1%左右植物油来解决），将更有助于增加鸡只的体重，从而维持鸡群生产水平的稳定。

合理添加维生素：在饲料中定期添加维生素，特别要提高维生素C（0.02%~0.04%）以及维生素AD_3粉的用量，可起到缓解热应激、提高采食量、提高生长速度的作用。但维生素C的抗热应激作用并不是无限的，当环境温度超过34℃时，维生素C就没有作用。

（2）合理的饲喂方法，增加鸡只的采食量

饲喂新鲜饲料：确保给鸡只每天都能饲喂新鲜饲料，一般饲料库存不得超过3天，并且来料后要确保良好的贮备环境（如料塔或料间防雨防潮），防止饲料发霉变质，每次喂料前认真检查饲料质量。另外，每次喂料后1～2小时要匀料，每天要让鸡吃净料槽，防止饲料在料槽中堆积，影响鸡只采食。

采取早晚两头凉爽多喂料法：在高温季节，鸡只在白天采食量相对较少，而在夜间和凌晨凉爽时段采食量相对较多，根据鸡群的这一采食特点，调整饲喂方式如下。

① 早上温度低时提前多喂料。把第一次喂料时间提前到早上6：00，也可以开始进行光照的时候就喂料，由于鸡只从睡觉中醒来，比较兴奋，前一天吃的饲料也已经消耗，饥饿感比较强烈，再加上此时是一天中天气最凉爽的时候，所以此时可以增加鸡只采食量。

② 下午高温时停止喂料，熄灯前要喂足饲料。下午高温时为了减少热应激，在每天温度最高的13：00～15：00时停止喂料，以减少鸡只的采食活动。但是根据蛋鸡一日采食量分配（上午为日采食总量的1/3左右，下午为日采食总量的2/3左右），又结合熄灯前鸡只采食高峰，因此，熄灯前喂料要采取多喂，这样才能满足鸡只采食需要。

③ 夜间再增加1次喂料。通过增加夜间采食来提高鸡只的采食量，这样有利于缓解热应激而造成体重不达标的现象，例如，育成鸡到120日龄以后，采取在鸡群光照程序的黑暗期增加1小时光照的措施，以此增加鸡群的采食时间。但增加夜间采食时，原有的光照计划不做调整。注意，增加采食时必须确保是在熄灯3小时后进行。采食后，从再次熄灯到开灯的这段时间，必须长于增加采食之前的熄灯时间。一般在晚上23：00～24：00时增加1小时饲喂时间，可以弥补白天采食不足造成的影响。

（三）坚持做好综合防疫工作

1. 把握免疫时机，减少免疫和高温双重的应激

免疫是养鸡成功的首要关键，在夏季免疫前，应该重点考虑免疫时温度，尽量选择清晨、上午或气温低时进行免疫操作，避免鸡只在热应激时进行免疫，减少鸡群双重应激。如：饮水免疫时要考虑停水时间不宜过长，一般为2～3小时；喷雾免疫时应考虑喷雾后舍内温度会上升到多少度，最好是在清晨气温低时操作；注射（刺种、点眼）免疫时，应考虑在上午高温未到时进行，尽量避免下午高温时免疫（如遇到舍内温度超过35℃时，应该停止或推迟免疫）。

2. 保持良好环境卫生，定期消毒饮水系统

夏季高温高湿，饲养环境、饲料、饮水的卫生状况较差，鸡的抗病力下降，易发生细菌性疾病。因此必须做好环境卫生清洁和消毒工作，以减少疾病的发生。

（1）带鸡喷雾消毒　喷雾消毒是目前较为理想的消毒降温措施，能降低舍温4～6℃，宜在10点和15点进行。但要注意喷雾速度，高度要适宜，雾滴直径大小要适中，所用的消毒剂一定要高效、无毒副作用，且黏着力强、刺激性气味小，以免引发呼吸道疾病。

（2）勤清理鸡粪　夏季粪便较稀，湿度大，鸡粪极易发酵产生氨、硫化氢等有害气体或其他异味，易诱发呼吸道疾病，因此，舍内粪便和垫料等应及时清理（至少1天1次），防止污染，保持舍内清洁、干燥、卫生。也可用吸水性强的垫料如锯末、干煤灰等先撒在鸡粪上再清除，这样，既降低了温度，保持地面干燥，又便于清扫。

（3）定期消毒饮水　夏季饮水管（水槽）易滋生细菌，发生细菌性疾病，尤其消化道疾病，因此对饮水每周消毒至少1次以上，消毒药可选以下几种：漂白粉（每吨饮水中添加6～10克，搅匀，30分钟后即可让鸡饮用）、高锰酸钾（配成0.01%的溶液让鸡饮用，随配随饮，每周饮2～3次）、百毒杀（用50%的百毒杀以1∶1 000至1∶2 000的比例稀释后让鸡饮用）、过氧乙酸（选用20%的过氧乙酸，在每1 000毫升饮水中加1毫升，消毒30分钟后让鸡饮用）。

（四）秋季肉鸡饲养管理的重点

进入秋季以后，饲养管理难度增大，疾病危害更加严重，养殖场户要进行应对。

1. 加强鸡舍和设备的消毒

根据鸡舍和接收鸡苗的日期合理安排冲洗、清理、消毒、空舍的准备工作进度，一般情况下一批肉鸡销售后间隔至少2周以上再进下一批肉鸡，以保证鸡舍的准备和足够的空舍时间。

进雏前一周要把育雏舍内外彻底清扫消毒，舍内空间可用3%～5%的来苏尔溶液喷雾消毒。用具、墙角与地面用1%～2%氢氧化钠溶液冲刷消毒，尔后熏蒸消毒，即把所有用具放入育雏舍内关闭门窗，按每立方米空间用28毫升福尔马林、14克高锰酸钾放入瓷器内熏蒸，封闭鸡舍24小时，进雏前一天打开鸡舍通风。

检修供暖、通风及照明等设备；堵塞鼠洞，防鼠害；备足所需饲料及用具；制定免疫预防方案，确保药物、疫苗及时到位。

2. 环境控制

环境对雏鸡的生长影响非常大，尤其是入秋以后，气温逐渐降低，昼夜温差比较大，对雏鸡的应激强烈，所以此阶段应格外细心。

（1）温度　第一周鸡舍温度（温度指环境相对湿度为60%～70%时的温度，该湿度感觉为略微潮湿）应控制在35～33℃，以后每周下降2～3℃，直至降到20℃左右；夜间外界温度低，鸡活动少，温度应比白天高1℃。掌握温度应遵循下列原则：初期宜高，后期宜低；白天宜低，夜间宜高；晴天宜低，阴天宜高。温度适宜与否从雏鸡动态可以判定：温度正常，小鸡活泼好动，分散均匀，羽毛光亮，食欲旺盛，夜间睡眠安静；温度过低，鸡靠近热源，绒毛耸立，挤压成堆，叽叽尖叫；温度过高，鸡远离热源，张嘴呼吸，两翅张开，饮水增加，食欲不好。

（2）光照　一般雏鸡入舍后0～5日龄实行全天24小时光照，以后逐渐缩短到20小时直至出栏。在光照强度上，从第5天开始采取弱光照，让鸡能正常吃料、饮水就行，以防惊群。在生长期适当限光有利于鸡群在黑暗中发育内脏器官，防止后期死淘（猝死）过高。如果饲养42天左右或35～36天的肉鸡宜采用间歇式光照或23小时光照、1小时黑暗方式。

（3）湿度　前期1～2周保持相对高湿度，3周龄至出栏应保持相对低湿度，其参考标准是：1～2周，相对湿度可控制在65%～70%，以后控制在55%～60%，最低不低于40%。

（4）通风换气　肉鸡整个饲养周期内都需要良好的通风，特别是饲养后期通风换气特别重要。1～3周龄以保温为主，适当通风换气，氨气浓度小、无烟雾粉尘。4周龄至出栏以通风换气为主，保持适宜的温度、氨气味小。秋季根据外界气温适当打开门窗但要防止冷空气直接吹到雏鸡身上。

3. 饮水管理

必须保证不为大肠杆菌和其他病原微生物污染。第一周饮用和室温相同的温开水，以后改用深井水或自来水。前3天在饮水中适当添加2.5%～5%葡萄糖、红糖及肉鸡用多维；雏鸡进入育雏室后须饮水3～4小时后开始第一次喂料；饮水器应摆放均匀、高度适中，每天清洗消毒1～2次，贮水缸、桶等贮水时间不能超过3天；尽量记录每天饮水量，如果饮水量异常则往往是饲养管理有异常或者鸡群有疾病的先兆。

（五）冬季管理以保温为主，通风为辅

唯有保证鸡群所需的温度，才能再考虑通风、加湿等。

1. 保温方法

① 鸡舍要封闭好：窗户、墙壁、风机口、侧进风口、网架横杆与墙结合处、门等必须进行彻底整治，不漏一丝风，用黄泥掺白灰里外抹平。

② 地炉正常：进鸡前一周严格检查地炉，防止地炉管道漏气，炉温抽不到鸡舍中后端；引风机无故障；燃煤要易燃烧，火力持久。

③ 进鸡前4～5天预温，使鸡舍内墙壁、网片等与鸡只接触的物

品均得到加温，鸡只进舍后温度正常，鸡只分散分布。

④ 人员熟练掌握地炉操作技巧，保证地炉正常运行。

2. 鸡舍内温度

通常情况下，鸡舍内温度前高后低，即：靠近加热炉的地方高，中间低，远离加热炉的最后边，温度最低，前、中、后温差一般在1~2℃。管理的关键是：鸡舍前、中、后位置提温时要同时进行，降温时也要同时逐渐降温，坚决避免鸡舍前后温差过大，甚至中间温度低或高的现象发生。方法如下。

① 以前端进风口为主，占整个进风面积的60%~70%。

② 只要后端的温度比前端温度低，就应该扩大前端的进风口，直至后端温度提上去。通过加大通风量或通风时间，欲将前端的温度拉到后端的做法是错误的。

③ 侧窗进风口宜少不宜多，以前端地炉处进风口为主的情况下，中间哪一地方的温度高即在某处增设侧进风口。进风口大小以将此处温度调整到前低后高的模式中为宜。

④ 哪一点温度低，就缩小该处进风口。哪一点温度高，则扩大此处进风口。

⑤ 鸡舍整体温度的高低由通风量大小调节（通风时间与风机大小），局部温度高低（温差）由进风口大小来调节。

3. 进风口的保护

进鸡舍的冷空气经过预温后再与鸡只接触，保证鸡舍不受冷。切记：进风口得不到有效保护，宁可不开口。

① 方法：外围使自然风不能自由进入鸡舍，内围使冷空气斜向上方，进入鸡舍的中上部。

② 鸡舍侧进风口的距离：在距鸡舍前后各20米的中间60~70米处开设。用塑料布或料袋做一长2~2.5米的中空管道，一端与侧进风口紧密相连，另一端吊在鸡舍中上部。要求管道中间不向外漏气，且是自然中空状态。

4. 进风口开启的大小与数量

① 前端（地炉处进风口）1~2个侧窗即可，大小以调节舍内温

度模式为准。

② 侧进风口：（15～30 日龄）中间 60～70 米范围内每隔 10 米为一个。进风口大小以局部温度高低调节为标准。30 日龄后，两侧各再增加 5～7 个以保护进风口。

5. 进风口的开启时间

地炉处进风口：一旦动用风机排风即开始开口。

侧进风口：一般 10～13 日龄后；当局部温度高于前后温度 2℃时；局部温度偏高但空气较闷时。

6. 通风量与时间

（1）通风量　以最小通风量为原则，最小通风量 = 存栏量只数 × 单只均重千克/只 × 0.015 米^3/千克。通风量随鸡群日龄增大而逐渐增加的原则，禁止忽大忽小。通风量以保证鸡舍内温度为原则。

（2）通风时间　风机启动时为 3～5 日龄，短开短停为原则。

（3）风机使用与更换　0～20 日龄，使用 300 米^3 的排风扇即可，20～25 日龄更换成 550 米^3 的半台或 750 米^3 排风扇 1/3 台。更换方法：一栋过渡正常后再过渡另一栋，过渡时现场观察 12～24 小时。当排风扇排风量大时，用砖将排风口封闭，用相应开砖与排风量对应的方法增加通风量。

7. 高温区的建立

① 网架前端 10～15 米留空不养鸡，待 30 日龄后再扩栏使用。

② 在门口处设 2 米高的挡风帘，在空留网架与育雏区设第二道保温帘。切记网架下要附上一层塑料布，使其不透风。

③ 在高温区炉管上方吊用逆向风机，扩大地炉散热速度。

④ 当鸡只 30 日龄向前扩栏时，第二道保温帘应移至网架前。

8. 逆向风机的使用

鸡 0～10 日龄时用 2 台逆向风机，间隔 20 米，向鸡舍后端送风。保证炉管的散热与舍内温度平衡。10 日龄后，逆向风机距地炉进风口 10～15 米，与排风扇同步启动向前吹。

9. 水线管理为主，清粪为辅

鸡舍内清粪到鸡只 25 日龄左右。以后哪一段水线漏水、粪稀，就清理哪一段。

10. 湿度

20 日龄前在高温区空栏处喷洒热水，20 日龄后用单喷枪向鸡舍上喷洒 40～50℃温水，每栋 400 千克。

11. 扩栏

20 日龄前除高温区外，鸡群扩栏到鸡舍末端。30 日龄后鸡群前扩，扩满整栋鸡舍。

九、不同养殖模式的管理

常见的饲养模式主要有笼养肉鸡、网养肉鸡和地养肉鸡三种模式，在管理上大体相似，但又有区别。

（1）地面养鸡　管理的重点除温度、湿度、密度、通风一样外，垫料的管理也是重中之重。在日常饲养过程中，要重视垫料铺设的厚度，垫料的质量，并且做好勤翻垫料，防止垫料霉变、结块、潮湿，降低球虫病、肠炎和霉菌病的发生率。并且勤于检查水线，防止水线漏水弄湿垫料，合理的垫料厚度冬季便于保温，夏季可以降低球虫，肠炎的发生。

（2）网上养鸡　注重饲养密度不可过大，重点是加强鸡群的观察和残、弱、病鸡的挑拣工作。同时注意进风口的位置，做好通风工作，防止冷风吹在鸡身上。

（3）笼养肉鸡　重点在于育雏期的温度管理，由于采取的是整舍育雏，中层育雏，所以首先要做好供暖工作，同时做好分群的工作，夏秋季节先往下层分群，冬春季节先往上层分群。其次是通风工作，尤其是夏季，由于是立体养殖，饲养密度大，空间空气阻力大，所以做好通风工作，保证舍内空气质量，防止中暑的发生；最后是进风口的位置，做好合理通风。

十、鸡群日常管理

日常管理中加强巡视，观察鸡群状况，可以随时发现饲养环境中存在的问题，改善鸡舍小环境。通过及时了解鸡群生长发育情况，便于对疾病采取预防和治疗措施，降低损失；通过对鸡只个体单独的管理，减少个体死亡，提高成活率。

（一）鸡舍日常巡视

鸡舍温度适宜，干净整洁，空气畅通，无刺激性气味，水质清洁并且供应充足，是保证鸡群生产的首要条件。因此鸡群日常巡视时，进入鸡舍后要关注鸡舍的温度、卫生，是否有刺激性气味、饮水供应等情况。

鸡舍巡视时应严格遵守防疫要求，先从健康鸡舍到非健康鸡舍；进入鸡舍时要踩踏消毒池并更换专用防疫服。

鸡舍巡视前应全面了解鸡群的相关信息，可以查看近期的饲养管理记录，了解饲料使用、饮水供给、舍内温度变化、免疫及投药等情况，便于结合巡视中观察鸡群状况，以综合、全面地对鸡群进行评定。

（二）鸡群观察的主要内容

饲养员日常对鸡群的观察，要注意观察的时间、观察的内容以及观察的方法，如实反映情况。

1. 观察鸡群的精神状态

健康的鸡群眼睛明亮，反应灵敏，面容红润。健康的鸡群看到人或听到异常响声，会齐刷刷地抬头注视，眼睛明亮，甚至整体站立。饲养员喂料时争先恐后，食欲旺盛。发病鸡群则反应迟钝，不愿走动，不理不睬，经常出现扎堆现象，闭目呆立，眼睛无神，面容苍白或发紫，尾巴下垂，行动迟缓，食欲降低或废绝。

2. 观察羽毛

健康的肉鸡，皮肤红润，羽毛顺滑、干净、有光泽。如果羽毛生长不良，可能舍内温度过高；如果全身羽毛污秽或胸部羽毛脱落，表明鸡舍湿度过大；如果乍毛、暗淡没有光泽，多为发烧，是重大疫病的前兆。

3. 观察鸡爪

如果鸡舍内湿度过大，易于发生腿病、脚垫皮炎；鸡爪干瘦，多由脱水所致，如白痢、肾传支等；如果舍内温度过高、湿度过小，易引起脚爪干裂等。

4. 观察粪便

粪便的颜色、形状、性状会因鸡健康状况的改变而发生改变，所以要学会观察粪便，并及时向技术人员反映。正常的粪便呈青灰色、成形、表面有少量的白色尿酸盐。当鸡患病时，往往排出异样粪便，如血便、西红柿样粪便、胡萝卜样粪便多见于球虫；黑便、煤焦油样粪便多见于坏死性肠炎、霉菌毒素中毒；水样稀便多见于天热、肾型传染性支气管炎；奶油样稀便、乳黄色稀便多见于法氏囊炎；黄绿色粪便多见于大肠杆菌；绿便多见于病毒病，如新城疫、禽流感；白色石灰样稀便多见于痛风、禽流感、法氏囊炎等。

（1）白色稀便　由于肠黏膜分泌大量的肠液及尿酸盐增多造成。临床上雏鸡白痢、肾传支、痛风、铜绿假单胞菌、中毒等都能引起肾肿、尿酸盐沉积，出现石灰样白色粪便。

（2）黄色粪便

① 饲料样粪便：多数由于小肠球虫、肠毒综合征感染，引发肠炎致使肠壁增厚，消化、吸收功能下降而引起。

② 糖浆样粪便：多见于球虫病、盲肠肝炎、坏死性肠炎等病的前期，排硫黄样、糖浆样粪便，淡黄色稀便。

③ 法氏囊炎：排米黄色或乳黄色稀便。

（3）绿色粪便　是由于鸡体发生某些病变时，消化机能出现障碍，胆汁在肠道内不能充分氧化而随肠道内容物排出造成的。临床上多见于高热性疾病如：新城疫、禽流感、大肠杆菌、传染性鼻炎、白冠病等。

（4）红色粪便

① 盲肠球虫多见，其次是绦虫、砷中毒。

② 小肠球虫、肠毒综合征：排粉红色烂肉样、胡萝卜样或西瓜瓤样粪便。

③ 霉菌毒素中毒：煤焦油样带血粪便，黏性大。

（5）黑色粪便　主要是由于慢性肠道疾病所致，因肠道有益菌群大量流失，饲料在肠道内消化慢，黏膜脱落随粪便排出而形成。坏死性肠炎：鸡群拉黑色带血黏液样粪便，剖剪肠道表面呈灰黑色或乌黑绿色，肠腔扩张充气，肠壁变薄、内有血样内容物。

（6）水样粪便　可分为病理性的和生理性的。病理性水样粪便多见于肾型传然性支气管炎、肠毒综合征、食盐中毒；生理性水样稀便多见于夏季高温环境饮水量大或水中含盐量大。

5. 听声音

注意听的时间，主要听鸡群有无异样的叫声，如喷嚏、甩鼻、咳嗽、呼噜、怪叫、伸颈喘、张口呼吸等，异常鸡占健康鸡的比例，主要来发现鸡群有无呼吸道病。听声音的时间最好选在晚上，鸡群安静休息的时候听，会听得更清楚。

6. 嗅气味

正常情况下舍内异味不大。如果进入鸡舍感到特别臭甚至是恶臭，让人难以忍耐，或者嗅到发酸发甜的味道，这样的鸡群可能患有肠道疾病，应引起重视。

（三）异常情况的应对

1. 鸡群不正常时

应通过查找原因，制定相应的措施，缓解或改善鸡群症状，以确保鸡群正常生长。例如，通风量过大或者冷应激时，鸡群表现出精神变差，头、翅、尾下垂，闭目似昏睡状，甚至突然出现呼吸道症状，此时需要适当降低通风量，杜绝贼风；当通风量过小时，鸡舍有害气体增多，鸡群表现出流泪或眼睑肿胀等状况；通风不均匀时也容易引发鸡群呼吸道病。

2. 个体治疗

对一些有治疗价值的鸡只，进行个体治疗，减少死亡，提高成活率，对于没有饲养价值的鸡只进行淘汰处理。例如，鼻炎时对个别肿脸的鸡只注射治疗效果很好。

3. 怀疑患有某种疾病时

如果怀疑某种疾病时，需要进一步观察、剖检或实验室诊断确诊，及时免疫、治疗，避免损失。

（四）日志记录的主要内容

日志记录主要是饲养员用来记录每栋舍、每天的饮水量、采食量和死淘数。采食量、死淘数作为鸡群的重要健康指标，能够及时反映鸡群的健康状况，而饮水量还能及时反映饮水设备的工作状况，为技术人员提供最直接的一手信息，便于疾病的防控。所以要求饲养员如实、按时填写记录（表6－7）。

表6－7　饲养日志记录表

舍名：　　　　饲养员：　　　　第　周　　本周舍内湿度（%）：

日期	日龄	舍温/℃	采食量、饮水量		日采食总量	死亡数		日死亡总数
			白天	夜间		白天	夜间	
	1	34.0						
	2	33.5						
	3	33.0						
	4	32.5						
	5	32.0						
	6	31.5						
	7	31.5						

注：每日按照表格温度合理降温。按时如实填写，不得丢失

十一、出栏管理

（一）制订好出栏计划，果断出栏

1. 根据鸡只日龄，结合鸡群健康状况和市场行情，制订好出栏计划

行情好、雏鸡价格高、鸡只健康、采食量正常，可推迟出栏时间、争取卖大鸡；行情不好、鸡只有病、适时卖鸡。

2. 肉鸡出栏要果断

肉鸡的出栏体重是影响肉鸡效益的重要因素之一。确定肉鸡最适宜出栏体重主要是根据肉鸡的生长规律和饲料报酬变化规律，其次要考虑肉鸡售价和饲料成本，并适当兼顾苗鸡价格和鸡群状况等。

根据生产实践中的观察结果发现，运用以下三个公式在生产中进行测算，能够帮助广大养殖户更好地解决这一问题。

（1）肉鸡保本价格　又称盈亏临界价格，即能保住成本出售肉鸡的价格。

保本价格（元/千克）= 本批肉鸡饲料费用（元）÷ 饲料费用占总成本的比率 ÷ 出售总体重（千克）

公式中“出售总体重”可先抽样称体重，算出每只鸡的平均体重，然后乘以实际存栏鸡数即可。计算出的保本价格就是实际成本。所以，在肉鸡上市前可预估按当前市场价格出售的本批肉鸡是否有利可图。如果市场价格高出算出的成本价格，说明可以盈利；相反就会亏损，需要继续饲养或采取其他对策。

（2）上市肉鸡的保本体重　是指在活鸡售价一定的情况下，为实现不亏损必须达到的肉鸡上市体重。

上市肉鸡保本体重（千克）= 平均料价（元/千克）× 平均耗料量（千克/只）÷ 饲料成本占总成本的比率 ÷ 活鸡售价(元/千克)

公式中的“平均料价”是指先算出饲料总费用，再除以总耗料量的所得值，而不能用三种饲料的单价相加再除以三的方法计算，因为这三种料的耗料量不同。此公式表明，若饲养的肉鸡刚好达到保本体重时出栏肉鸡则不亏不盈，必须继续饲养下去，使鸡群的实际体重超过算出的保本体重。

（3）肉鸡保本日增重　肉鸡最终上市的体重是由每天的日增重累积起来的。由每天的日增重带来的收入（简称日收入）与当日的一切费用（简称日成本）之间有一定的变化规律。在肉鸡的生长前期是日收入小于日成本，随着肉鸡日龄增大，逐渐变成日收入大于日成本，日龄继续增大到一定时期，又逐渐变为日收入小于日成本阶段。在生产实践中，当肉鸡的体重达到保本体重时，已处于“日收入大于日成本”阶段，正常情况下，继续饲养就能盈利，直至利润峰值出现。若此时再继续饲养下去，利润就会逐日减少，甚至出现亏损。特别要注意的是，利润开始减少的时间，就是又进入“日收入小于日成本”阶段了，肉鸡养到此时出售是最合算的。可用下列公式进行计算：

肉鸡保本日增重［千克/（只·日）］=当日耗料量［千克/（只·日）］×饲料价格（元/千克）÷当日饲料费用占日成本的比率÷活鸡价格（元/千克）

经过计算，假如肉鸡的实际日增重大于保本日增重，继续饲养可增加盈利。正常情况下，肉鸡养到实际体重达到保本体重时，已处于“日收入大于日成本”阶段，继续饲养直至达到利润峰值，此时实际日增重刚好等于保本日增重，养殖户应抓住时机及时出售肉鸡，以求获得最高利润。因为这时已经达到了肉鸡最佳上市时间，如果继续再养下去，总利润就会下降。

（二）出栏

根据出栏计划，安排好车辆，确定好抓鸡人员和抓鸡时间，灵活安排添料和饮水，尽量减少出栏肉鸡残次品数量。

1. 收鸡客户的选择

为避免病毒通过车辆传播，应尽量选择规模较大、经营正规的收鸡客户。

2. 抓鸡前饮用葡萄糖水

抓鸡前4~6小时，饮水中添加3%葡萄糖，保证能喝到抓鸡时间，可有效避免或降低因抓鸡时间长、运输时间长、等待屠宰时间长等原因造成的鸡只应激，以及由此造成的脱水、胴体出肉率低等问题。

3. 掌握饲料的添加量

所添加的饲料量应该能维持到抓鸡前1~2小时，不可过早停料。如果停料过早，肉鸡便会拉稀，势必影响胴体出肉率。也不能等到抓鸡时料线或料槽内仍有很多的饲料而造成不必要的浪费。

4. 尽量安排后勤员工或聘请专业抓鸡人员抓鸡

装运场地的装鸡人员尽量安排后勤员工或聘请专业抓鸡人员，尽量缩短从抓鸡到屠宰的时间，一般不可超过 12 小时，否则影响胴体出肉率；穿着统一的专用工作服和鞋，装运完毕后立即洗澡，对穿用过的工作服和鞋进行严格的洗涤和消毒；抓鸡过程中，要告诫抓鸡人员注意生产设备、生产工具的安全，防止因抓鸡对设备造成不必要的损坏，同时注意动作要轻，防止鸡只损伤，增加不必要的残次品鸡只。

5. 关闭照明灯

如果白天抓鸡出栏，要做好舍内遮光；如果是晚上出栏，抓鸡开始前，关掉多数照明灯，只留指定的几个照明，只要舍内看见走路就行，并适当开启大风机通风，防止因惊吓而过度扎堆，导致压死或热死鸡的情况发生。

6. 确定每筐装鸡数

根据肉鸡的出栏体重，结合装鸡筐子的数量和卖鸡的数目，确定每筐装鸡数。因体重、因季节而异，通常夏秋天 6～8 只/筐，冬春天 8～10 只/筐，不宜超过 10 只。

7. 肉鸡的装运

收鸡车辆到达装运场地后，将筐具卸下，用事先准备好的消毒车对收鸡车辆和筐具进行彻底消毒。

夏季肉鸡的运输，装满车后注意给车上的肉鸡喷淋凉水，防止运输途中热死鸡或鸡只躁动飞下车；喷水时注意打开车厢挡板，防止排水不畅淹死下层肉鸡。冬季装鸡应在车辆最前面用棉被保温，防止途中冻死鸡，拉鸡车不可开得过快。

装好鸡的车辆及时驶出场区，中间不可停车，到达屠宰场后应迅速卸鸡，如果需要排队等待，夏天视情况给车上的鸡加喷凉水，冬天做好保温防冻。

安排好跟车人员押送，减少运输途中意外的发生，车到屠宰场后要注意观察卸车过程中有无鸡只飞出笼子，及时捡起交给工作人员。

8. 肉鸡装运后

当收鸡车驶离装运现场后，对往返于场区和装运场地的转运车辆及磅秤进行清洗消毒。清扫遗留在装运场地的鸡粪和鸡毛，并用火焰消毒器烧净。最后，用消毒车对整个场地进行彻底的喷洒消毒。待舍内肉鸡出完后，及时把剩料装袋装车，放到指定地方，减少无故浪费。

9. 做好出鸡记录，核算养殖效益。

十二、后勤管理

随着现代化、集约化养殖场的建立，生物安全体系建设在肉鸡生产中的重要作用日益凸显，而后勤管理工作中的一些环节又往往容易被忽视，造成生物安全隐患。因此，必须加强肉鸡场后勤的细节管理，时时处处不忘为鸡群构筑一道生物安全防护网，保证肉鸡健康生长。

（一）饲料的舍外管理

通常，我们对饲料在生产加工、运输和使用过程中的管理较为严格，而对贮料间、料塔和输料绞龙的使用管理重视不足。贮料间和料塔的进料口在输料后应及时关严，输料绞龙在每次使用后，应对其入料口和出料口进行封堵，从而避免野鸟进入或栖息时鸟粪对饲料的污染，同时，可避免夏季因雨水进入导致饲料霉变。

（二）病死鸡的无害化处理

建议对病死鸡采用蒸煮的方式进行无害化处理，不但消毒彻底，还可用作肥料，变废为宝。对病死鸡还可以采用锅炉焚化的方式进行无害化处理，要求必须烧透，严禁用尚未烧透的死鸡喂猫、狗等动物，容易造成病原扩散，影响防疫。禁止露天焚化，因为焚化过程中产生的氮氧化合物会造成空气污染，焦煳的臭味还可能引起周围百姓的反感。

（三）车流和物流的控制

禁止送料车直接进入生产区，送到场区后，有转送料车转送；对出入生产区的转送料车等要进行严格的消毒；运送其他物资的车辆禁止驶入生产区，将物资卸在大门口即可，物资经消毒后由场内车辆倒入场区。各场配齐常用工具和免疫、消毒等器具，尽量避免或减少场与场之间的物资流动。

十三、操作规程管理

标准化规模肉鸡场，要按照每天的工作流程安排做好各项工作，同时要根据不同季节的要求，特别要做好冬、夏两季的管理。具体管理规程可参考表 6－8 至表 6－10。

表 6－8　标准化规模肉鸡场日常操作规程（参考）

日龄	平均体重/克	日耗料/克	每日主要工作	注意事项
－1	0	0	① 做好前 10 个小时育雏栏准备工作。② 凌晨 2～3 点调试舍内育雏温度，冬季提前 2 天预温为好，以确保舍内有个均衡温度。③ 开始备开水：按 10 毫升/只去备水。④ 提高舍内湿度	舍内放置消毒槽，人员进出需消毒。地面和墙壁洒水，增加湿度
0	0	0	① 接鸡前，备好车辆并消毒。② 准备好开口药物。③ 接鸡前 1 小时加好水，撒上湿拌料。④ 接鸡前到接鸡后 3 小时恒定舍内温度在 27～29℃。湿度在 75% 左右。可以使用消毒设备加湿	
1	38～46	13	① 分群点数，做好记录，称重。② 用 2.5%～10% 的白糖（前 10 个小时用）和电解多维饮水 3 天。③ 保温温度 31～33℃。温度要慢慢提，绝对不能忽高忽低，温度控制应从接鸡时 28℃，经过 2～3 小时提高到正常温度 31～33℃。④ 全价开口料开食。⑤ 开 60 瓦照明灯。⑥ 前 10 个小时喂料中拌入 12% 微生态制剂。前 10 个小时饲养密度在 70～80 只/米^2。⑦ 入舍 10 小时后水线也要过渡使用，调教雏鸡使用自动饮水器。但注意水线与真空饮水器用同种药品	晚上 9～10 点应观察小鸡表现，看温度是否适宜；失群鸡及时放回热源处，填好日报表。精确记录 22 小时的吃料量

（续表）

日龄	平均体重/克	日耗料/克	每日主要工作	注意事项
2		18	①1～5日龄饮水中加抗菌药预防细菌性疾病。②每日加料8～10次使鸡尽早开食，采食均匀。③观察温度是否适宜，调节适宜温度，保持31～32℃。④23小时光照。⑤使用开食盘和小料桶喂料，确保料位充足。湿拌料是刺激雏鸡食欲的一种良好方法	早、中、晚随时观察雏鸡的状况，特别注意温度是否适宜
3		22	①每日更换饮水3次。②加垫料、防饮水器漏水。③饲喂多种维生素。3～10日液体维生素饮水，减少应激。④挑出弱小鸡只。⑤温度控制在30～32℃。⑥料位充足是关键	充足料位表现：应确保鸡只24小时没有抢料现象
4		25	①每日早上、下午、晚上更换饮水各一次，并洗净饮水器。过渡自动饮水器。②每日早、中、晚、夜加料各一次。③关好门窗，防止贼风。④观察雏鸡活动以确保保温正常，每天22小时连续光照，2小时黑暗。⑤灯泡瓦数为40瓦。温度在29～31℃。⑥做好扩栏前的准备工作，准备扩拦。⑦采用自然通风	注意保温，观察温度是否适宜。开食后是否均匀采食，饲料质量有无问题
5		29	①增加饮水器与料槽。②观察鸡群状态与粪便是否正常。③观察温度，注意雏鸡状态，及时调节室内温度。④撤去一半真空饮水器，使用水线供水，教会雏鸡用水线。温度在28～31℃。⑤做好扩栏的工作，使密度在25只/米^{2}左右。⑥料位充足是保证雏鸡均匀度的关键	正常的鸡群表现应是：吃料的雏鸡、休息的雏鸡和活动饮水的雏鸡各占1/3的数量
6		35	①更换潮湿结块垫料。②早上检查是否缺料与缺水，及时增加料桶与饮水器。③撤去部分小真空饮水器，全用水线供水。④温度在28～30℃	温度适宜，通风适量

（续表）

日龄	平均体重/克	日耗料/克	每日主要工作	注意事项
7	200（以后均为标准重量）	38	① 抽样称重一次，抽样要有代表性。鸡的生长发育情况与标准体重对照，找出生长慢的原因。② 全部更换全自动饮水器和大料桶，温度在 28～29℃。③ 1 周末的体重很关键，它代表着鸡群的健康情况，也决定了消化系统好坏。④ 保证足够的料位与水位	正确地操作疫苗接种，同时注意疫苗的品种、质量、有效期、用量
8		42	① 总结增重快慢的原因，及时调整饲料种类和喂料量。② 调整室内温度，温度在 27～29℃。注意通风。③ 增加垫料。④ 8～32 日龄晚上关灯 4～6 个小时。促使雏鸡活动起来。鸡群的活动量会增加肉鸡肺活量，有利于控制后期腹水症和心包积液的发生	扩大围栏板范围。17 只/米^2。冬季扩到舍内一半，20 只/米^2。下午开始控制喂料，净料桶时间 2 小时
9		46	① 免疫后，观察鸡群健康状况。② 温度在 27～29℃	注意预防疫苗反应
10		50	① 了解室内温度，温度在 27～29℃。② 及时开风机通风，以舍内无异味为宜，也要确保供氧充足。③ 增加垫料	保温基础上注意加强通风
11		58	① 计算料桶及饮水器数量，不够则及时补充。② 注意舍内外清洁卫生，减少肠道疾病发生。温度在 26～28℃。③ 注意粪便变化，及时防治球虫病	
12		64	① 厚垫料饲养者，观察粪便变化，预防球虫病的发生，12～13 日龄使用抗球虫药预防球虫病。② 逐步降低室温，保持室内通风与干燥，百毒杀带鸡消毒。③ 保证 24 小时有水饮。④ 温度在 26～28℃	饲料与饮水充足，采食稳定。可以考虑使用颗粒料。不用颗粒破碎料

（续表）

日龄	平均体重/克	日耗料/克	每日主要工作	注意事项
13		70	① 日常管理同上。② 做好降温与称鸡准备工作。③ 观察鸡群状态。④ 每日换水 2～3 次，加料 4～6 次。⑤ 温度在 26～27℃，逐步降温。⑥ 确保通风良好，保证空气新鲜，舍内无异味。⑦ 夏季可扩栏到全群。冬季扩栏到 3/4 处	使用酸性水质净化剂冲洗水线，为防疫准备。冬季饲养密度也要低于 16 只/米^2
14	500	76	① 室温 25～27℃，保温温度 26～27℃。② 抽样称重一次。③ 注意粪便变化，及时防治球虫病	注意天气变化，保证舍内温度
15		82	① IBD 疫苗饮水免疫。② 观察鸡群状态；灯泡逐步换为 15 瓦。温度在 25～27℃。③ 定期检查饲料有无霉变，饲料贮存在通风、干燥的环境中，时间不超一周。控料只是净料桶的时间，不是限料。④ 开始进行饲料转换，比例为：510#料 75%，511#料 25%	饮水免疫后千万注意疫苗反应。促进鸡多采食仍是管理重点
16		90	① 用电解多维一次，减少免疫后应激。② 更换垫料或增加垫料。温度在 25～27℃。③ 进行饲料转换，比例为 510#料 50%，511#料 50%。④ 第二次使用西药以预防杂病发生。16～19 日用药预防慢性呼吸道病，配合用预防肠炎的药品 4 天	防球虫病的发生。免疫 IBD 后的疫苗反应，注意温差
17		100	① 鸡群采食增加，每日加料 3 次，保证饮水充足，多吃料是管理关键；密度大则继续疏群。② 预防霉形体的发生。③ 温度在 25～27℃。④ 饲料转换比例为 510#料 25%，511#料 75%。⑤ 预防用药	严禁外人参观，注意消毒，防止 ND 的发生，重点预防上呼吸道疾病的发生
18		110	① 对张口呼吸的小鸡，要区别上呼吸道疾病与非典型 ND，细心观察鸡群状态与粪便变化。② 温度在 25～27℃。③ 全用 511#料。④ 预防用药	应尽量减少应激

（续表）

日龄	平均体重/克	日耗料/克	每日主要工作	注意事项
19		120	① 通风，逐步降温，温度在 24 ~ 26℃。做好脱温转群的准备工作。② 做好转群新场的消毒工作，就地扩群则增加垫料。厚垫料饲养者 19 ~ 20 日龄使用抗球虫药预防球虫病	防潮防湿
20		128	① 发现鸡群中生长过快而引起死亡的鸡时，适当增加黑暗时间，控制净料桶时间，增大鸡群活动量。② 防霉形体的发生。③ 做好脱温前的准备工作。④ 温度在 24 ~ 26℃。⑤ 使用酸制剂冲泡水线，为免疫做好准备	控制因增重过快而引起的死亡
21	1 000	134	① 保温温度为 24 ~ 26℃，室温 25℃。② 抽样称重一次，③ 做好免疫前的准备。免疫注意事项：免疫断水 3 小时，然后把疫苗分成 3 次稀释加入，第一次加 4 个小时的饮水量的疫苗，第二、第三次各加入 1 个小时饮水量的疫苗，这样 6 个小时饮水量中要均匀加入同比例的疫苗才行，以确保鸡只能均匀食到同等的疫苗量	降温使雏鸡逐步适应外界条件。饮水免疫 ND
22		140	① 不再控制喂料时间，但净料桶还是要的。② 注意保温防寒，做好日常管理工作。温度在 23 ~ 25℃	注意观察鸡健康状况
23		146	① 5% 的白糖及多维饮水，减少应激。② 观察疫苗免疫后的反应。③ 温度在 23 ~ 25℃	注意非典型新城疫的发病
24		150	① 保持环境安静，减少应激。② 全日供给饲料与饮水，定时搞好卫生工作。③ 温度在 23 ~ 25℃	每日巡栏 2 ~ 3 次，减少胸部疾病的发生
25		154	① 观察粪便变化。② 防止缺水缺料；防止垫料潮湿。③ 百毒杀带鸡消毒。④ 温度在 22 ~ 24℃。⑤ 第三次预防用药：氟哌酸等抗生素预防肠道疾病连用 4 天	注意气温变化，防止受寒
26		157	① 解剖病鸡，了解病情，寻找病因。注意心、肝、脾、肺和肾的功能是否健全。② 使用敏感药物预防大肠杆菌病	防潮防湿，更换垫料

（续表）

日龄	平均体重/克	日耗料/克	每日主要工作	注意事项
27		160	① 观察鸡群状态。② 做好称重的准备工作。③ 使用敏感药物预防大肠杆菌感染	注意大肠杆菌病的发生，观察用药效果
28	1 680	162	① 保温温度为 22 ~ 24℃，室温 23℃。② 抽样称重一次。③ 更换垫料或补充垫料。④ 使用敏感药物预防大肠杆菌病	冬季注意降温后的保温和通风的关系
29		165	① 更换大料桶与饮水器。② 注意卫生管理，做好免疫前准备，考虑是否免疫。③ 温度为 22 ~ 24℃	注意用药后鸡的状况
30		168	① 观察饮水器与料桶是否够用。② 控制光照、保温的同时加强通风。③ 温度为 22 ~ 24℃，以后温度不再变化。④ 晚上关灯 1 个小时即可。⑤ 注意做好肝肾的保护，使用保肝护肾的药品为好，控制后期的死淘率	注意舍内空气中的有害气体，加强通风，确保新鲜空气供给
31		170	① 及时调整饮水器高度和料桶的高度，防止溢水和浪费饲料。② 定期喷洒消毒，搞好舍内外卫生。③ 不在使用西药治疗用药。④ 舍内死鸡增多，及时控制，找出病因	细读鸡只的药物残留禁忌细则，防药物残留。尽量不用抗生素类药品
32		172	① 定期巡查鸡群 8 ~ 10 次，减少胸部囊肿的发生，增进食欲。② 百毒杀带鸡消毒。③ 以后的工作重点：减少各种应激因素；预防因应激因素发生而增加死淘率	定期每日巡栏和每周带鸡消毒一次，可减少疾病发生
33		174	① 观察鸡群采食、饮水是否正常。② 观察内脏病理变化以查用药效果。③ 采食量增加，须全日供料	每日解剖死鸡，及时发现病因
34		176	① 控制用药，如必须使用，则选用没有药残的药品，最好使用中草药制剂。② 认真搞好饲养管理，防止疾病的发生。③ 做好称鸡前的准备工作。④ 使用健脾胃促进消化的药品，使肉鸡增加食欲，加大采食量	加强卫生管理，防止疾病的发生。使用养胃健脾类中草药制剂

（续表）

日龄	平均体重/克	日耗料/克	每日主要工作	注意事项
35	2 180	178	① 保温温度为 22～24℃，室温达 22℃则不必供温。② 抽样称重一次。③ 饲养管理同上	同上
36		180	① 防止垫料过潮结块。② 饲料全日供应，饮水要充足。驱赶鸡群增进食欲。③ 每天启动 6 次以上料线，以增进食欲，促进肉鸡的采食	每周定期至少二次清洗饮水器或水槽
37		182	① 每日巡栏 8～10 次，减少胸部囊肿，增进食欲。② 与标准体重比较，观察饲养效果	定期抽样检查，注意饲养效果
38		184	① 增加垫料，防潮湿，减少胸病与软脚。② 弱小鸡分为一群饲养。③ 弱鸡补充维生素	30 日龄的弱小鸡分群饲养，提高合格率
39		186	① 调整饮水器及料桶高度，减少浪费。② 更换饮水器下的湿垫料。③ 观察鸡只有无过快生长而死亡。④ 不养大鸡的注意出栏前准备工作。⑤ 体重已达 2.45～2.55 千克，可以考虑上市销售。⑥ 总结饲养效果。⑦ 42 日龄至销售的鸡应继续按常规饲养	如光照过强，易造成啄癖，要及时查找原因
40		188	① 舍内环境条件差死鸡增多，找出病因，及时控制。② 早、中、晚细致观察鸡群状态与粪便变化。③ 开始更换鸡料，用法同上	快大鸡后期死亡较多，主要是生长过快，易患大肠杆菌与上呼吸道疾病
41		190	① 加强病弱鸡的饲养管理。② 饲养管理按常规进行。③ 做好称重鸡的准备	猝死综合征的分析
42	2 760	192	抽样称重一次，分析饲养中存在的问题	地面干燥、室内能通风，料水供应充足才能及时上市

（续表）

日龄	平均体重/克	日耗料/克	每日主要工作	注意事项
淘汰		206	① 最后称重出售，总结成活率、重量、饲料消耗与转化率、其他开支、成本与利润。② 全进全出。③ 售后清栏消毒。④ 空栏2～3周后才能进鸡。⑤ 出售前正常供水	小心捉鸡和装运，减少残次。移出舍内可移动的设备

表6－9　标准化肉鸡场冬季日常操作规程（参考）

日龄	体重/克	耗料/克	每日主要工作	注意事项
－2～－1			① 准备工作：凌晨2～3点调试舍内育雏温度，以确保舍内有个均衡的温度。② 接鸡前3天预温，把舍内温度提高到32℃。③ 开始备开水：按10毫升/只去配水。提高舍内湿度。④ 绑育雏栏在前1/3之处，往前绑一栏，向后绑两栏。按35～40只/米^2，方便以后扩栏。从中间往前绑四间作为第一栏，往后绑两个栏，各占4间	舍内放置消毒槽，人员进出需消毒。地面和墙壁洒水增加湿度。鸡舍预温在接鸡前两天开始，确保周围墙体温度
0	0	0	① 接鸡前准备工作。② 准备好开口药物。③ 接鸡前1个小时加好水，洒上湿拌的饲料。④ 接鸡前到接鸡后1小时舍内温度恒定在27～29℃，湿度在75%左右，育雏区内安60瓦的灯泡或20瓦的节能灯	做好日报表记录
1	38～46	13	① 做好记录并称初生重。② 2.5%～5%的白糖（前10个小时用）、抗生素和电解质多维饮水3天。③ 温度要慢慢提上去，绝对不能忽高忽低，温度控制应从接鸡时28℃，经过3～4小时提高到正常温度31～33℃。④ 全价鸡花500料开食。⑤ 开照明灯，瓦数为60瓦。⑥ 前10个小时喂料中拌入12%微生态制剂。前10个小时饲养密度在70～80只/米^2。⑦ 入舍10小时后水线也要过渡使用，调教雏鸡使用自动饮水器	晚上9～10点应观察小鸡表现，看温度是否适宜，失群鸡及时放回热源处，精确统计前23个小时吃料量。但注意水线与真空饮水器用同种药品

（续表）

日龄	体重/克	耗料/克	每日主要工作	注意事项
2		18	①1～5日龄饮水中加抗生素预防细菌性疾病。②每日加料8～10次使鸡只尽早开食，采食均匀。③调节适宜温度，温度在31～33℃。④23小时光照。⑤使用开食盘，并往料线中加料，确保料位充足。湿拌料是刺激雏鸡食欲的一种良好方法。⑥全价料开食，使用7天共计用料200克/只	早、中、晚随时观察雏鸡的状况，特别注意温度是否适宜，配合人工向料线中加料，确保料位
3		22	①每日更换饮水3次。②加垫料，防饮水器漏水。③饲喂多种维生素，3～10日液体维生素饮水，减少应激。④挑出弱小鸡只。⑤温度在30～32℃。⑥料位充足是关键。⑦开始使用匀风窗自然通风，注意进风口风的走向。开启饲养区的匀风窗。3～7天匀风窗渐渐开大	充足料位表现：应确保鸡只24小时没有抢料现象
4		25	①每日早上、下午、晚上更换饮水各一次，并洗净饮水器，过渡自动饮水器。②每日早、中、晚、夜加料各两次。③关好门窗，防止贼风。④观察雏鸡活动以确保保温正常，每天22小时连续光照，2小时黑暗。⑤灯泡40瓦，温度在29～31℃（封闭多余风机）	注意保温，观察温度是否适宜。开食后是否均匀采食，饲料质量有无问题。准备扩拦
5		29	①增加饮水器与料槽。②观察鸡群状态与粪便是否正常。③观察温度注意雏鸡状态，及时调节室内温度。④撤去一半真空饮水器，使用水线供水，要教会雏鸡用水线。⑤温度在28～31℃。⑥做好扩栏的工作使密度在25只/米^{2}左右。这次扩栏是必须的。⑦料位是雏鸡均匀度的关键，也是确保雏鸡健康的关键。可以人工开启横向风机	正常的鸡群表现应是：吃料的雏鸡、休息的雏鸡和活动饮水的鸡只各占1/3的数量
6		35	①更换潮湿结块垫料。②早上检查是否缺料与缺水，及时增加料桶与饮水器。③再撤去部分小真空饮水器，全用水线供水。④温度在28～30℃。⑤每天中午天气热时采用自然通风，配合开启育雏栏以外横向风机定时通风（一定要开育雏栏后面的横向风机，这点很重要）	温度适宜，通风适量，以定时通风为宜

（续表）

日龄	体重/克	耗料/克	每日主要工作	注意事项
7	200（为标准重量）	38.0	① 抽样称重一次，称重要有代表性。鸡的生长发育情况与标准体重对照，找出生长慢的原因。② 全部更换全自动饮水器和大料桶，保证足够的料位与水位。③ 温度在 28～29℃。④ 一周末的体重很关键，它代表着鸡群的健康情况，也决定了消化系统好坏。⑤ 更换 510#育雏料	正确地操作疫苗接种，同时注意疫苗的品种、质量、有效期、用量
8		42	① 查找增重快慢的原因，总结经验。② 调整室内温度，控制在 27～29℃。③ 8～32 日龄晚上关灯 4～6 个小时。④ 开始下午净料桶 2 个小时左右。促使雏鸡活动起来。鸡群的活动量会增加肉鸡肺活量，有利于控制后期腹水症和心包积液的发生。确保料量准确	8 日龄准备扩大围栏，密度在 17～20 只/米^2
9		46	① 免疫后，观察鸡群健康状况。② 温度在 27～29℃。③ 使用黄芪多糖提高自身免疫力。④ 采用自然通风配合开启育雏栏以外横向风机全天定时通风（一定要开育雏栏后面的横向风机，这点很重要）	注意预防疫苗反应。9 日龄准时扩栏
10		50	① 保持室内温度在 27～29℃。② 及时开风机通风，以舍内无异味为宜，也要确保供氧充足。③ 增加垫料	保温基础上注意加强通风
11		58	① 计算料桶及饮水器数量，不够则及时补充。② 注意舍内外清洁卫生，减少肠道疾病发生。③ 温度在 26～28℃。④ 注意粪便变化，及时防治球虫病。⑤ 每天早、中、晚和后夜 4 次调节匀风窗大小	通风管理是重点
12		64	① 观察粪便变化，预防球虫病的发生，12～13 日龄使用抗球虫药预防球虫病的发生（地面）。② 逐步降低室温，温度在 26～28℃。③ 保持室内通风与干燥，使用最后横向风机。④ 百毒杀带鸡消毒	饲料与饮水充足，采食稳定。可以考虑使用颗粒料。不用颗粒破碎料

（续表）

日龄	体重/克	耗料/克	每日主要工作	注意事项
13		70	① 日常管理同上。② 做好降温与称鸡准备工作。③ 观察鸡群状态。④ 每日换水 2～3 次，加料 4～6 次。⑤ 温度在 26～28℃。⑥ 确保通风良好，保证空气新鲜，舍内无异味。⑦ 扩栏到后面的 3/4 处	使用酸性水质净化剂冲洗水线，为防疫做准备
14	500	76	① 室温 25～27℃，以后温度不再下调。② 抽样称重一次。③ 注意粪便变化。④ 冬季扩栏后使用 5#和 6#横风机。⑤ IBD饮水免疫：断水 3 小时，分 3 次加入疫苗，第一次加水和疫苗总量的各 2/3，然后再分两次各加入水和疫苗的 1/6	注意天气变化，保证舍内温度。免疫 IBD。免疫后鸡只饮一肚子凉水要防止雏鸡受凉
15		82	① 观察鸡群状态，灯泡逐步换为 15 瓦。② 定期检查饲料有无霉变，饲料贮存在通风、干燥的环境中，时间不超一周。③ 温度在 25～27℃。④ 控料只是净料桶的时间，不是限料	饮水免疫后千万注意疫苗反应。促进鸡多采食仍是管理重点
16		90	① 用电解多维一次，减少免疫后应激。② 更换垫料或增加垫料。温度在 24～26℃。③ 第二次使用西药以预防杂病发生。16～19 日用药预防慢性呼吸道病，配合用预防肠炎的药品 4 天。④ 饲料过渡，比例为：510#料 75%，511#料 25%。⑤ 8～18 日龄累计用育雏料 800 克/只	防球虫病的发生。免疫 IBD 后观察疫苗反应，注意温差，疫苗应激这时最大要注意
17		100	① 鸡群采食量增加，每日加料 3 次，保证饮水充足，多吃料是管理关键，密度大则继续疏群。② 温度在 24～26℃。③ 饲料过渡比例为 510#50%，511#料 50%。④ 预防用药。⑤ 常开大侧风机	注意消毒，防止 ND 的发生，重点预防上呼吸道疾病的发生
18		110	① 对张口呼吸小鸡，要区别上呼吸道疾病与非典型 ND，细心观察鸡群状态与粪便变化。② 温度在 24～26℃。③ 进行饲料过渡，比例为 510#25%，511#料 75%。④ 预防用药。⑤ 每天早、中、晚和后夜 4 次调节匀风窗大小，启动正向大风机，一个常开	应尽量减少应激

（续表）

日龄	体重/克	耗料/克	每日主要工作	注意事项
19		120	① 通风，逐步降温，温度在23～25℃。做好脱温转群的准备工作。② 做好转群新场的消毒工作，就地扩群则增加垫料。厚垫料饲养者19～20日龄使用抗球虫药预防球虫病，解剖肠道看情况是否用药去预防球虫病。③ 全部更换为511#育成料。40日龄左右出栏的鸡群全用511#料	防潮防湿
20		128	① 发现鸡群中生长过快而引起死亡的鸡时，适当增加净料桶时间，增大鸡群活动量。② 温度在23～25℃。③ 使用酸制剂冲泡水线，为免疫做好准备。④ 每天早、中、晚和后夜4次调节匀风窗大小。⑤ 扩栏向前一间，后两间	控制因增重过快而引起的死亡
21	1 000	134	① 保温温度为23～25℃，室温24℃。② 抽样称重一次。③ 做好免疫前的准备。免疫注意断水3小时，然后把疫苗分成3次稀释加入，第一次加4个小时饮水量的疫苗，第二、第三次各加入1个小时饮水量的疫苗，这样6个小时饮水量中要均匀加入同比例的疫苗才行，以确保鸡只能均匀饮到同等的疫苗量	降温使雏鸡逐步适应外界条件。饮水免疫ND。疫苗用过后要注意舍内温度，防止鸡群受冷应激
22		140	① 不再控制喂料时间，但净料桶还是要的。② 注意保温防寒，做好日常管理工作。③ 温度在23～25℃。④ 22～26日龄扩栏到后面全栋。⑤ 每天早、中、晚和后夜4次调节匀风窗大小	注意观察鸡健康状况。使用双黄连口服液预防疫苗应激
23		146	① 多维+维生素C饮水，减少应激。② 观察疫苗免疫后的反应。③ 温度在22～24℃。④ 每天早、中、晚和后夜4次调节匀风窗大小	注意非典型新城疫的发病。注意疫苗反应
24		150	① 保持环境安静，减少应激。② 全日供给饲料与饮水，定时搞好卫生工作。③ 温度在22～24℃	每日巡栏2～3次，减少胸部疾病的发生
25		154	① 观察粪便变化。② 防止缺水缺料，防止垫料潮湿。③ 百毒杀带鸡消毒。④ 温度在22～24℃。⑤ 第三次预防用药：抗生素预防肠道疾病连用4天。以预防肠炎为主	注意气温变化，防止受寒

（续表）

日龄	体重/克	耗料/克	每日主要工作	注意事项
26		157	① 解剖病鸡，了解病情，寻找病因。注意心、肝、脾、肺和肾的功能是否健全。② 预防用药	防潮防湿，更换垫料
27		160	① 观察鸡群状态。② 做好称重的准备工作。③ 使用敏感药物控制大肠杆菌疾病。④ 27 日龄后不管任何时期都要确保舍内一个以上的大风机常开，以确保供氧充足。⑤ 扩栏向前一间，后两间	注意大肠杆菌等肠道病的发生，观察用药效果
28	1 680	164	① 保温温度为 22～24℃。② 抽样称重一次。③ 更换垫料或补充垫料。④ 每天早、中、晚和后夜 4 次调节匀风窗大小	冬季注意降温后的保温和通风的关系
29		168	① 更换大料桶与饮水器。② 注意卫生管理，做好免疫前准备，考虑是否免疫。③ 温度为 22～24℃	注意用药后鸡的状况
30		172	① 观察饮水器与料桶是否够用。② 控制光照、保温的同时加强通风。③ 温度为 22～24℃，以后温度不再变化。④ 晚上关灯 1 个小时即可。⑤ 注意做好肝肾的保护，使用保肝护肾的药品为好，控制后期的死淘率。使用药物控制大肠杆菌病。⑥ 勤在鸡舍走动，刺激鸡群食欲，增加采食量	注意舍内空气中的有害气体。加强通风。30 日龄的弱小鸡分群饲养，提高合格率
31		178	① 及时调整饮水器高度和料桶的高度，防止溢水和浪费饲料。② 定期喷洒消毒，搞好舍内外卫生。③ 不再使用西药作为治疗用药。④ 舍内死鸡增多，及时控制，找出病因。⑤ 降低舍内温度在 21～23℃。⑥ 每天早、中、晚和后夜 4 次调节匀风窗大小	细读鸡只的药物残留禁忌细则，防药物残留。尽量不用抗生素类药品
32		182	① 定期巡查鸡群，每天 8～10 次，减少胸部囊肿的发生，以增进食欲。② 百毒杀带鸡消毒。③ 以后的工作重点是减少各种应激因素，预防因应激因素发生而增加死淘率。④ 舍内温度 21～23℃	定期每日巡栏和每周带鸡消毒一次，可减少疾病发生
33		184	① 观察鸡群采食、饮水是否正常。② 观察内脏病理变化以查用药效果。③ 采食量增加，须全日刺激供料，促进采食	每日解剖死鸡，及时发现病因

（续表）

日龄	体重/克	耗料/克	每日主要工作	注意事项
34		186	① 控制用药，如必须使用，则选用没有药残的药品，最好使用中草药制剂。② 做好称鸡前的准备工作。③ 使用健脾胃促进消化的中药，使肉鸡增加食欲，加大采食量。④ 舍内温度 21～23℃。⑤ 扩栏向前一间，后两间	加强卫生管理，防止疾病的发生。使用养胃健脾类中草药制剂
35	2 180	188	① 舍内温度 21～23℃。② 抽样称重一次。③ 标准化肉鸡舍 35 日龄以后大风机常开 2 台以上，以确保供氧量充足，提高采食量。④ 每天早、中、晚和后夜 4 次调节匀风窗大小	使用养胃健脾类中草药制剂
36		190	① 防止垫料过潮结块。② 饲料全日供应，饮水要充足。驱赶鸡群增进食欲。③ 每天启动 6 次以上料线，以增进食欲，促进肉鸡的采食量。④ 舍内温度 20～22℃	使用养胃健脾类中草药制剂
37		192	① 每日巡栏 8～10 次，减少胸部囊肿，增进食欲为主。② 与标准体重比较，观察饲养效果。③ 舍内温度 20～23℃。④ 每天早、中、晚和后夜 4 次调节匀风窗大小	定期抽样检查，注意饲养效果。饮用酸制剂帮助消化
38		194	① 增加垫料，防潮湿，减少胸部疾病与软脚。② 弱小鸡分为一群单独饲养。弱鸡补充维生素。③ 舍内温度 20～22℃	饮用酸制剂帮助消化
39		196	① 调整饮水器及料桶高度，减少饲料浪费。② 更换饮水器下的湿垫料。③ 观察鸡只有无生长过快而死。④ 不养大鸡的注意出栏前准备工作。⑤ 体重已达 2.45～2.55 千克时，可以考虑上市销售。⑥ 总结饲养效果。⑦ 养大鸡的场户，40 日龄至销售的鸡应继续按常规饲养。⑧ 舍内温度 20～22℃。⑨ 每天早、中、晚和后夜 4 次调节匀风窗大小	如光照过强，易造成啄癖，要及时查找原因。饮用酸制剂帮助消化
40		198	① 舍内环境条件差的死鸡增多，找出病因，及时控制。② 早、中、晚细致观察鸡群状态与粪便变化。③ 舍内温度 20～22℃	快大鸡后期死亡较多，主要是生长过快，大肠杆菌与上呼吸道疾病易发

（续表）

日龄	体重/克	耗料/克	每日主要工作	注意事项
41		200	① 加强弱病鸡的饲养管理。② 饲养管理按常规进行。③ 做好称重鸡的准备。④ 舍内温度 20 ~ 22℃	猝死综合征的分析与防控
42	2 760	202	① 抽样称重一次。分析饲养中存在的问题。② 舍内温度 20 ~ 22℃	地面干燥、室内能通风，料水供应充足才能及时上市
淘汰		206	① 最后称重出售，总结成活率、重量、饲料消耗与转化率、其他开支、成本与利润。② 全进全出。③ 售后清栏消毒。④ 空栏 2 ~ 3 周后才能进鸡。⑤ 出售前正常供水	

表 6 - 10　标准化肉鸡场夏季日常操作规程（参考）

日龄	平均体重/克	日耗料/克	每日主要工作	注意事项
- 1	—	—	① 做好前 10 个小时育雏栏准备工作，备好育雏栏。凌晨 2 ~ 3 点调试舍内育雏温度，以确保舍内温度均衡。② 开始备开水，按 10 毫升/只准备开水。提高舍内湿度	舍内放置消毒槽，人员进出需消毒。地面和墙壁洒水增加湿度
0	—	—	① 接鸡前准备工作。② 准备好开口药物。③ 接鸡前 1 个小时加好水，洒上湿拌的饲料。④ 接鸡前到接鸡后 1 小时使舍内温度恒定在 27 ~ 29℃。湿度在 75% 左右	备好车辆并消毒。可以使用消毒设备加湿
1	38 ~ 46	13	① 做好记录并称初生重。② 2.5% ~ 10% 的白糖（前 10 个小时用）、抗生素和电解多维饮水 3 天。③ 温度要慢慢提高，绝对不能忽高忽低，温度控制应从接鸡时 28℃，经过 3 ~ 4 小时提高正常温度 31 ~ 33℃。④ 全价开口料开食。⑤ 开照明灯，瓦数为 60 瓦。⑥ 前 10 个小时喂料中拌入 12% 微生态制剂。前 10 个小时饲养密度在 70 ~ 80 只/米^2。⑦ 入舍 10 小时后水线也要过渡使用，调教雏鸡使用自动饮水器	晚上 9 ~ 10 点应观察小鸡表现温度是否适宜，失群鸡及时放回，做好日报表记录。精确统计前 23 个小时吃料量。注意水线与真空饮水器中用同种药品

（续表）

日龄	平均体重/克	日耗料/克	每日主要工作	注意事项
2		18	①1~5日龄，饮水中加抗生素预防细菌性疾病。②每日加料8~10次，使鸡只尽早开食，采食均匀。③观察保温温度是否适宜，控制在31~33℃。④23小时光照。⑤使用开食盘，并往料线中加料。湿拌料是刺激雏鸡食欲的一种良好方法	早、中、晚随时观察雏鸡的状况，特别注意温度是否适宜。配合人工向料线中加料，确保料位
3		22	①每日更换饮水3次。②加垫料、防饮水器漏水。③饲喂多种维生素。3~10日液体维生素饮水，减少应激。④挑出弱小鸡只。⑤温度在30~32℃。⑥料位充足是关键。⑦开始使用匀风窗自然通风，注意进风口的走向	充足料位表现：应确保鸡只24小时没有抢料现象
4		25	①每日早上、下午、晚上更换饮水各1次，并洗净饮水器。过渡自动饮水器。②每日早、中、晚、夜加料各1次。料线中开始打料。③关好门窗，防止贼风。④观察雏鸡活动以确保保温正常，每天22小时连续光照，2小时黑暗。⑤灯泡瓦数为40瓦。温度在29~31℃。⑥做好扩栏前的准备工作。⑦采用自然通风配合开启育雏栏以外横向风机定时通风	注意保温，观察温度是否适宜。开食后查看是否均匀采食，饲料质量有无问题
5		29	①增加饮水器与料槽。②观察鸡群状态与粪便是否正常。③观察温度，注意雏鸡状态，及时调节室内温度。④撤去一半真空饮水器，使用水线供水，要教会雏鸡用水线。⑤温度在28~31℃。⑥做好扩栏的工作，使密度在25只/米^{2}左右。⑦料位是雏鸡均匀度的关键，也是确保雏鸡健康的关键	正常的鸡群表现应是：吃料的雏鸡、休息的雏鸡和活动饮水的鸡只各占1/3的数量

（续表）

日龄	平均体重/克	日耗料/克	每日主要工作	注意事项
6		35	① 更换潮湿结块垫料。② 早上检查是否缺料与缺水，及时增加料桶与饮水器。③ 再撤去部分小真空饮水器，全用水线供水。④ 温度在 28～30℃。⑤ 注意使用横向风机长时间通风	温度适宜，通风适量，以定时通风为宜
7	200（以后均为标准重量）	38	① 抽样称重一次，抽样要有代表性。将鸡的生长发育情况与标准体重对照，找出生长慢的原因。② 全部更换全自动饮水器和大料桶。③ 保证足够的料位与水位。温度在 28～29℃	正确地操作疫苗接种，注意疫苗的品种、质量、有效期、用量
8		42	① 分析增重快慢的原因，总结经验。② 调整室内温度，控制在 27～29℃。注意：使用横向风机长时间通风。③ 8～32 日龄晚上关灯 4～6 个小时。开始下午净料桶 2 个小时左右。确保料量准确。④ 8 日龄扩大围栏，17 只/米^2	促使雏鸡活动起来。鸡群的活动量会增加肉鸡肺活量，有利于控制后期腹水症和心包积液的发生
9		46	① 免疫后观察鸡群健康状况。② 温度控制在 27～29℃。③ 使用黄芪多糖提高自身免疫力	注意：定时使用纵向风机配合横向风机，加强通风
10		50	① 了解室内温度，控制在 27～29℃。② 及时开风机通风，以舍内无异味为宜，也要确保供氧充足。③ 增加垫料	保温基础上注意加强通风
11		58	① 计算料桶及饮水器数量，不够时则要及时补充。② 注意舍内外清洁卫生，减少肠道疾病发生。③ 温度控制在 26～28℃。④ 注意粪便变化，及时预防球虫病的发生	
12		64	① 观察粪便变化，预防球虫病的发生，12～13 日龄使用抗球虫药预防。② 逐步降低室温，保持室内通风与干燥，百毒杀带鸡消毒。③ 温度在 26～28℃。④ 不使用横向风机。定时开启多个纵向风机通风或者风机常开	饲料与饮水充足，采食稳定。可以考虑使用颗粒料，不用颗粒破碎料

（续表）

日龄	平均体重/克	日耗料/克	每日主要工作	注意事项
13		70	① 做好降温与称鸡准备工作。② 观察鸡群状态。③ 每日换水 2～3 次，加料 4～6 次，温度控制在 26～28℃。④ 确保通风良好，保证空气新鲜，舍内无异味。⑤ 扩栏到全群。⑥ 使用酸性水质净化剂冲洗水线，为防疫作准备	
14	500	76	① 室温 26～28℃。以后温度不再下调。② 抽样称重一次。③ 注意粪便变化。④ 夏季扩栏到全栋，使用大风机。⑤ IBD 饮水免疫	注意天气变化，保证舍内温度
15		82	① 观察鸡群状态；灯泡逐步换为 15 瓦。② 定期检查饲料有无霉变，饲料贮存在通风、干燥的环境中，时间不超一周。③ 温度在 26～28℃。④ 控料只是净料桶的时间。不是限料。⑤ 开始作饲料转换，比例为：510#料 75%，511#料 25%	观察免疫后鸡状况。饮水免疫后千万注意疫苗反应。促进鸡多采食仍是管理重点
16		90	① 用电解多维一次，减少免疫后应激。② 更换垫料或增加垫料。温度在 26～28℃。③ 进行饲料转换，比例为：510#料 50%，511#料 50%。④ 第二次使用西药以预防杂病发生。16～19 日用药预防慢性呼吸道病，配合用预防肠炎的药品 4 天。⑤ 预防球虫病的发生	注意免疫 IBD 后的疫苗反应，注意温差
17		100	① 鸡群采食增加，每日加料 3 次，保证饮水充足，多吃料是管理关键。② 密度大则继续疏群。③ 温度在 26～28℃。④ 饲料转化比例为 510#料 25%，511#料 75%。⑤ 预防用药。⑥ 常开育雏栏后端横向风机和大风机	严禁外人参观，注意消毒，防止 ND 的发生，重点预防上呼吸道疾病的发生
18		110	① 对张口呼吸小鸡，要区别上呼吸道疾病与非典型 ND，细心观察鸡群状态与粪便变化。② 温度在 26～28℃。③ 全用 511#料。预防用药	应尽量减少应激

（续表）

日龄	平均体重/克	日耗料/克	每日主要工作	注意事项
19		120	① 通风，逐步降温，温度在 26～28℃。做好脱温转群的准备工作。② 做好转群新场的消毒工作，就地扩群则增加垫料。③ 厚垫料饲养者 19～20 日龄使用抗球虫药预防球虫病	防潮防湿
20		128	① 发现鸡群中生长过快而引起死亡的鸡时，适当增加净料桶时间，增大鸡群活动量。② 温度在 26～28℃。③ 使用酸制剂冲泡水线，为免疫做好准备	控制因增重过快而引起的死亡
21	1 000	134	① 温度在 26～28℃。② 抽样称重一次。③ 降温使雏鸡逐步适应外界条件。④ 饮水免疫 ND	免疫注意：免疫断水 3 小时，然后把疫苗分成 3 次稀释加入，第 1 次加 4 个小时的饮水量的疫苗，第二、第三次各加入 1 个小时饮水量的疫苗，这样 6 个小时饮水量中要均匀加入同比例的疫苗才行，以确保鸡只能均匀食到同等的疫苗量
22		140	① 不再控制喂料时间，但净料桶还是要的。② 注意防暑降温，温度在 26～28℃。做好日常管理工作	注意观察鸡健康状况
23		146	① 5% 的白糖及多维饮水，减少应激。② 观察疫苗免疫后的反应。③ 温度在 26～28℃。下午使用抗热应激药品	注意非典型新城疫的发生。注意疫苗反应
24		150	① 保持环境安静，减少应激。② 全日供给饲料与饮水，定时搞好卫生工作。③ 温度在 26～28℃	每日巡栏 2～3 次，减少胸部疾病的发生

（续表）

日龄	平均体重/克	日耗料/克	每日主要工作	注意事项
25		154	① 观察粪便变化。② 防止缺水缺料；防止垫料潮湿。③ 百毒杀带鸡消毒。④ 温度在 26～28℃。⑤ 第三次预防用药：抗生素预防肠道疾病连用 4 天	
26		157	① 解剖病鸡，了解病情，寻找病因。注意心、肝、脾、肺和肾的功能是否健全。② 使用敏感药物预防大肠杆菌	防潮防湿，更换垫料
27		160	① 观察鸡群状态。② 做好称重的准备工作。③ 使用敏感药物预防大肠杆菌。④ 27 日龄后不管任何时期要确保舍内一个以上的大风机常开，以确保供氧充足	注意大肠杆菌等肠道病的发生，观察用药效果
28	1 680	162	① 温度在 26～28℃。② 抽样称重一次。③ 更换垫料或补充垫料。④ 使用药物预防大肠杆菌	夏季注意通风
29		165	① 更换大料桶与饮水器。② 注意卫生管理，做好免疫前准备，考虑是否免疫。③ 温度为 26～28℃	注意用药后鸡的状况
30		168	① 观察饮水器与料桶是否够用。② 控制光照，加强通风。③ 温度为 26～28℃，以后温度不再变化。④ 晚上关灯 1 个小时即可。⑤ 注意做好肝肾的保护，使用保肝护肾的药品为好，控制后期的死淘率	注意舍内空气中的有害气体，加强通风，确保新鲜空气供给
31		170	① 及时调整饮水器高度和料桶的高度，防止溢水和浪费饲料。② 定期喷洒消毒，搞好舍内外卫生。③ 不再使用西药治疗用药。④ 舍内死鸡增多，找出病因，及时控制。⑤ 降低舍内温度在 26～28℃	细读鸡只的药物残留禁忌细则，防药物残留。尽量不用抗生素类药品
32		172	① 每天定期巡查鸡群 8～10 次，减少胸部囊肿的发生，增进食欲。② 百毒杀带鸡消毒。③ 以后的工作重点：减少各种应激因素；预防因应激因素发生而增加死淘率。④ 舍内温度控制在 26～28℃	定期每日巡栏和每周带鸡消毒一次，可减少疾病发生

（续表）

日龄	平均体重/克	日耗料/克	每日主要工作	注意事项
33		174	① 观察鸡群采食、饮水是否正常。② 观察内脏病理变化以查用药效果。③ 采食量增加，须全日供料	每日解剖死鸡，及时发现病因
34		176	① 控制用药，如必须使用则选用没有残留的药品，最好使用中草药制剂。② 认真搞好饲养管理，防止疾病的发生。③ 做好称鸡前的准备工作。④ 使用健脾胃促进消化的药品，使肉鸡增加食欲，加大采食量	加强卫生管理，防止疾病的发生。使用养胃健脾类中草药制剂
35	2 180	178	① 舍内温度 26 ~ 28℃。② 抽样称重一次。③ 标准化肉鸡舍 35 日龄以后大风机常开 2 台以上，以确保供氧量充足	同上
36		180	① 防止垫料过潮结块。② 饲料全日供应，饮水要充足。驱赶鸡群增进食欲。③ 每天启动 6 次以上料线，以增进食欲，提高肉鸡的采食量。舍内温度 26 ~ 28℃	每周定期至少 2 次清洗饮水器或水槽
37		182	① 每日巡栏 8 ~ 10 次，减少胸部囊肿，增进食欲为主。② 与标准体重比较，观察饲养效果。③ 舍内温度 26 ~ 28℃	定期抽样检查，注意饲养效果
38		184	① 增加垫料，防潮湿，减少胸病与软脚。② 弱小鸡单独分为一群饲养。③ 弱鸡补充维生素。④ 舍内温度 26 ~ 28℃	30 日龄的弱小鸡分群饲养，提高合格率
39		186	① 调整饮水器及料桶高度，减少饲料浪费。② 更换饮水器下的湿垫料。③ 观察鸡只有无生长过快而死。④ 不养大鸡的注意出栏前准备工作。⑤ 体重已达 2.45 ~ 2.55 千克，可以考虑上市销售。总结饲养效果。42 日龄至销售的鸡应继续按常规饲养	如光照过强，易造成啄癖，要及时查找原因
40		188	① 舍内环境条件差的死鸡增多，及时控制，找出病因。② 早、中、晚细致观察鸡群状态与粪便变化。③ 开始更换鸡料，用法同上	快大鸡后期死亡较多，主要是生长过快，大肠杆菌与上呼吸道疾病引起

（续表）

日龄	平均体重/克	日耗料/克	每日主要工作	注意事项
41		190	① 加强弱病鸡的饲养管理。② 饲养管理按常规进行。③ 做好称重鸡的准备	猝死综合征的分析
42	2 760	192	抽样称重一次，分析其饲养中存在的问题	地面干燥、室内能通风，料水供应充足才能及时上市
淘汰		206	① 最后称重出售，总结成活率、重量、饲料消耗与转化率、其他开支、成本与利润。② 全进全出。③ 售后清栏消毒。④ 空栏 2 ~ 3 周后才能进鸡。⑤ 出售前正常供水	

第七章 规模化肉鸡场的经营管理标准化

第一节 鸡场内部管理的标准化

一、人员管理

（一）规模化鸡场的人员组成与职责

1. 管理人员

管理人员是指在鸡场中行使管理职能、指挥或协调他人完成具体任务的人，其工作绩效的好坏直接关系着鸡场的成败兴衰。规模肉鸡养殖场的管理人员一般包括场长、技术经理、后勤经理等。

作为规模化养殖场业主或集团要不惜重金聘用有主人翁精神、责任心强、精通养殖管理和鸡病防控的管理人员。

2. 后勤人员

主要是指设备管理员、水电维修工、锅炉工、炊事员、驾驶员等。

后勤人员要求专业，责任心强，技术娴熟，熟悉生产设备的维护和维修，精通水、电的维护和维修。后勤人员的工作虽不同于饲养员，但工作也同等重要，他们工作的好坏，直接关系到生产是否能顺利进行，所以养殖场后勤人员要稳定下来，尤其是设备维修人员不可脱节，从而保证生产的顺利进行。

水电工要熟悉场区的水电线路、水电设备的相关性能；严格按照规定进行操作，电路、电器维修必须特别注意安全；晚上要安排水电工值班；定期对场区的消防设施进行检查，对电器、水电线路进行检查，发现问题及时向场长提出修理意见；每天组织巡查场内水、电方面存在的问题，发现有损坏，立即组织维修；做好各下水道等管道的疏通、维修任务。

炊事员要服从分配，严格按工作制度做好本职工作，工作中要尽心尽责。

3. 饲养人员

要认真学习养殖理论知识和基本饲养技术，不断提高饲养技能。服从场长调遣和技术员饲养管理安排，遵守各项管理制度；正确做好鸡的饲料保管，按时投料，保证饮水线畅通无阻，饮水卫生；仔细观察，巡舍。发现病鸡及其他异常应及时处理并向上汇报；每天细致检查网舍有无漏洞，及时补救，谨防鸡逃逸，及时维修或报修栏舍、饮水器、食槽等设施；按计划备足饲料，不得造成饲料短缺，影响饲喂标准和效果；做好育雏室的清洁消毒工作，严格控制温度，定时接种免疫；严格按照消毒程序进行消毒；鸡全出鸡舍后彻底打扫鸡舍，清洗饲养器具；认真填写报表，积累各项指标数据，字迹工整清晰。

4. 驻场兽医职责和任务

根据季节和当地疫情设计用药及疫苗预防程序，预算出本批次所需要的兽药数量和品种，以便备货；每天分早晚到鸡场听取饲养人员的汇报、查看记录并亲自到鸡舍观察，解剖可疑病死鸡，做好剖检记录，并及时正确诊断，制定有效的预防或治疗方案；每天记好每棚鸡舍所用兽药的数量和品种，以备参考；每天向厂长汇报每栋鸡舍的健康情况及疑似疫情趋势；全场鸡只出栏后要及时总结经验教训。

（二）规模化鸡场人员管理的重点

1. 亲情化管理

在养殖场营造家的感觉，与国际接轨，兴办家庭亲情农场。管理人员要体谅员工的难处并理解员工的感受，以人为本，知人善任，善待员工，公平与公正。人都有自尊心和虚荣心，表扬是最常用的激励手段，物质奖励、绩效挂钩、发奖金都是常用的激励措施，给优秀的人提供培训与外出参观考察的机会也是一种无上的荣誉。得到提升、信任与提拔是每一个有上进心的员工所梦寐以求的事。与员工会餐、关心员工的生活、力所能及地帮助员工解决个人和家庭困难也是激励。定期给员工调整工资待遇会让优秀的人产生归宿感和向心力。

管理人员要学会与工作人员诚心沟通，让人说实话、了解到员工的真实感受，只要畅所欲言，就会产生集思广益的效果。

用人不疑、疑人不用，信任能让员工加强责任心，能最大限度地调动他们的积极性。在相互沟通与信任的基础上，加强配合。

2. 标准化管理

养殖场实行标准化管理、数字化管理，便于量化的管理项目，降低风险，让所有员工一丝不苟、养成习惯。

（1）穿着标准化　每个人都配备3套符合时令需要的工作服；工具标准化，每栋鸡舍配备同样的齐全的工具用具，以免大家借来借去而导致混乱并造成交叉污染和感染；被褥、餐具标准化，营造整齐的餐厅和宿舍的生活氛围；记录表格标准化，统一配备到每栋鸡舍；培训标准化，从文化、发展战略和规划、技术要领等都要标准化。

（2）数字化管理　主要是为了更好地经营。首先是养殖档案的建立，对养殖过程中凡是能用数字反映的内容都要有相应的数字记录，及时对各类表格进行有效的处理，如进雏数量、进雏时间、日死亡数、饲料消耗、周增重、出栏重、出栏率、药费、人工费、生活费、燃料费、土地承包费、房屋折旧、设备折旧、水电费、抓鸡费、运输费、检疫费、低值易耗品购置费、垫料费、鸡粪收入等。只有对每一项开支和收入都有明晰记录的时候，对养殖效果和养殖效益的评价才能准确无误。

3. 规范化管理

对那些不便于量化管理的项目要实行规范化管理。最常见的是6S管理（清理、清扫、整理、整顿、安全、素养）模式。首先要向员工讲明白什么是规范，然后指导和监督大家不断改善自己的行为习惯，最终达到相对规范的要求，作为养殖场最基本的要求就是环境干净整洁。具体含义和实施重点如下。

（1）整理　就是彻底地将要与不要的东西区分清楚，并将不要的东西加以处理，改善和增加作业面积。保持现场无杂物，行道通畅。消除管理上的混放、混料等差错事故。

（2）整顿　把必要的人、事、物加以定量、定位，简言之，整顿就是人和物放置方法的标准化。整顿的关键是做到定位、定品、定量。抓住了上述三个要点，就可以制作看版，做到目视管理，从而提炼出适合本企业的东西放置方法，进而使该方法标准化。

（3）清扫　就是彻底地将自己的工作环境四周打扫干净，设备异常时马上维修，使之恢复正常。

（4）清洁　是指对整理、整顿、清扫之后的工作成果要认真维护，使现场保持完美和最佳状态。

（5）素养　要努力提高人员的素养，养成严格遵守规章制度的习惯和作风，素养是“6S”活动的核心，没有人员素质的提高，各项活动就不能顺利开展，就是开展了也坚持不了。

（三）人员培训管理

1. 个人生活习惯要求

不在鸡舍抽烟、大声喧哗 ，饲养期间不要饮酒过度；在鸡舍内走动要轻、要慢；进出鸡舍要及时更换衣服、鞋帽。隔离衣、鞋、帽要勤洗勤换勤消毒；饲养期间严禁离场回家，如必须离开，回场时应洗澡、更衣后方可进入；饲养期间非特殊要求不要相互串访鸡舍；值班期间不能睡觉。

2. 在做好饲养管理的基础上，精心观察，及时发现问题

饲养员要每天记录采食量、饮水量、死淘鸡只数，将记录的资料与昨天相比较，并及时报告给技术人员。每天晚上要在鸡舍的不同方位静听鸡只呼吸声及排粪声。

鸡群正常情况下呼吸和排粪都是无声的。只有在发病的情况下才会发出声响，异常呼吸声音一般有：咳嗽、喷嚏、甩鼻、呼噜、尖细喘鸣等，肠道不好或有肾病排便有刺水声，将听到的情况记录下来，并及时向技术员汇报。每天早晨到鸡舍在不同的方位去观察粪便颜色和状态，根据鸡只粪便颜色、状态的不同可预知或发现鸡群将要或已经得了什么病。

鸡只正常粪便颜色一般成灰色圆柱状顶部有尿酸盐覆盖，不正常的粪便颜色大致有：黑色（梭菌病或肠出血）、红色（球虫）、白色黏稠（白痢、肾脏花斑）、黄绿（大肠杆菌、新城疫、流感等）、黄色消化不良（肠毒、腺胃炎等）、橘黄色（肠毒、小肠球虫）等。粪便不成形变稀多预示有肠炎。每天都观察每天都记录，并及时汇报。

经常观察鸡群在不受外界干扰的情况下是什么状态，料线周围有多少鸡只在吃料，水线周围有多少鸡在喝水，有多少鸡只在走动，多少鸡在休息。有没有离群呆立的，有没有出头乍毛的、昏睡的等。在进行动态观察时，先给鸡群一点刺激，看鸡群反应的灵敏度。健康鸡群反应灵敏，发病鸡群或将要发病鸡群反应迟钝，及时挑出不健康个体交由技术员进行确诊。

二、账目管理

根据经营管理的基本要求，结合数字管理每批结算一次，并建档封存。

三、物资管理

（一）物资分类

根据物资的用途分类管理，工具类、药品类、生活用品类等。

（二）分类管理

1. 根据物资的使用频率分类管理

常用的物资和使用频率高的物品要放在显眼和好找的地方，以免耽误生活和生产，就像油盐酱醋要放在厨师的手底下一样。

2. 根据有效期分类管理

生活用品和药品大都有明确的有效期，对于时间影响品质的物资要少购、勤购、定期用完。

3. 对于重要物资要单独存放和妥善管理

比如发电机组的易损配件、加药器配件、水线和料线的控制器等都要做到手到擒来，避免发生问题以后临时抱佛脚。

四、安全管理

（一）人的安全

主要是用电安全和取暖安全，避免触电和煤气中毒，配备漏电保护器、绝缘手套和绝缘靴；其次是在日常生产操作中避免受到设施设备的伤害；生活安全，不吃变质的食物、不吃有药残的蔬菜（大多数养殖场都有足够的空闲地可以种植蔬菜自给自足）、不吃烹调不熟的食物（扁豆、芸豆等），炊事员必须经过卫生部门的体检才能上岗。

（二）设备安全

发电机的维护与保养，水线、料线及其附属设施的正确使用、暖风炉的正确使用和保养、湿帘水泵和变频水泵的正确使用与保养。

（三）生产安全

防火（不能在鸡舍附近堆积柴草、防止线路老化、防止暖风炉漏烟漏火等）；防盗，管理好物资、锁好门、关好窗、维护好篱笆，防止失盗发生；防风，固定好鸡舍顶部的保温材料、防水材料，避免大风掀顶；防应激，养殖期间杜绝一切来自外界的应激，以免引起鸡群抵抗力下降而导致发病；养殖期间避免外界禽类产品（鸡肉、鸡蛋）等进入鸡场。

（四）产品安全

主要是按照屠宰厂或出口商的要求严格控制药物残留。

第二节　规模鸡场规范的经济管理

养殖场经营的目的是为了养殖盈利，增加收入和控制成本同样重要，经营要追求简单化。

一、投资设计

建筑投资及其效果评价（设计方案和材料选择）、养殖模式、设备、建设规模、必要的附属设施、投资规模、预期投资风险、投资回报都要有明晰的预算和分析。

根据国内外同类养殖场的设计规模进行总体规划，结合建设和使用中的优点和缺点不断对建筑设计图纸、材料选择、施工方案进行修正，逐步摸索出一套适合中国国情的现代化养殖新路子。

对于现行的养殖设备（自动饮水线、自动喂料线、暖风炉、发电机组等）结合使用情况及时反馈厂家，在我们强化选择的前提下让他们不断强化技术改革和质量保证。

根据未来的消费发展趋势，结合当前的社会养殖现状，同时要预估疫情风险带给现代养殖的影响，对投资风险进行相对准确的预测。

基于改变目前相对落后的养殖现状，鼓励社会闲散资金有效利用，股份制合作建场是未来很具潜力的发展方向，也是社会主义新农村建设的重要内容。

二、生产计划

根据市场需求、行情、疫情制定全年的养殖计划，一般每年 5 ~ 6 批（如果是 8 栋鸡舍的养殖场，存栏在 15 万只左右，4 天进完、4 天出栏，养殖周期从进雏到出完按照 42 天 +4 天 =46 天周转，6 天清理鸡舍，8 天冲刷鸡舍，7 天消毒，共计 67 天，特殊情况下会有相应的变动)。

根据生产计划制定鸡苗采购计划和宰杀合同计划。相应的大宗物资如煤炭、垫料等也要有明确的采购计划。

制定详细的人员岗位职责和培训计划。

各类计划的制订、修订、落实都要非常准确才行，否则计划就会落空或拖延，甚至影响到其他养殖场的计划。

三、技术指导

在养殖场内由场长牵头负责成立由专业人员参加的若干技术小组，如电修小组负责正常用电、发电、设备保养、设备维修等；防疫小组负责免疫接种、用药等；饲养管理小组负责控制和改善鸡舍内的环境气候等；生活小组负责推动日常管理、饮食起居等日常工作。

各个小组和全体养殖人员在分工的基础上去进行技术推广、技术研讨、技术创新等。请行业内的专家培训养殖技术、设备使用与维护、防疫灭病技术等。培养自己的技术骨干，可以外出参观考察，也可以外出参加行业培训和技术研讨等活动。

四、费用控制

控制采购质量，钱花得值，价值采购；控制采购数量，降低库存，减少资金占用；控制使用，妥善保管，物尽其用，避免浪费；反季节采购降低使用成本，如煤炭、垫料等；团购，如低值易耗品、工作服、配件等；自给自足，如空闲地的利用，种植瓜果蔬菜等；节能降耗，主要方向是水电、油料、煤炭等；科学开支，对技术性的开支要论证如药物、疫苗等。

五、指标改善

通过参与和加强行业内的培训、参观、交流等活动，把科学技术、有效的做法、成功的创新和优秀指标不断集中。养殖对每一个场家来讲都有可能成功，也有可能失败，成功的也会有不尽如人意的地方，失败的也有值得肯定的经验。在指标改善上要密切结合数据管理，否则改善就没有量化的依据。

六、购销合同

鸡苗、疫苗、兽药、垫料、鸡粪、毛鸡销售、低值易耗、煤炭（招标）等物品的购销方面能签订合同的一定要把购销行为以合同的形式固定下来，对时间、数量、质量、价格、结算方式等都要做到公平合理、合理合法、安全快捷。

七、资金结算

在养殖场经营过程中，要正确对待应付账款（特殊约定的除外，如目前很多厂家的兽药疫苗都是养殖期末付款），在资金宽松的情况下现款采购、多方比较，反而会采购到物美价廉的产品，拖着应付账款不是健康的经营之道。在毛鸡、副产品的销售过程中要力争做到现款交易，对逾期货款可以通过合同约定计息。

八、政策与策略

在发展现代肉鸡健康养殖的过程中，根据国家的法律法规和新农村建设的优惠政策，在征地、减免所得税、减免防疫检疫费、疫苗供应、用电优惠政策、道路建设和维护等方面获得地方政府和业务主管部门的大力支持。同时本着回报社会、奉献爱心的宗旨处理好邻里村庄的社会关系，为顺利地推动肉鸡健康养殖而营造和谐环境。

第八章　规模化肉鸡场疾病防治的标准化

科学的饲养管理可有效降低肉鸡的发病率，但肉鸡的健康又受到雏鸡质量、大环境、气候等多种因素的影响，再加上管理的疏漏时有发生，所以说在做好饲养管理工作的同时，还要做好肉鸡的疾病防控工作，这样养殖才能得以顺利进行，养殖效益才能得以保障。

第一节　提供和保障标准化的生物安全环境

当前，随着中小型规模肉鸡场的不断发展，管理滞后的现象异常突出，给肉鸡健康生产带来了极大的隐患。主要表现在以下几方面。

一是缺乏正确的态度。有些规模鸡场的老板都是原来的小规模养鸡户，他们在积累了一定的资金和养殖技术的基础上，倾其所有，甚至借钱贷款筹建起来的。有些老板自以为鸡场是标准化鸡场，上料、饮水、通风、保温等都是自动化操作，不用怎么操心就能养好鸡。结果，在平时的饲养管理中疏忽大意，疾病频发，到头来还不如在普通鸡舍里养鸡挣钱多。不少养殖户看起来规模很大，动辄上万只的饲养，养殖的时间也不下十余年，但让他谈起经验却没有，不知道怎样成功或怎样失败的，只是稀里糊涂的养，赔钱赚钱都有，往往一年平均下来，赚三批赔两批，相当于一年只养了一批鸡，原来犯过的错误现在照样还犯，原来感染的鸡病照样感染，到头来只是认为自己倒霉。

二是环境的不间断污染。有这样一种现象，养鸡户在一个新地方刚开始起步时，不用怎么消毒，有的甚至不防疫也没有大问题，等到一年以后，尤其是规模鸡场，无论是怎样防疫和怎样消毒，总是疫病不断。归根结底，是养殖环境的污染，尽管采取加强消毒、注射疫苗等综合防治措施，但仍不能从根本上解决问题。尤其感染法氏囊炎和肾传染性支气管炎的鸡场，甚至鸡场闲置半年以上，等到再进鸡的时候仍然能够感染法氏囊炎病毒。

三是药物的不规范使用。部分养殖户不注重饲养管理水平的提高和饲养环境的改善，只是一味地用药，从进鸡到出栏停药的天数寥寥无几，有病治病没病预防，细菌病用药病毒病仍然用药，一天不用药心里就感到不踏实，这样一来增加成本的同时，使鸡体的药残大大增加，无疑给人类的食品安全带来隐患，同时也增加了细菌的耐药性，无论对鸡群还是对人类的疾病治疗都产生极大的影响。

四是对肉鸡的屠宰管理还需进一步完善。当前，对生猪的屠宰管理已日趋完善，但对鸡的宰杀却没有明确的规定，不少养殖户既是饲养者又是运输人，有的甚至还自己加工，病死鸡得不到有效及时处理，出入鸡场不经过消毒，疫病形成一个完整的传播链条，这些都对疫病的传播起着推波助澜的作用，极易造成疫病的传播流行。

生物安全强调的是环境因素在保证鸡群健康中的作用，更是保证养殖效益的基础。只有通过全面实施生物安全体系，为肉鸡提供全面的生物安全的生存环境，才能保证肉鸡养殖效益。

一、生物安全的概念

生物安全是一个综合性控制疾病发生的体系，即将可传播的传染性疾病、寄生虫和害虫排除在外的所有的有效安全措施的总称。控制好病原微生物、昆虫、野鸟和啮齿动物，并使鸡有好的抗体水平，在良好的饲养管理和科学的营养供给条件下，鸡群才能发挥出最大的生产潜力。

当前，疫病严重困扰着肉鸡的健康发展，一些疫病甚至已经引起许多国家和地区的恐慌。生物安全性的提出，与肉鸡生产及科技水平的发展有关，通过有效实施生物安全，使疫病远离鸡场，或者如果存在病原体，这一体系将能消除它们，或至少减少它们的数量和密度，保证养鸡生产获得好的生产成绩和经济效益，保证企业终产品具有良好的食品安全性、市场竞争力和社会认知度。

二、生物安全的实质

生物安全的实质是指对环境、鸡群及从业人员的兽医卫生管理，生物安全包括 3 个部分：隔离、交通控制、卫生和消毒。围绕着这三大部分，可以把生物安全体系区分为 3 个不同的管理层次。

（一）建筑性生物安全措施——科学合理的隔离区划

1. 养殖场的科学选址和区划隔离

良好的交通便于原料的运入和产品的运出，但养殖场不能紧靠村庄和公路主干道，因为村庄和公路主干道人员流动频繁，过往车辆多，容易传播疾病。鸡场要远离村庄至少 1 公里、距离主干道路 500 米以上，这样既使得鸡场交通便利，又可以避免村庄和道路中不确定因素对鸡的应激作用，另外也减少了某些病原微生物的传入。养殖场、孵化场和屠宰场，按鸡场代次和生产分工做好隔离区划。

2. 改革生产方式

逐步从简陋的人鸡共栖式小农生产方式改造为现代化、自动化的中小型养鸡场或小区式养鸡场，采用先进的科学的养殖方法，保证鸡只生活在最佳环境状态下。高密度的鸡场不仅有大量的鸡只、大量的技术员、饲料运输及家禽运送人员在该地区活动，还可造成严重污染而导致更严重的危害事件如禽流感事件。因此，要合理规划鸡舍密度，保持鸡场之间、鸡舍之间合理的距离和密度。

鸡场的大小与结构也应根据具体情况灵活掌握。过大的鸡场难以维持高水平的生产效益。所以在通常情况下，提倡发展中小型规模的鸡场。当然，如果有足够的资金和技术支持，也可以建大型鸡场。

3. 鸡场人员驻守场内，人鸡分离

提倡饲养人员家中不养家禽，禁止与其他鸟类接触以防饲养人员成为鸡传染病的媒介。多用夫妻工，提倡夫妻工住在场内，提供夫妻宿舍，这样可避免工人外出的概率，进而避免与外界人员的接触，更好地保护鸡场安全。

（二）观念性生物安全措施——遵照安全理念制定的制度与规划

1. 净化环境，消除病原体，中断传播链

场区门口要设有保卫室和消毒池，并配备消毒器具和醒目的警示牌。消毒室内设有紫外线灯、消毒喷雾器和橡胶靴子，消毒池要有合适的深度并且长期盛有消毒水；警示牌上写“养殖重地、禁止入内”，要长期悬挂在入场大门或大门两旁醒目的位置上。

根据饲养规模设置沉淀池、粪便临时堆放地以及死鸡处理区。污水沉淀池、粪便存放地要设在远离生产区、背风、隐蔽的地方，防止对场区内造成不必要的污染。死鸡处理区要设有焚尸炉。

净道、污道分离，鸡苗、饲料、人员和鸡粪各行其道，场区内及大门口道路务必硬化，便于消毒和防疫；下水道要根据地势设置合理的坡度，保证污水排泄畅通，保证污水不流到下水道和污道以外的地方；毛鸡车最好不入场，能在 2 ~3 千克外设置淘鸡场最为理想；清粪车入场必须严格消毒车轮，装粪过程要防止洒漏；装满后用篷布严密覆盖，防止污染环境。鸡场空舍期不小于 2 周，要求鸡舍内无粉尘、无蛛网、无粪便、无垫料、无鸡毛、无甲虫、无裂缝、无鼠洞，彻底清洗，消毒 3 ~5 遍。卫生检测合格后方能进鸡。

严格执行生产人员隔离和沐浴制度；制定严格的门卫消毒制度；人员双手、鞋、衣服、工具、车辆、垫料消毒，外来车辆禁止入场；汽车消毒房冬季保温和密闭措施，冬季消毒池加盐防冻；垫料消毒，防止霉变，进鸡前将垫料一次性进够，防止携病入舍；饮水净化和消毒；带鸡消毒。

2. 加强消毒

（1）消毒的种类和方法　传统的消毒，包括预防性消毒、紧急状态下的消毒和终末消毒 3 种类型。预防性消毒，是为了预防传染病的发生，对鸡舍、场地、用具和饮水等进行的定期消毒；紧急状态下的消毒，是指在疫情发生期间，对疫点、疫区的病鸡、排泄物及污染的场所、用具和用品等及时消毒，防止疫情扩散；终末消毒是指在发生传染病后，当全部鸡群痊愈或最后一只患病鸡死亡后，在疫区解除封锁之前，为了消灭疫区内可能残留的病原体所进行的全面彻底的大消毒。

消毒的方法有物理、化学、生物 3 类。生产实践中，要根据病原体的种类和被消毒物品的性质加以选择。

① 物理消毒法简单常用的有以下几种。

煮沸消毒法：它是一种经济、简单的消毒方法，应用比较广泛。大多数病原体在 100℃的沸水中，数分钟内便可死亡。金属器材、木质器具、玻璃器具以及布类等，都可用煮沸消毒法。一般从水沸腾开始计算时间，煮沸 15 分钟。在水中加入 0.5% ~1% 的碱或肥皂，可以提高沸点，增强杀菌效果，还能去污。

蒸汽消毒法：蒸汽所含潜伏热量大，穿透力强，使物品受热快，也是一种效果可靠、应用很广的消毒方法。流动蒸汽，在常压下蒸汽的温度为 100℃，消毒时间和效果可以和煮沸法相同。蒸笼消毒就是这种消毒方法之一。

日光消毒法：是利用很多病原微生物对紫外线非常敏感的特性，将要消毒的物品放置在日光下暴晒，以达到杀死病原微生物的目的。日光消毒是最经济的消毒方法。

焚烧和酒精火焰喷枪消毒法：这是最彻底的消毒方法。焚烧适用于金属用具、垫草、尸体、死胚蛋和蛋壳等的消毒；喷枪火焰适用于经药物消毒后的鸡舍四周墙壁（一般 1.5 米高）和水泥地面再消毒。

机械消毒法：包括打扫、洗刷、通风等，该法不是杀灭病原体，而是把附着在鸡舍、用具和地面上的病原体清除掉。对清除掉的污物还要再消毒，与其他消毒法结合应用，可以提高消毒效果。

② 化学消毒法是利用化学制剂，按不同消毒要求配制一定比例的溶液，用气雾、喷洒、喷雾、冲洗、浸泡、擦拭的消毒方式，直

接杀灭病原体。主要适用于鸡舍、场地、环境、用具及车辆等。

③ 生物消毒法是利用粪污中的有机物，在微生物的作用下分解产热，达到杀灭致病菌和虫卵的目的。主要适用于粪便、垫料等。

（2）日常带鸡消毒 是对鸡舍内的一切物品及肉鸡群体、空间用一定浓度的消毒液进行喷洒或熏蒸消毒，以清除舍内的多种病原微生物，阻止其在舍内繁殖。

日常带鸡消毒程序：消毒前清扫污物→冲洗→干燥→慎重选药与科学配液→正确喷雾消毒。

第一步：尽可能彻底清扫笼舍、地面、墙壁、物品上的粪便、羽毛、粉尘、污秽垫料和屋顶蜘蛛网等。

第二步：用清水冲洗，将污物冲出鸡舍，提高消毒效果。地面上的污物经水冲还冲不掉的，经软化后可用毛刷刷洗或用高压水枪冲洗。冲洗的污水应由下水道或污道排流到远处，不能排到鸡舍周围。

第三步：一般在冲洗干净后，搁置 1 天，待干燥后再行消毒。否则，残留的水滴会稀释消毒液，降低消毒效果。

第四步：消毒药必须广谱、高效、强力，对金属、塑料制品的腐蚀性小，对人和鸡的吸入毒性、刺激性、皮肤吸收性小，不会侵入残留在鸡肉中。如过氧乙酸、新洁尔灭、次氯酸钠、百毒杀、复合酚等。

配制消毒药液用自来水或深井水较好。消毒液的浓度要均匀，对不易溶于水的药应充分搅拌使其溶解。消毒药液温度由 20℃ 提高到 30℃ 时效力可增加 2 倍，所以配制消毒药液时要用 40℃ 以下温水稀释，炎热季节水温可以低一些，以便在消毒的同时起到降温的作用。配制好的消毒药液稳定性差，不宜久存，现用现配，一次用完。

第五步：可使用雾化效果较好的高压动力喷雾器或背负式手动喷雾器，将喷头高举空中，喷嘴向上以画圆圈方式，由上而下、先内后外、先房顶天花板后墙壁、固定设施，最后是地面，逐步喷洒，使药液如雾一样缓慢下落。

生产实践中，带鸡消毒还有如下具体要求。

雏鸡太小不宜带鸡消毒，首次带鸡消毒最小日龄不能低于10天；消毒时间和次数可以根据鸡舍内污染情况而定。无疫情时带群消毒可每周进行2～3次，夏季或疫病多发时，可每天消毒1次。在发现疫情应增加消毒次数，必要时每天可消毒1～2次；药液的浓度一定要掌握准确，如用过氧乙酸消毒，在育雏期用0.1%浓度，育成期和成鸡用0.3%～0.4%的浓度；喷雾量根据鸡舍的构造、地面状况、气象条件适当增减，育雏期为每立方米30毫升药液，育成期一般为每立方米50～80毫升药液；带鸡消毒时，舍内温度要求控制在22～25℃为好；在实施疫苗免疫前后各1天内不可带鸡消毒；病死鸡严禁入集市或弃入江河，应进行深埋或焚烧。深埋可挖一深坑，一层死鸡一层生石灰，或用有效的消毒剂如烧碱。

（3）空舍及生产用具等消毒　主要包括：料槽、水槽或饮水器、笼具、上料车（上料系统设备）、出粪车（出粪系统设备）、铁锹、风机等。其他非生产性用品，一律不能带入生产区内。生产区和生活区的用具不能互相交叉或混用。

生产用具消毒程序：预消毒（1天）→清除生产用具上黏附的粪便、污物等（1天）→鸡舍出粪与清扫（1天）→高压水枪冲洗（1天）→干燥（3天）→碱液喷洒地面消毒（1天）→干燥（3天）→甲醛熏蒸消毒（2天）→进鸡前通风（2～3天）→整理鸡舍及生产用具→进鸡。整个消毒过程不少于15天。

第一步：预消毒是采用清洗型消毒剂如季铵盐类消毒剂，按1∶（2 500～3 500）比例稀释，对鸡舍房顶、墙壁及生产用具等进行喷雾消毒，有效分解鸡笼、网架、垫板上的粪便及杀灭渗入地面墙面内的致病微生物，防止由于第二步冲洗时病原微生物进入鸡场的饮水系统。该步骤要求作用至少1天的时间，以保证效果。

第二步：将鸡舍内的粪便污物消除干净，用水（最好是高压水）彻底将鸡舍、笼具、食槽、水槽、门窗冲洗干净，晾干。

第三步：用碱液对地面消毒，可用2%～5%烧碱溶液。

第四步：首先将窗及墙缝封严实，不漏气，把舍内温度保持在18～28℃，相对湿度70%以上。再按以下步骤操作。

①将料槽、水槽或饮水器、笼具、上料车（上料系统设备）、出粪车（出粪系统设备）、铁锹、风机等用具均匀放置到鸡舍内。

②计算甲醛和高锰酸钾的用量。按每立方米空间用甲醛 30 毫升、高锰酸钾 15 克用量，并将甲醛和高锰酸钾按容器多少分成等份。

③盛装药品的容器应耐热、耐腐蚀，容积不小于甲醛总容积的 3 倍，以免甲醛沸腾时溢出灼伤人，最好用陶瓷容器。可视鸡舍的大小，按每 4～5 米放置一陶瓷容器，先将分好的高锰酸钾放入各器皿中。

④加入甲醛。将分好的甲醛放置在容器旁边，从离门最远的盛放高锰酸钾容器开始逐一加入甲醛，待甲醛全部加完看到容器中冒出紫烟后迅速离开鸡舍，关闭门窗不得少于 2 天。

第五步：进鸡前 2～3 天将门窗打开，让空气对流，待鸡舍内无刺鼻气味后整理鸡舍及用具，方可进鸡。

（4）育雏舍消毒　主要是对育雏舍及其舍内的笼具、料槽、水槽或饮水器等其他用具的熏蒸消毒。

育雏舍消毒程序与空舍及生产用具消毒程序相似。即预消毒（1 天）→清除生产用具上黏附的粪便、污物等（1 天）→育雏舍清扫（1 天）→高压水枪冲洗（1 天）→干燥（3 天）→碱液喷洒地面消毒（1 天）→干燥（3 天）→甲醛熏蒸鸡舍消毒（2 天）→进雏前通风（2～3 天）→舍内升温→进雏。整个消毒过程不少于 15 天。

从第一步到第五步与空舍及生产用具消毒程序一致。

第六步：进雏前通风要彻底，必须达到无刺鼻的甲醛等任何异味，并对育雏舍用具进行整理。

第七步：舍内升温很重要，要将舍内温度提前 1 天升高至育雏温度即 33～35℃，临时性温度升高只能使鸡舍空间温度升高，地面温度仍然是外界温度。水槽内加入适量葡萄糖及育雏药水，待雏鸡入舍后就能喝到开口水。

（5）饮水消毒　鸡饮水质量直接或间接影响鸡群的生产性能，并能诱发疾病。因此，应该定期在鸡饮水中添加消毒剂，把饮水中的微生物杀灭或控制经饮水进入鸡体内的病原微生物。

饮水消毒的方法很多，可根据自己的实际情况选用。可在每吨水中添加6~10克漂白粉，搅匀30分钟；或用0.01%的高锰酸钾溶液当做饮用水，随配随饮，每周让鸡饮2~3次；也可用50%的百毒杀以1:（1 000~2 000）的比例稀释后让鸡饮用；用20%的过氧乙酸，在每1 000毫升水中加1毫升，消毒30分钟后饮用也可以。

为使饮水消毒能真正达到杀灭或控制饮水中病原微生物的目的，要选择广谱、高效、无毒、无异味，刺激性小，无腐蚀性、无残留等消毒作用强、易分解的卤素类药物作为消毒剂。如漂白粉、次氯酸钙等。禁止使用酚类、醛类等刺激性大的药物，以免损伤消化道黏膜。同时，不能任意加大水中消毒药物的浓度或长期饮用。否则不仅可引起急性中毒，还可杀死或抑制肠道内的正常菌群，给鸡群健康带来危害。

（6）场区地面及进入车辆的消毒　场区地面包括生活区和生产区各条道路的路面及所有裸露的地面。场区地面的消毒程序一般为：地面清扫→高压水清洗→消毒液泼洒。

第一步：消毒前，对场区所有裸露的地面进行清扫。平时应保持好厂区环境卫生，及时清扫地面上的污物、落叶、杂物等，减少污染来源。

第二步：使用高压水枪清洗。

第三步：可用消毒时间长的复合酚消毒剂或3%氢氧化钠溶液，进行泼洒，一般每月消毒2~3次。

进入场区的车辆，消毒程序为：高压清洗→喷洒消毒液→车轮消毒。

第一步：使用高压水枪清洗，除去车身上的尘土、粪便、油渍等杂物。

第二步：使用清洗/缓释型聚醇醚碘等进行喷洒消毒。

第三步：在场区主要通道必须设置消毒池，消毒池的长度为进出车辆车轮2个周长以上，消毒池上方最好建顶棚，防止日晒雨淋，消毒液可用消毒时间长的复合酚消毒剂或3%氢氧化钠溶液，每周更换2~3次。

（7）粪便及垫料的消毒　用生物消毒法比较实惠，消毒后不失去作为肥料的价值。粪便、垫料多使用地面泥封堆肥法。在距鸡舍、水池、水井较远处的地方，挖一宽3米、两侧深25厘米向中央稍倾斜的坑，长度视粪便多少实际需要而定。将粪便、垫料集中收集后放进坑内，用稀泥封住，进行发酵，夏季约需1个月，冬季2~3个月。

（8）人员及衣物的消毒　人员主要包括进入生产区的工作人员和进入生活区的人员两种。

进入生产区的人员消毒程序：进入生产区前鞋底消毒→洗澡→更换工作服→消毒液洗手及手臂→紫外线消毒→入鸡舍门口鞋底再次消毒。

第一步：鞋底消毒是在生产区门口设置脚踏消毒池，一般长60厘米、宽40厘米、深8厘米，消毒液可用消毒时间长的复合酚消毒剂或3%~5%氢氧化钠溶液，每周更换2~3次。鸡舍门口的脚踏消毒池的消毒液一般每天更换一次，也可在鸡舍门口撒布生石灰消毒。

第二步：进入生产区的所有人员要进行洗澡。

第三步：洗澡后的人员要更换上经消毒过的工作服，穿上生产区的胶鞋或其他专用鞋，方可进入生产区。

第四步：工作人员的手用肥皂洗净后，浸于新洁尔灭等消毒液内3~5分钟，清水冲洗后抹干。

第五步：在生产区门口设置专用的紫外线消毒室，所有进入生产区的人员必须通过紫外线消毒室才能进入生产区。

第六步：穿上生产区的胶鞋或其他专用鞋，通过脚踏消毒池或生石灰进入鸡舍。

进入生活区的人员消毒程序：入场时鞋底消毒→紫外线消毒→进入生活区。

鞋底消毒、紫外线消毒与进入生产区时相似。

衣物的消毒程序：消毒液浸泡工作服→洗涤→太阳暴晒→待用。

第一步：消毒液浸泡工作服是将穿戴过的工作衣、帽等用新洁尔灭等浸泡30分钟。

第二步：工作服应定期洗涤，一般1周洗1次。

第三步：洗涤后的工作服要在太阳光下暴晒，晒干后叠好装入洁净塑料袋中备用。若遇阴雨天气不能太阳光暴晒时，可在室内晾干，晾干后进行过氧乙酸等熏蒸消毒，消毒后装袋备用。工作服不准穿出生产区。

（三）操作性生物安全措施——依据安全理念制定的日常工作细则

1. 精心饲养，减少应激

当前，肉鸡越来越难养已成事实。其中的原因，有病毒变异，细菌产生耐药性。但是，这些原因远没有我们想象得那么严重，养不好肉鸡的原因其实关键还在养殖户自己，因为养殖户只重视了生长快速化而抛弃了自然规律，没有顾及鸡的天性，应激因素越来越多，应激越来越大。

现代养鸡在加强鸡舍的通风管理，保持合适的饲养密度，饮用清洁的饮水的基础上，还要做好以下几点。

（1）适量限饲　饥饿是自然界中每一个独立生存的动物都需要品尝的滋味，它的意义在于让动物保持良好的状态，保持良好的消化吸收功能，而养殖户生怕鸡饿着，没白没黑拼命地让鸡吃料，甚至一些养殖户为让鸡多吃料，每天进鸡舍轰鸡起来吃料。一些时候养殖户会为鸡群超量的采食暗自庆幸，以为是好事，可没想到随之而来的就是长时间的不增重，如果当时适当限制一下可能就什么事也没有了。

因此，在肉鸡不同的饲养阶段，适量限饲，既能省料，又能充分保证鸡的消化吸收功能。

（2）保证足够的运动量　生命在于运动，鸡也一样，道理就不用解释了。虽然肉鸡只是在20天前活动量大一些，30天后的鸡基本不运动了，可就是这20天的运动对鸡的抵抗力却是非常重要的，只可惜养殖户没能给鸡提供运动的场地。

密度大了自然不用说了，鸡想活动也困难，有些养殖户把鸡群用网栏分成许多小格，小鸡想跑动一下也只能原地转圈，无法快速奔跑。为了鸡的健康，要把那些束缚鸡群的禁锢彻底改掉。

（3）多用粉料　现在养肉鸡用颗粒料的占绝大多数，颗粒料经过膨化加工，几乎所有的饲料厂家都在宣传颗粒料的好处，例如，颗粒料比自配粉料更容易吸收，料肉比低、出栏快。

其实并不是这么回事，全程使用自配粉料生长速度并不比颗粒料慢，二者相比出栏时间整个饲养期最多也就差一天的时间，总的采食量是没有区别的。而从利润角度来看，自配粉料每斤至少能节省一毛钱，玉米、豆粕等质量至少不会比饲料厂用得差，而且抵抗力要高得多，疾病少。最明显的就是腹水、猝死、低血糖、消化不良等疾病的发病率要大大降低。即使是用粉料推迟了一天的出栏时间，那我想问一下，如果鸡没有病的情况下哪个养殖户会在乎一天的辛苦？

在此提倡肉鸡养殖场户多用粉料，那么究竟怎么使用才更合理？建议肉鸡一号料和二号料最好用粉料，三号料的时候用颗粒料，三号料做成颗粒，能提高采食量，缩短采食时间，更有利于催肥。

（4）适应环境　一些养殖户过分在意外在环境，在舍内咳嗽都不敢大声，结果邻居家放了个二踢脚就把鸡吓死一片。有些养殖户太在意舍内温度，每天温差保持得非常好，鸡没有感受过热，也没有感受过冷，这样做需要付出极大的辛苦，可同时也降低了鸡的适应力。

同时，谁能保证自己的鸡全程不出现大的温差，不接受任何惊吓？这样做的结果是稍有受凉就全群发病，碰倒一个料桶也会让鸡惊群。如果从育雏开始就不娇惯它们，让它们适应各种声音，适应适度的温差，鸡也就不那么娇气了。

2. 用药存在的问题

（1）滥用抗菌药是农村养鸡业中普遍存在的问题　无论鸡患的是内科病、寄生虫病、中毒，还是传染病，一律用抗生素。抗生素的滥用一方面使耐药菌株迅速增加，给传染病的控制带来困难；另一方面破坏了鸡体内正常菌群的平衡，造成饲料消化率降低和维生素需要量的增加。

（2）称量不准或比例不当　有的养鸡户用药时不准确称量，只是估计用药，往往用量偏多，造成中毒。过去最常见的用药比例“ppm”即百万分之一，养鸡户最易搞错，这个单位现在已经停用。

（3）不按疗程，用药时间过长或过短　不少养鸡户不按疗程用药，要么长时间使用同一种药物，要么用药 1 ~ 2 天后不见疗效就更换药物。殊不知每一种药物都需要一定的疗程，才能起到比较好的治疗效果。长时间使用同一种药物，不仅使致病菌产生耐药性，还会引起鸡体慢性中毒；不到疗程就更换药物，用药时间过短，一见病情有所好转，就开始停药，而随后不久病情又见复发，造成二重感染，使疾病更难治愈。

（4）不懂药理，任意加大剂量　一些养鸡户在用药后不见疗效时，常常治病心切，总认为用药剂量越大效果越好，随意加大剂量，造成药物中毒或疾病加重。有的养殖场户担心药品有效成分含量低，就把多种药物合用，随意加大用药剂量，结果疗效不确切，产生交叉感染；即便是有疗效，也无法弄清是哪种药物起作用；浪费药物，增加了开支。另外，一些用户贪图便宜，购买含量不足甚至假冒鸡药，防治毫无效果。

（5）给药方法不当　给药方法有饮水给药、拌料给药和注射给药。饮水给药和拌料给药方便快捷，而注射给药工作量大，一些养鸡户往往图省事或者受条件限制，所有药物都采用饮水给药或拌料给药，常出现药物无效或药物中毒现象。因为有些药物需特定的给药方法才能取得较好的治疗效果。如青霉素的水溶液稳定性差，不宜饮水给药，只能肌注给药；庆大霉素等肠道不易吸收，采用饮水给药也无疗效；鸡腹泻时肠道机能紊乱，吸收能力减弱，药物在肠道内停留时间缩短，药效难以发挥，因此腹泻时应注射给药。

（6）不明药性，胡乱配伍用药　有许多药物存在配伍禁忌，因此不能混用，特别是配伍后药性（毒性）加剧的药品更应注意。如敌百虫与碱性药物混用，生成毒性更强的敌敌畏，对肉鸡是剧毒药品。不明药性乱配用，既增加了养鸡成本，又延误了治疗的最佳时机。

（7）用药不看对象，未考虑鸡的特点　鸡对敌百虫较敏感应慎用；磺胺类药物不仅影响肠道微生物对维生素 K 和 B 族维生素的合成，还能影响蛋鸡蛋壳的形成；氨茶碱和病毒灵也可引起蛋鸡产蛋率下降，因此产蛋鸡应尽量避免使用上述药物。

（8）不遵循“防重于治”的原则　有些养殖场户，片面理解肉鸡的饲养保健，总认为有病没病先用药物预防就是所谓的保健。殊不知，这样用药的后果是不但起不到防病作用，还会造成耐药性的产生，等到肉鸡真的生病了，就可能耽误治疗时机。也有一些养殖场户，平时不采取生物安全措施，没有重视环境卫生消毒，即便知道免疫的重要性，但操作不认真，或疫苗质量不佳，或免疫程序有失误，不按本场实际情况合理免疫，影响了免疫效果。

3. 科学用药方法

（1）正确诊断是前提　结合当地疾病流行情况、本场发病史、用药史等情况尽快作出正确诊断，采取成功方案。

根据鸡群发病日龄，病势轻重，权衡利弊，灵活决定是否治疗。如果发病日龄较早，个体较小，必须作出正确诊断，果断投药治疗；如果发病日龄较晚，体重达标，考虑到药物残留，病情较重一般放弃治疗，果断出鸡；因为治疗起来得不偿失，死亡增加，料肉比提高。

在正确诊断的基础上，合理选择药物。控制细菌性疾病，需要用到抗生素时，最好直接使用兽药厂家的产品进行药敏试验，选择最敏感的药物，并按一定用量和疗程使用才更有效。用量过大或疗程过长，都会引起细菌、病毒耐药性增强，肉鸡对细菌等病原的抵抗力下降，甚至引起药物的蓄积性中毒。尽量少用抗菌药物；预防和治疗时，能用一种决不用两种或多种抗菌药物；治疗时药量要足，疗程要够，切忌一两天换一种药物；抗生素不能长期作为饲料添加剂；用药要有的放矢，根据鸡的特点和药的特性选取药物，同时要准确称量，配比适当，采取最有效的给药方法。

三分治疗，七分护理。治疗的同时必须加强饲养管理，改善饲养环境，加强带鸡消毒，同时加大优质多维用量，有助于缩短治疗疗程，降低疾病损失。

（2）切实做好预防保健　预防保健是投资，治疗用药是消费，可见预防保健的重要性。预防保健并不是一味的投药，而是根据鸡的生理生长特点，明确用药目的，然后合理地安排用药，既起到保健的目的，又降低日常用药的副作用。合理的预防保健用药如下。

2 ~ 5 日龄，重点预防沙门氏菌、大肠杆菌等垂直传染疾病。结合本场用药史和鸡苗状况，选用毒性较小、较敏感的抗菌药物，并注意给雏鸡补充优质电解多维。

8 ~ 10 日龄，重点预防疫苗应激引起的上呼吸道感染。结合本场用药史，选用敏感的抗菌药物，如强力霉素、泰乐菌素等。

15 ~ 17 日龄，重点预防疫苗应激引起的大肠杆菌病和肠炎，提高机体免疫力。结合本场用药史，选用敏感的抗菌药物如新霉素、氧氟沙星和黄芪多糖、蜂胶制剂。

22 ~ 24 日龄，重点预防病毒性呼吸道和大肠杆菌病。结合本场用药史，选用敏感的抗菌药物，如强力霉素、氟苯尼考和扶正祛邪、提高机体免疫力的药物。

27 ~ 29 日龄，32 ~ 34 日龄，重点预防肠炎、病毒病、细菌引起的混合感染。选用扶正祛邪的中药，治疗肠毒综合征的药物。

注意防疫前后、扩群、换料、停电等应激较大时，饮水中添加优质多维，最好是液体多维，溶解好、易吸收、不堵塞饮水线。28 日龄、33 日龄是肉鸡的两个关键阶段，也是最容易出现死亡高峰的阶段，这个阶段绝对生长速度快、机体抵抗力差，极容易感染病毒病并引发混合感染，所以在 28 日龄前后、33 日龄前后用上一个疗程的扶正祛邪的中药和保肝护肾的中药，提高机体免疫力，增强肝肾的解毒能力。这个阶段极容易出现拉料、腹泻等现象，因此，要做好肠炎和大肠杆菌病的预防。

（3）严格掌握用药剂量和用药疗程　熟悉药物毒性，严格控制用药剂量和投药方式、投药时间。如痢菌净、马杜拉霉素毒性强的药物，雏鸡阶段不能使用，极易中毒和损害雏鸡的肝肾器官；炎热夏季中午避开投药，如果药物适口性差就会严重影响喝水，极易导致中暑的发生，如果毒性强，饮水量大，极易出现中毒。

（4）注意投药方式，发挥药物疗效　根据药物的适口性、水溶性确定是饮水给药还是拌料给药，防止药物分布不均而致使鸡只中毒，或严重影响鸡只采食，或容易堵塞饮水线和饮水乳头；根据鸡群的健康状况确定是口服给药还是注射给药，还是喷雾给药，当鸡群患有严重呼吸道病和有气囊炎时建议喷雾给药，当鸡群突然发病，采食量突然减少时可选择注射给药，多数情况下建议口服给药；根据细菌的特点及患病状况确定投药的时间，如治疗大肠杆菌病的药物通常是在7：00～9：00，治疗呼吸道病的药物通常在下午给药，治疗肠炎的药物通常晚上应用，通肾的药物最好也在晚上使用；如果饮水给药或喷雾给药时建议用温水稀释药物，应激小，疗效好。

（5）注意药物选择，减少免疫抑制　近年来肉鸡免疫抑制病在不断增加，霉菌毒素和药物造成的免疫器官萎缩，免疫功能下降的现象也非常普遍。免疫抑制导致疫苗免疫效果差、机体抗病力差，容易发病，肉鸡难养。所以在控制免疫抑制病的情况下，必须做好药物应用，对于严重影响免疫抑制的药物要慎用或不用，尤其是在疫苗免疫时更要注意。

（6）仔细观察，随时挑出病、弱、残鸡，隔离淘汰　疾病的发生，总是由少到多，由个体到群体的传播过程。要有效地防止疾病扩散，就要求每天认真观察鸡群的健康状况，特别在清晨喂料时，如果发现有不吃料、不喝水、精神差或粪便异常的鸡，就要随时挑出淘汰，或暂时置于鸡舍下风头，距排风扇近的远端，隔离饲养观察2～3天。如有恢复迹象，可继续调养一段，直至恢复正常。如隔离饲养2～3天仍无起色，应立即淘汰，以免传染给健康鸡只。

（7）紧急接种　当鸡场中某一个鸡舍发生疫病时，要立即封锁发病舍。杜绝该舍人员及工具与其他鸡舍的来往。如确诊为新城疫、传染性支气管炎、传染性鼻炎等，可立即从离发病舍最远的健康舍开始，尽快实行紧急接种。

三、全进全出的饲养制度

现代肉鸡生产几乎都采用“全进全出”的饲养制度，即在一栋鸡舍内饲养同一批同一日龄的肉鸡，全部雏鸡都在同一条件下饲养，又在同一天出栏屠宰。这种管理制度简便易行，优点很多，在饲养期内管理方便，可采用相同的技术措施和饲养管理方法，易于控制温度，便于机械作业。也利于保持鸡舍的卫生与鸡群的健康。肉鸡出栏后，便对鸡舍及其设备进行全面彻底的打扫、冲洗、熏蒸消毒等。这样不但能切断疫病循环感染的途径，而且比在同一栋鸡舍里混养几种不同日龄的鸡群增重快，耗料少，死亡率低。

四、保证饮水、饲料安全

污染的水源可能威胁到鸡的健康，在饲养过程中应使用清洁无污染的饮用水源。营养均衡的饲料对促进鸡生长起着重要的作用，劣质饲料除了导致营养缺乏外，还可使鸡处于应激状态，更易感染传染病。不能给鸡饲喂受潮或过期的饲料，因为受潮或过期的饲料黄曲霉素的含量可能超标，鸡食用后易出现中毒。

五、严格控制蚊蝇和鼠

搞好环境卫生是减少传染、切断传播途径的最有效方法之一。鸡场周围、鸡场内要定期清扫、消毒，确保无杂草、腐木、死鸭、杂物等。鸡舍内的过道、门帘、水帘、料槽、水槽等要保持清洁卫生。要做好灭鼠、蚊、蝇工作并随时射杀进入场区的野鸟。养殖场应实行专人饲养、非饲养人员不得进入禽舍，谢绝一切参观活动。饲养人员进入生产养殖区应更衣换鞋并消毒。各舍饲养员禁止串场、串岗、串舍，以防交叉感染。

养鸡场禁止饲养食用动物、啮齿类动物和鸟类动物，因为它们可能成为疾病的生物和机械携带者，可传播像沙门氏菌和巴氏杆菌这样的病原菌。如马立克病病毒和禽痘病毒可通过蚊蝇和其他昆虫传播。因此，有效的粪便处理和死禽处理将有助于减少昆虫蚊蝇的数量。应当定期喷洒允许使用的杀虫剂来控制昆虫蚊蝇，减少疾病的病原体传播。

鸡舍还要能有效防止昆虫、鼠类、野鸟、野兔、黄鼠狼等的入侵。所有鸡舍应杜绝养野鸟。实施有效的控制鼠类的程序。诱饵是最有效的方法，但需连续不断地实施。采用有效的综合管理虫害的程序，以期通过生物、医疗、化学途径控制虫害。铁质隔栏无尖锋，舍内不要扔有铁丝头、尼龙丝等能刺、缠伤鸡腿的物品，以防造成感染。育雏室要专用，育雏应用高床式网上平养，减少粪便污染。育雏舍使用的垫草、垫料要清洁、干燥、无霉变，以减少鼠、蚊蝇的滋生。

六、病死鸡的处理

兽医室和病死鸡处理设施应建在饲养区的下风、下水处，与粪污处理区平行（或建在饲养区与粪污处理区之间）的独立位置。与饲养区的卫生间距视鸡场规模而定，通常应分别在 500 米、200 米、50 米以上。周围建隔离屏障，出入口建洗手消毒盆和脚踏消毒池，备专用隔离服装。

兽医室应配备与鸡场规模相适应的疾病监测和诊断设备。兽医室的下风处建病死鸡处理设施，如焚尸炉、尸井等。并具备防污染防扩散条件（防渗、防水冲、防风、防鸟兽蚊蝇等）。

鸡舍出现异常死亡或死鸡数量超过 3 只时，就要引起注意。用料袋内膜将死鸡包好拿出鸡舍送到死鸡窖。需要剖检时，找兽医工作人员进行剖检。剖检死鸡必须在死鸡窖口的水泥地面上进行，剖检完毕后对剖检地面及周围 5 米用 5% 的火碱进行消毒，剖检后的死鸡用消毒液浸泡后放入死鸡窖并密封窖口，或焚烧。做好剖检记录。发现疫情及时处理，重要疫情必须立即上报场长。送死鸡人员，在返回鸡舍时应彻底按消毒程序进行消毒。剖检死鸡的技术人员，在结束剖检后，从污道返回消毒室，更换工作服，消毒后方可再次进入净区。

死鸡、重病鸡一经发现，要用密闭袋包装，经焚化或发酵处理；

鸡粪、垫料废弃物要用专车通过专用通道运出鸡舍500米以外，经发酵后无害化处理；厕所设置化粪池，避免粪水直接进入环境。

七、鸡舍内部小环境的控制

（一）调节空气环境

商品肉鸡的饲养密度较大，每天产生大量的废气（二氧化碳）和有害气体（主要是氨气、硫化氢、甲烷等）。为了排出水分、有害气体和补充氧气，并保持适宜温度，必须加强鸡舍通风，降低鸡舍异味和有害气体浓度，改善肉鸡生长环境。冬季进行通风换气时，要避免贼风，可根据不同的地理位置、不同的鸡舍结构、不同的鸡龄、不同的体重，采用由上至下的方式，选择不同通风量。

（二）重视防疫消毒

经常性的消毒能直接杀死病原体，减少其在饲养环境中的数量及感染机会，降低肉鸡发病率。在鸡群发病后，更要重视消毒，用药治疗只能杀灭鸡体内的病原体，但对鸡体外即饲养环境中的病原体就必须靠消毒来尽量减少，使其数量控制在能引起鸡发病的范围外。

（三）改善鸡舍设施

肉鸡适宜的生长温度范围为13.5～24.5℃；相时湿度，除育雏前期要求较高外，其余时期以保持55%～60%为好，天气变暖，宜开窗通风，把过多的热量排出；炎夏做好防暑降温，悬挂湿帘，安装电风扇、空调，使鸡舍保持一定的温度、湿度；鸡舍顶部设置天棚，防太阳辐射热，鸡舍周围种植牧草、花草，以减少地面辐射热；冬季注意防寒，恶劣天气严防舍内忽冷忽热。

（四）控制饲养密度

鸡群密度过大，垫料易潮湿，排泄物增多，在舍内温度较暖的环境中，垫料、排泄物容易发酵、变质，产生氨气、硫化氢等有害气体，并导致大量病原微生物繁衍，对鸡危害较大。因此，要根据鸡的品种、不同生长阶段、不同季节，合理调整鸡群密度。一般网上饲养的肉鸡，1～9 日龄，每平方米网面 30 只；10～19 日龄，15 只；20 日龄后，8～10 只。

（五）实行隔栏饲养

网上饲养的肉鸡，对网面要进行隔栏。隔栏可用尼龙网或废弃的塑料网，高度与边网等高，一般 30～40 厘米，每 500～600 只鸡设一个隔栏。实行隔栏饲养，便于观察区域性鸡群的健康状况，利于淘汰病、弱雏；有利于控制鸡群过大的活动量，促进增重，小区域隔栏便于接种疫苗或用药，减少用药应激；减少人为造成鸡雏扎堆、热死、压死等现象。

第二节　落实以预防为主的标准化防疫卫生措施

养鸡场需要通过实施生物安全体系、预防保健和免疫接种 3 种途径，来确保鸡群健康生长。在整个疾病防控体系中，三者通过不同的作用点起作用。生物安全体系主要通过隔离屏障系统，切断病原体的传播途径，通过清洗消毒减少和消灭病原体，是控制疾病的基础和根本；预防保健主要针对病原微生物，通过预防投药，减少病原微生物数量或将其杀死；免疫接种则针对易感动物，通过针对性的免疫，增加机体对某个特定病原体的抵抗力。三者相辅相成，以达到共同抗御疾病的目的。

一、疫苗的保存运输与使用

鸡的常用疫苗包括病毒苗和细菌苗两种。病毒苗是由病毒类微生物制成，用来预防病毒性疫病的生物制品，如新城疫Ⅰ系、Ⅳ系，传染性支气管炎 H120、H52，法氏囊病苗等。细菌苗则是由细菌类微生物制成的生物制品，如传染性鼻炎苗，致病性大肠杆菌苗等，用来预防相应细菌性疾病的感染和发生。

鸡的各种疫苗，不同于一般的化学药品或制剂，是一种特殊的生物制品。因此，其保存、运输和使用有其特殊的方法和要求，必须遵循一定的科学原则来进行。

（一）疫苗的保存

疫苗属于生物制品，保存时总的原则是：分类、避光、低温、冷藏，防止温度忽高忽低，并做好各项入库登记。

1. 分门别类存放

不同剂型的疫苗应分开存放。如弱毒类冻干苗（新城疫Ⅰ系、Ⅳ系，传染性支气管炎 H120、H52 等）与灭活疫苗（如新城疫油苗等）应分开，各在不同的温度环境下存放。

相同剂型疫苗，应做好标记放置，便于存取。如弱毒类冻干苗在相同温度条件下存放，应各成一类，各放一处，做好标记，以免混乱。

2. 避光保存

各种疫苗在保存、运输或使用时，均必须避开强光，不可在日光下暴晒，更不可在紫外线下照射。

3. 低温冷藏

生物制品都需要低温冷藏，不同疫苗类型其保存温度是不相同的。弱毒类冻干苗，需要－15℃保存，保存期根据各厂家的不同，一般不超过 1～2 年；一些进口弱毒类冻干苗，如法倍灵等，需要 2～8℃保存，保存期一般为 1 年；组织细胞苗，如马立克疫苗，需保存在－196℃的液氮中，故常将该苗称作液氮苗。所有生物制品保存时应防止温度忽高忽低，切忌反复冻融。

4. 做好各项入库登记

各种疫苗或生物制品入库时都必须做好各项记录。登记内容包括疫苗名称、种类、剂型、单位头份，生产日期、有效期、保存温度、批号等；此外，价格、数量、存放位置也应纳入登记项目中，便于检查、存取、查询。

取苗发放使用时，应认真检查，勿错发、漏发，过期苗禁发，并做好相应记录，做到先存先用，后存后用；有效期短的先用，有效期长的后用。

（二）疫苗的运输

疫苗的存放地与使用地常常不在同一个地方，都有一个或近或远的距离，因此，疫苗的运输包括长途运输和短途运送。但无论距离远近，运输时都必须避光、低温冷藏为原则，需要一定的冷藏设备才能完成。

1. 短距离运输

可以用泡沫箱或保温瓶，装上疫苗后还要加装适量的冰块、冰袋等保温材料，然后立即盖上泡沫箱盖或瓶盖，再用塑料胶布密封严实，才可起运。路上不要停留，尽快赶回目的地，放到冰箱中，避免疫苗解冻，或尽快使用。

2. 长途运输

需要有专用冷藏库才可进行长途运输，路上还应时常检查冷藏设备的运转情况，以确保运输安全；若用飞机托运，更应注意冷藏，要用一定强度和硬度的保温箱来保温冷藏，到达后注意检查有无破损、冰块融化、疫苗解冻等现象，如无，应立即入库冷藏。

（三）疫苗的稀释

鸡常用疫苗中，除了油苗不需稀释，直接按要求剂量使用外，其他各种疫苗均需要稀释后才能使用。疫苗若有专用稀释液，一定要用专用稀释液稀释。稀释时，应根据每瓶规定的头份、稀释液量来进行。无论蒸馏水、生理盐水、缓冲盐水、铝胶盐水等作稀释液，均要求无异物杂质，更不可变质。特别要求各种稀释液中不可含有任何病原微生物，也不能含有任何消毒药物。若自制蒸馏水、生理盐水、缓冲盐水等，都必须经过消毒处理，冷却后使用。

稀释用具如注射器、针头、滴管、稀释瓶等，都要求事先清洗干净并高压消毒备用。稀释疫苗时，要根据鸡群数量、参与免疫人员多少，分多次稀释，每次稀释好的疫苗要求在常温下半小时内用完。已打开瓶塞的疫苗或稀释液，须当次用完，若用不完则不宜保留，应废弃，并作无害化处理。不能用金属容器装疫苗及稀释疫苗，用缓冲盐水、铝胶盐水作稀释液时，应充分摇匀后使用。液氮苗稀释时，应特别注意正确操作（详细操作见各厂家液氮苗使用说明书）。进行饮水免疫稀释疫苗时，应注意水质，最好用深井水，并先加入0.2%的脱脂奶粉，再加入疫苗。应注意不要用加氯或用漂白粉处理过的自来水，以免影响免疫质量。

（四）疫苗使用注意事项

1. 要按照科学的免疫程序选用相应的疫苗

购进疫苗时，要选用规模大、信誉好、有质量保证的厂家的疫苗，并注意查看生产日期和保质期。选用疫苗时，要选用与当地毒株相符合的冻干苗和灭活疫苗，如流感灭活苗的毒株是否与当地的毒株相符合。选用法氏囊疫苗时，最好选用中等毒力苗，并按剂量使用，不宜加大剂量使用；因为使用法氏囊中等毒力偏强的疫苗或加大剂量使用，都会造成法氏囊损伤，影响机体免疫力，造成饲养后期机体免疫力差，易感染其他疾病如新城疫，造成后期饲养困难。

2. 在鸡群保持健康状态下接种疫苗

必须在鸡群保持健康状态下接种疫苗，鸡群健康状况不好，正在发病或不健康的鸡群暂缓使用或停止接种。

3. 使用前检查

使用疫苗前逐瓶检查，注意疫苗瓶有无破损，封口是否严密，瓶签上有关药品的名称、有效日期、剂量、保存温度等记载是否清楚，并记下疫苗批号和检验号，若出现问题便于追查。

4. 紧急免疫接种

紧急免疫接种时，必须是早发现、早确诊才可进行。接种时，应先隔离发病鸡，对假定健康鸡接种后要注意其表现情况。

5. 接种后加强管理

接种后一段时间必须加强饲养管理，减少应激因素，防止病原乘隙侵入引起免疫失败。

6. 免疫接种过程中的注意事项

（1）提前聘请专业免疫人员进行免疫接种　由于规模化养殖场饲养规模大、存栏数量多，又实行全进全出制，所以要求聘请专业人员在短时间内进行高质量免疫接种，降低对鸡群的应激。

（2）提前做好准备工作　提前准备好免疫接种所需要的各种工具，并进行彻底消毒后方可带入舍内使用。包括分隔鸡群用的塑料筐、隔栏网、围栏布、矮凳等用消毒液浸泡晒干后使用；注射器、针头、滴瓶等用开水冲刷，先用温水浸泡再用开水刷洗，防止过热炸裂；接触疫苗的免疫器械禁止接触任何化学消毒剂；免疫接种前一天、免疫当天、免疫后一天禁止带鸡消毒。

（3）提高肉鸡抗免疫应激的能力　免疫前一天晚上、免疫当天、免疫后一天，饮水中添加优质电解多维提高肉鸡抗免疫应激的能力。如果是饮水免疫，要提前限制饮水，以便疫苗在短时间内均匀饮完。另外，免疫前一天及免疫当天饮水中添加转移因子，可提高免疫效果，降低免疫应激引起的呼吸道疾病。

（4）免疫前鸡舍适度升温　免疫前将鸡舍温度升高1～2℃，可增加免疫效果，减少免疫应激带来的不适。

（5）免疫人员的消毒　免疫人员进入鸡舍前，必须更换与平时饲养员一样的工作服和鞋子，消毒液洗手并用清水冲洗干净，方可入舍。告知免疫人员注意舍内饲养设备及生产工具。

（6）动作要轻　免疫人员赶鸡时不可过于粗暴，要手拿塑料袋或小笤帚轻轻摇动，不可弄出太大的响声，不准脚踢料线，减少对鸡只的惊吓。隔栏网圈面积不可太小，防止鸡多拥挤，以免热死或压死。网圈好鸡后注意查看，防止小鸡落下或乱跑，造成漏免或重免。

（7）淘汰残弱鸡　免疫过程中注意淘汰残弱鸡只，单独盛放，免疫完后统一转移处理。

（8）免疫结束后的清理　免疫结束后，所有免疫使用的工具必须全部带出鸡舍，所有疫苗包装、疫苗瓶子全部收集起来，不可落在舍内，统一焚烧处理，防止毒株强化，引发疾病。舍内料线、水线重新调整到合适高度。

（五）常用免疫接种方法

规范的免疫操作是保证免疫效果的前提。常规疫苗接种的方法有：雾化免疫、滴鼻点眼、颈部皮下（或胸部肌肉）注射和饮水免疫四种方法。其中滴鼻点眼、颈部皮下注射、饮水免疫为最常用的方法。

1. 滴鼻点眼免疫

现在滴鼻点眼的疫苗都配有专用稀释液和滴瓶，一般不再用生理盐水或凉开水稀释疫苗。滴鼻点眼时疫苗用量为正常标示量的1.5～2倍，滴鼻点眼时眼和鼻各滴一滴，待疫苗完全吸收后再放开鸡只。稀释疫苗时先用注射器往疫苗瓶内注入稀释液，再打开瓶盖抽取疫苗。目前不少规模化养殖场由于饲养规模大，点眼时间长，找人麻烦，不再滴鼻点眼而改用饮水免疫，剂量为标示量的2倍，效果可以。

2. 颈部皮下注射

免疫前，注射器和针头必须煮沸消毒20分钟以上，调好剂量；打针时要避免或减少打穿、打漏和打死鸡的现象；注射过程中勤检查注射器及疫苗，避免打空针或进气泡；如果油苗中添加抗生素一起注射，注射过程中要勤摇动，防止药物沉于底层而出现注射不匀。

3. 饮水免疫

免疫前控制肉鸡饮水，室温30℃以上时控水1～2小时；室温25～30℃时，控水2～3小时；室温20～25℃时，控水3小时。7日龄时每1 000只鸡对12千克水；14日龄时每1 000只鸡对25千克水；21日龄时每1 000只鸡对35千克水。免疫前一天用清水反复冲洗水线、刷洗水桶、过滤杯及过滤网，检查饮水乳头、水线、阀门，要求水流通畅、不滴不漏。饮用水中避免添加消毒粉，避免紫外线照射，但可添加脱脂奶粉净化水质，提高免疫效果。也可与转移因子同时饮用，提高免疫效果，降低疫苗反应。

此外还有鸡痘疫苗采用刺种的方法。刺种部位在鸡翅膀翼膜无血管处。用刺种针蘸一次疫苗刺一只鸡，蘸疫苗时，疫苗要浸过针尖部分或针孔。刺种时，针头要穿过翼膜。刺种后 7 天左右，应对刺种部位进行检查，观察有无痘痂形成，若无，说明免疫效果差，应重新刺种。

二、免疫程序的制定

免疫程序的制定要因地而异、因季节而异。适合自家养殖场的免疫程序才是最好的免疫程序。所以制定免疫程序时要结合养殖场的发病史、养殖场所在地的疫病流行情况以及所处季节的疾病流行情况，参考常规免疫程序，灵活制定。

肉鸡常规免疫程序：7 日龄，新支流三联灭活苗颈部皮下注射，或新支二联弱毒苗滴鼻点眼或饮水；14 日龄，法氏囊中等毒力苗滴口或饮水；21 日龄，新城疫Ⅳ系弱毒苗饮水。

推荐肉鸡免疫程序举例：7 日龄，新城疫Ⅳ系 + 传染性支气管炎 H120 二联冻干苗 2 倍量 + 肾型传染性支气管炎 HK 1 ~ 1.5 倍量点眼、滴鼻；新支二联油乳苗或新支法三联苗 0.3 毫升/只颈部皮下注射；14 日龄，进口传染性法氏囊炎弱毒冻干苗 1 ~ 1.5 倍量滴口；21 日龄，新城疫Ⅳ + 传染性支气管炎 H52 二联冻干苗或新城疫Ⅳ系 2 倍量 + 肾型传染性支气管炎 HK 1 ~ 1.5 倍量饮水；28 日龄，传染性法氏囊炎中等毒力三价疫苗 2 倍量滴口或 3 倍量饮水；35 日龄，新城疫Ⅳ系 3 ~ 5 倍量饮水。

1 日龄传染性支气管炎疫苗的接种要看养殖场实际情况，如果养殖场没有患过传染性支气管炎，不建议接种。冬春季节，视当地疾病情况，建议接种流感灭活疫苗。选用法氏囊疫苗时要慎重，要考虑疫苗的毒力，不建议使用法氏囊中等毒力偏强的疫苗或加大剂量使用，否则极容易造成免疫器官损伤，如法氏囊萎缩、胸腺萎缩，导致免疫力低下，饲养后期容易感染重大疾病如流感、新城疫等。

当鸡群有呼吸道病症时，不建议接种新城疫疫苗，这种情况下鸡群往往混有流感病毒，接种疫苗后会出现呼吸道加重、死亡率增高的现象；只有在确定鸡群没有流感病毒（只是单纯新城疫病毒感染），或者鸡群健康的前提下，方可接种新城疫疫苗。

三、肉鸡免疫接种的误区与纠正

当前，肉鸡疫病多发，控制难度加大。除了加大生物安全措施外，免疫接种是十分有效的防控措施。但是，由于在免疫接种中存在很多误区，免疫失败就在所难免了。

（一）免疫程序：坚定不移，终生不变

有些养殖场户，自始至终使用一个固定的免疫程序，特别是在应用了几个饲养周期，自我感觉还不错的免疫程序，就一味地坚持使用。没有根据当地的流行病学情况和自己鸡场的实际情况，灵活调整并制定适合自己鸡场的免疫程序。

纠正：没有一个免疫程序是一成不变、一劳永逸的。制定自己鸡场合理的免疫程序，需要随时根据相应的情况加以调整。

1. 了解当地肉鸡疫病流行情况

了解当地肉鸡疫病流行情况，是制定一个既完整又符合自己鸡场实际的免疫程序的第一依据。对当地流行过或正在流行的重大疫病，特别是禽流感、新城疫、法氏囊炎、传染性支气管炎等，应该是免疫的重中之重，而在当地和周围没有发生过的疫病，完全可以不防；定期对平常一般不进行免疫的疫病，进行监测，以确定环境中是否有此病毒存在，下一批雏鸡入舍是否应该接种疫苗。

2. 重视疫苗的毒株选择

重视疫苗的毒株选择，首次免疫时最好使用弱毒株，加强免疫时再使用较强毒株。

3. 各种疫病的母源抗体水平是确定首免时间的主要依据

了解雏鸡的母源抗体水平、抗体的整齐度和抗体的半衰期及母源抗体对疫苗不同接种途径的干扰，有助于确定首免时间。如传染

性法氏囊病母源抗体的半衰期是6天，新城疫为4～5天。母源抗体水平的获得可以通过种鸡场以及实际检测的方式获取。

有条件的鸡场，可以通过已有的检测数据确立首免日龄。新城疫首免日龄的确定，一般用血凝抑制试验检测1日龄雏鸡的母源抗体，进行推算：首免日龄=4.5×（1日龄抗体HI滴度－4）+5。一般对鸡群抽样时，采取0.5%的雏鸡样品来测抗体的均值，平均监测HI≤1：16时，就应免疫。无条件的鸡场只能凭经验确定首免日龄。一般肉鸡新城疫的首免日龄在1～10日龄（大部分在7日龄），对种鸡场已经免疫过法氏囊的雏鸡，首免日龄一般在12～16日龄（大部分在14日龄），传染性支气管炎的首免多安排在1～10日龄，禽流感灭活苗（H5、H9）的首免一般在7～20日龄。

（二）接种途径：路子不对，努力白费

有了好的免疫程序，更要有正确免疫接种的途径，否则仍然可以造成免疫失败。有些养殖场户，嗜呼吸道性的疫苗不用滴鼻接种，鸡痘疫苗不用翼膜刺种，该点眼接种的用注射，该注射接种的用饮水，随便改变接种途径，肯定会影响免疫效果。

纠正：肉鸡的免疫途径有多种，对不同的疫苗应该使用合适的途径进行接种。点眼滴鼻适用于新城疫Ⅱ系、Ⅳ系疫苗和传染性支气管炎疫苗的接种；翼下刺种适用于鸡痘疫苗；禽流感、禽霍乱等疫（菌）苗以肌肉注射为好；对肉鸡群体免疫，最常用、最简便的方法就是饮水法，新城疫Ⅱ系、Ⅳ系苗，传染性支气管炎H120疫苗、传染性法氏囊弱毒疫苗等都可以使用饮水免疫法；气雾免疫省时省力，而且对某些与呼吸道有亲嗜性的疫苗效果最好，如鸡新城疫各系疫苗、传染性支气管炎弱毒疫苗等。

不同的免疫途径对提高肉鸡机体的免疫力有不同的效果。如，新城疫的免疫效果最好的是气雾法，其他免疫途径的效果依次是点眼法、滴鼻法、注射法、饮水法。呼吸道类传染病首免最好是滴鼻、点眼和喷雾免疫，这样既能产生较好的免疫应答，又能避免母源抗体的干扰。

另外，不同的疫病由于感染门户和免疫门户不同，免疫时所采用的免疫方法也有所不同。如呼吸道病一般采用气雾、滴鼻、点眼的方法进行，法氏囊病一般采用消化道免疫方法如滴口和饮水，鸡痘一般采取刺种法等。

不同疫苗的免疫使用途径有相对的固定性。如在一般情况下，弱毒苗多采用饮水、点眼、滴鼻、气雾、注射、刺种等途径，而油苗只能采用注射法。

（三）联合免疫：相互干扰，两败俱伤

新城疫与传染性支气管炎、新城疫与鸡痘等，不同疫苗之间存在着一定的干扰现象，二者同时接种或接种时间安排不合理，就会导致相互干扰，最终导致免疫失败。

临床上，有些药物能够干扰疫苗的免疫应答。如肾上腺皮质激素、抗生素中的氯霉素、卡那霉素等，如果接种疫苗时同时使用这些药物，就能影响免疫效果。有些养鸡场户在使用病毒性疫苗时，在稀释液中加入抗菌药物，引起疫苗病毒失活，效力下降，从而导致免疫失败。

纠正：免疫接种时，不同的疫苗需要间隔 5 ~ 7 天以上使用；接种弱毒活苗前后各 3 ~ 5 天停止使用抗生素，避免使用消毒药饮水，或带鸡喷雾消毒；稀释疫苗时不可加入抗菌药物。

（四）饲养管理：忽视应激，免疫抑制

无论采取哪种途径给肉鸡进行免疫接种，都是一种应激因素。如果在接种的同时或在相近的时间内给肉鸡换料、转群，就会加重应激反应，导致免疫失败。

由于疫苗的不正确使用，可以破坏肉鸡的免疫器官，从而造成免疫抑制，影响免疫效果。

纠正：① 为了降低接种疫苗时对肉鸡的应激，可在接种疫苗的前一天添加抗应激药物，如多维电解质（尤其含维生素 A、维生素 E）、复合无机盐添加剂等，也可以使用维生素 C、维生素 K 或免疫

增强剂等拌料或饮水。接种后，加强饲养管理，适当提高舍温2～3℃。

② 疫苗接种不是控制肉鸡发病的"王牌"。任何免疫接种程序都必须考虑选择合适的疫苗（包括疫苗毒株和病毒的滴度）、合适的疫苗使用途径、接种对象的日龄和恰当的接种技术。

（五）工作态度：草率行事，敷衍塞责

接种过程中，敷衍塞责，马虎潦草。有的滴鼻、点眼时疫苗还没有滴入眼内或鼻内就将鸡放开，没有足够的疫苗进入眼内或鼻内；捉鸡时方法简单，行为粗暴，给鸡造成很大的应激；为了赶进度，漏免漏防的鸡过多；注射免疫时，针头不更换、消毒不严格，污染了细菌或病毒；饮水免疫时，疫苗的浓度配制不当，疫苗的稀释和分布不匀，用水量过多，鸡一时喝不完，或用水量过少，有些鸡尚未饮到等，都严重影响了免疫效果。

纠正：免疫操作要选择技术熟练责任心强的人员操作。

使用疫苗前，要了解所选疫苗的特性、有效期、冻干瓶真空度以及运输、保存要求等，确保疫苗没有什么问题之后方能选用；疫苗在贮存过程中要定时检测保存温度，看温度是否恒定，注意存放疫苗的冰箱是否经常停电；按照疫苗说明书上规定的稀释液稀释，稀释倍数要准确；随用随稀释，稀释后的疫苗避免高温及阳光直射，在规定的时间内用完；使用剂量一定要参照说明书使用，大群接种时，为了弥补操作过程中的损耗，应适当增加10%～20%的用量。

大群饲养的肉鸡要进行隔断，每隔段鸡数在1 500只左右，拦好后防止跑鸡，光线适当调得暗些，免疫操作速度要慢，保证免疫质量，防止漏免；放鸡的位置，放些装有垫料的袋子，把鸡放到袋子上，不要直接扔到地上，减少对鸡的应激；夏季免疫时尽量避开一天中最热的时间。

第三节　搞好肉鸡出栏后的清理消毒工作

如果说饲养过程中每一项工作都同等重要，每一个时间段都同等重要，难分彼此的话，出鸡后的工作也同样重要。出鸡后工作的好坏直接影响到下一批进鸡前准备工作的好坏，也直接决定了养殖是否会取得成功。所以说出鸡后的时间不容放松，抓紧清理鸡舍，进行消毒，封完棚舍后再休息，要求各项工作必须保质保量，这样才能为下一批饲养打下坚实的基础。

一、拟定工作计划

包括人员安排、作息时间、清理期限、工具配备、工作程序、质量标准，并且做好监督和检查，确保各项工作保质、保量、按时完成。

二、主要工作流程

① 清理剩料，包括料线、料塔中剩余的饲料都要彻底清理，装袋放好，并把料线提到一定的高度，便于其他工作的开展。

② 清理鸡粪，浸泡粪池或地面。

③ 清理水线，检查水线有无滴漏现象，确保水线无滴漏后，用除污药物浸泡，浸泡一定时间后用清水反复冲洗，保证水线清洁、通畅，最后把水线吊到合适的高度，防止被人为碰坏。

④ 卸掉舍内照明灯，包好各种用电设施，做好防水工作，防止进水漏电现象发生；卸掉舍内温度表、干湿度表，放在固定地方，做好除尘、清理和消毒。

⑤ 拆掉风机和辅机，做好除尘、清洗、维护和保养。

⑥ 冲洗棚舍。先用清水彻底冲洗地面、房顶、墙壁以及网架、舍内支架、水泥柱梁等，冲洗要全面到位。清水冲洗完，待干燥后，再用消毒水全面冲洗整栋鸡舍。

⑦ 刷洗开食盘、料桶、料布，并用消毒水浸泡，清水冲洗，最后放置好。

⑧ 清理工作间，要求无任何污物、闲杂用品；清理暖风炉，要求彻底清理炉膛、炉腔和烟囱内的灰尘，并做好检修和保养；压力罐、对药桶要求洁净。

⑨ 清理鸡舍门口、污道和生产道路，要求门口洁净，道路清洁，无杂物，无生产垃圾，无积水。

⑩ 检查门窗，关闭完好，封好各种进风口。

⑪ 根据季节和舍内温度，确定采用何种消毒方式和消毒药物。冬春季节舍内要求加温后再消毒，尤其是用甲醛消毒；如果是烟熏消毒，要求两个人陪伴进行，携带两个火机，防止出现意外；消毒时必须做好人员防护。

⑫ 舍内消毒后，封好鸡舍。

⑬ 生产区道路、污道、生产区要求全面、全方位消毒，夏秋季节可选用2%～3%火碱水进行泼洒；冬春季节可选用生石灰水或受温度影响较小的消毒液。

⑭ 消毒好的生产区要关闭生产区大门，严禁人员出入。

清理工作过程中，要注意人身安全、用具安全。冲洗棚舍和用具时，一定做好污水的处理，保证下水道畅通，防止污水乱流，禁止污水流到下水道以外的地方，以免形成永久性污染源。随时检查各项工作的落实情况，确保各项工作保质、保量、按时完成。

第四节　鸡粪的处理

随着规模化肉鸡养殖业的迅速发展，在解决人类鸡肉需求的同时，也带来了严重的环境污染问题。大量肉鸡粪便污染物不但不能被充分利用，有些还被随意排放到自然环境中，从而对周围生态环境形成了巨大的压力，使得水体、土壤以及大气等环境受到了严重的污染。因此，对肉鸡粪便进行减量化、无害化和资源化处理，防止和消除粪便污染，对于保护城乡生态环境，推动现代肉鸡养殖产业和循环经济发展具有十分积极的意义。

一、鸡粪处理的方式

（一）直接晾晒模式

它的主要工艺过程是把鸡粪用人工直接摊开晾晒，晒干后，压碎直接包装作为产品出售。这种模式的优点是：产品成本低，操作简单；但占地面积大，污染环境；晾晒还存在一个时间性与季节性的问题，不能工厂化连续生产；产品体积大，养分低，存在二次发酵，产品的质量难以保证。

（二）烘干鸡粪模式

它的工艺流程是把鸡粪直接通过高温、热化、灭菌、烘干，最后出来含水量为13%左右的干鸡粪，作为产品直接销售。这种模式的优点是：生产量大，速度快；产品的质量稳定，水分含量低。但同时也存在一些问题，如生产过程产生的尾气污染环境；生产过程中能耗高；出来的产品只是表面干燥，浸水后仍有臭味和二次发酵，产品的质量不可靠；设备投资大，利用率不高。

（三）生物发酵模式

1. 发酵池发酵

其主要工艺流程是把鸡粪、草木灰、锯末混合放入水泥池中，充氧发酵，发酵完成后粉碎，过筛包装成产品。这种模式的优势在于：生产工艺过程简单方便，投入少，生产成本低。主要缺点是产品养分含量低，水分含量高，达不到商品化的要求；工厂化连续生产程度低，生产周期长。

2. 直接堆腐

其主要工艺流程是把鸡粪和秸秆或草炭混合，堆高1米左右，利用高温堆肥，定期翻动通气发酵，发酵完后就作为产品。这种模式的优点是：生产工艺简单，投入少，成本低。主要问题在于产品堆造时间过长，受各种外界条件影响大，产品的质量难以保证；产品工厂化连续生产程度不高，生产周期长。

3. 塔式发酵

其主要工艺流程是把鸡粪与锯末等辅料混合，再接入生物菌剂，同时塔体自动翻动通气，利用生物生长加速鸡粪发酵、脱臭，经过一个发酵循环过程后，从塔体出来的就基本是产品。这种模式具有占地面积小，能耗低，污染小，工厂化程度高的优点，但它现在存在的问题是：仅靠发酵产生的生物热来排湿，产品的水分含量达不到商品化的要求；目前工艺流程运行不畅，造成人工成本大增，产量达不到设计要求；设备的腐蚀问题较严重，制约了它的进一步发展。

二、鸡粪处理存在的问题

1. 污染环境

烘干鸡粪的模式产生的尾气对空气产生二次污染。露天晾晒和直接堆腐滋生蚊蝇，传播病害，污染环境。

2. 工厂化程度不高

露天晾晒、直接堆腐、发酵池发酵受外界环境影响大，工厂化连续生产程度不高，产品质量得不到保证，规模小。

3. 生产成本高，工厂效益低

工厂化生产有机肥的模式主要是烘干鸡粪，但是，这种模式的能耗大，成本高，而且由于鸡场规模变小，原料供应不足，工厂没有连续生产，设备利用率低，所以，绝大多数烘干鸡粪厂经营状况不好。

三、鸡粪处理的建议

1. 处理的方法

从国际和国内鸡粪处理方式的发展来看，发酵的方法越来越受到重视。因为它的能耗低，污染小，但它存在一个问题，就是光通过快速发酵而不采取其他的措施，产品的含水量达不到商品化的要求。如果把发酵与后期对产品的烘干干燥结合起来，对于工厂化处理可能更为适用。

2. 处理的形式

对于不同规模的鸡场处理的方式也应有所区别。大中型的规模鸡场可采取工厂化的发酵干燥法，而小规模鸡场或农户自养，可采取提供发酵菌剂，养殖户自己堆腐发酵的办法。

3. 处理的工艺

对于有机肥工厂化的工艺不宜过于复杂，不应盲目追求新颖。因为有机肥本来是低值产品，成本越低越好，工厂规模不宜追求大，这样一来设备成本高，二来原料的收集、运输、贮存又存在问题，这样就提高了产品的成本。在工艺上要求简单适用、廉价高效即可。

第五节　肉鸡常见病防治

一、常见病毒病的防治

（一）新城疫

1. 流行情况

鸡新城疫是由新城疫病毒引起的一种高度接触性急性传染病，世界多数养鸡地区均有发生。各品种、年龄鸡均可感染。一年四季均可发生，但以春秋季节多发。常呈现地方性流行。

本病可通过病鸡咳嗽、飞沫污染空气而经呼吸道传播。也可能通过被污染饮水、用具等经消化道感染。交配、人工授精、人和其他动物机械带毒也可传染。

鸡群中发生新城疫，常由下列原因引起：由运输车辆从疫区引入；引入病鸡、病鸡肉及其产品；鸡群内存在带毒鸡；鸡群附近有本病流行；收病鸡、死鸡的小贩及野鸟会传播。

2. 主要症状及剖检变化

病鸡体温升高，渴欲增加、减食或不食、咳嗽、流涕、呼吸困难，有“咯咯”怪叫声，下痢，绿色或白色水样粪便。扭头、肢翅麻痹等神经症状。产蛋鸡产蛋下降，软壳蛋、砂壳蛋、薄壳蛋，蛋壳褪色，雏鸡死亡率较高。

剖检，腺胃黏膜乳头点状出血，肌胃角质膜下出血，泄殖腔、直肠黏膜条纹状出血，盲肠扁桃体、肠淋巴结及胸腺肿大，出血或溃疡坏死。气管、肺充出血，喉头黏膜点状出血。产蛋鸡卵松软，包膜出血，甚至卵破裂，卵黄流入腹腔引起卵黄腹膜炎。

3. 防治措施

（1）做好消毒灭源工作，切断病毒入侵途径　在养殖场大门口和鸡舍门口都要设置消毒池，在消毒池里先放置一些稻草或草苫子，再倒入消毒液。消毒液可用2%～3%的氢氧化钠或5%的来苏尔。消毒液的注入量应以浸过草为宜；每天定时（早晨7：30）将消毒液更换一次。

鸡舍的消毒坚持每天一次，对鸡舍里面和外部四周环境以及各种养殖用具进行消毒。消毒液可用3%～5%的来苏尔，0.2%～0.5%的过氧乙酸。但在免疫前、中、后至少1天内不可带鸡消毒。鸡舍要严格消毒并按规定空舍2周后再上鸡。

（2）做好鸡群抗体水平监测工作，制定科学的免疫程序　对于雏鸡应视其母源抗体水平高低来确定首免日龄，一般应在母源抗体水平低于1∶16时进行首免，确定二免、三免日龄时也应在鸡群HI抗体效价衰减到1∶16时进行才能获得满意的效果。

（3）积极预防和治疗鸡的免疫抑制性疾病　保证鸡群免疫器官和免疫功能处于正常状态，免疫接种才有效。

（4）做好疫苗免疫　在一般的疫区，可以采用下列免疫程序：7日龄用新城疫Ⅳ系＋H120点眼、滴鼻，每只1羽份，同时注射新支二联油苗每只1羽份；23日龄用新城疫Ⅳ系或克隆30三倍量饮水；33日龄用克隆30或Ⅳ系四倍量饮水。

在新城疫污染严重的地区，1日龄用新城疫传染性支气管炎二联弱毒疫苗喷雾或滴鼻、点眼；8～10日龄用新城疫弱毒疫苗饮水，新城疫油苗规定剂量颈部皮下注射；14日龄用法氏囊弱毒疫苗饮水；

20～25 日龄新城疫弱毒疫苗饮水。

疫苗免疫时，操作要仔细，点眼滴鼻要确保吸入后再放鸡；所用疫苗要现兑现用，不能受热，半小时内用完；用疫苗的前后各 1 天内不用抗病毒药、清热解毒的中药，疫苗前后 3 小时内不用抗生素、电解多维或维生素 C。

（5）做到早发现、早确诊、早采取有效措施　在确诊发生鸡新城疫时，鸡场应采取封锁隔离，彻底清洁消毒等必要措施。同时对病鸡可根据具体情况采取不同措施：对 30 日龄内肉鸡，用鸡新城疫Ⅳ系疫苗 5～10 倍量肌注，注射时勤换针头；大多数鸡发病时，肌注高免蛋黄液（同时加入抗菌药物），注射抗病毒药物；也可用干扰素治疗；提高鸡舍温度 3～5℃，在饮水中加入多种维生素和电解质。

（二）传染性支气管炎

1. 流行情况

传染性支气管炎是鸡的一种急性、高度接触性传染性的呼吸道和泌尿生殖道疾病，世界各地都有发生，给养殖业造成极大危害。该病的病原为传染性支气管炎病毒，血清型多样性是本病毒的特征之一。病毒经空气、飞沫传给易感鸡，传染性极强，48 小时内波及全群。本病一年四季均可发生，但以冬季最为严重。

2. 临床症状及剖检变化

常见临床表现有呼吸型、肾型、混合型三种类型。临床上以肾型传染性支气管炎多见，且危害最大。

（1）肾型　肾型传染性支气管炎病毒是鸡传染性支气管炎病毒的一个变种，对鸡的肾脏有好嗜性，耐低温不耐高温。因此本病常在冬季流行，秋末和春初亦常见，夏季较少发生。主要经空气传播，一旦感染传播非常迅速。发病日龄主要集中在 20～40 日龄的肉鸡，但也有早期 3 日龄感染的个别病例，这除了与鸡舍环境的严重污染有关外，极有可能与种鸡感染传染性支气管炎病毒有关，因种蛋消毒不彻底病毒通过蛋壳而感染早期鸡雏。

发病前，多受过冷应激。管理水平不同的鸡群，尤其是温度差异较大或昼夜温差较大的鸡群，死亡率差别明显，往往鸡舍温度高且昼夜温差小的鸡群死亡率较低。当然，通风、密度、饲料营养状况等因素也影响着鸡群的发病和死亡率。

肾型传染性支气管炎发病后出现的典型症状一般分3个阶段：

第一阶段：呼吸道症状期。发病急，从最初只有几只鸡表现呼吸道症状，气管啰音、喷嚏，后迅速波及全群，一般第3~4天呼吸道症状最为严重，60%~70%的鸡甩鼻、呼噜、无流泪肿脸现象，采食量基本维持原量。解剖时多表现为气管黏液增多，其他病变不突出。

第二阶段：假康复期。第5~6天后呼吸道症状减轻乃至消失，出现假康复现象。鸡群无异常表现，似乎“恢复健康”。解剖时各个器官无明显的病变。

第三阶段：花斑肾症状期。假康复1~2天后粪便开始变稀，白色尿酸盐稀便逐渐加剧，肛门周围羽毛粘有白色粪便，后出现“哧哧”的水便急泄现象，粪便中几乎全是尿酸盐。

病鸡表现聚堆、精神萎靡、羽毛蓬乱无光泽、采食量减少，逐渐出现死亡，病鸡眼窝凹陷、脚爪干瘪，皮肤干缩、紧贴肌肉，不易剥离。死亡鸡只典型表现：两腿蜷缩趴卧，尸体僵硬，呈“速冻鸡”现象。

剖检可见胸肌和腿肌发绀、脱水，泄殖腔内充满尿酸盐。肾肿大数倍呈苍白色，输尿管、肾小管充满白色的尿酸盐，俗称花斑肾。出现花斑肾症状后，死亡率迅速上升，经济损失严重。

（2）呼吸型　主要通过呼吸道传播，各日龄鸡均易感染。发病多在5周龄以下，全群几乎同时发病。雏鸡发病初期主要表现为流鼻液、流泪、咳嗽、打喷嚏、呼吸困难、常伸颈张口喘气。发病轻时白天难以听到，夜间安静时，可以听到伴随呼吸发出的喘鸣声。剖检可见鼻腔和鼻窦内有浆液性、卡他性渗出物或干酪样物质，气管和支气管内有浆液性或纤维素性团块。气囊浑浊，并覆有一层黄白色干酪样物。气管环出血，肺脏水肿或出血。特征性变化是在气管和支气管交叉处的管腔内充满白色或黄白色的栓塞物。

(3) 混合型　在6周龄以上鸡群均易发生。病鸡呼吸困难、打喷嚏、精神沉郁、闭眼、腹泻。鸡冠、肉髯发红、肿胀，有时可见咳嗽和呼吸啰音。剖检可见气管黏膜水肿，肾脏程度不一的肿胀、尿酸盐沉积，卵泡、输卵管充血、出血。

3. 预防和治疗

(1) 预防措施　早期应用疫苗是预防该病的根本措施。在没有母源抗体或母源抗体水平很低的雏鸡群，防疫宜在5日龄以内进行。目前使用的疫苗为弱毒疫苗，使用最广泛的是鸡胚致弱的H120株和H52株；H120毒力弱，适用于1～3周龄雏鸡；H52毒力稍强，一般用于4～15周龄的青年鸡，免疫方法可采用滴鼻、饮水或气雾免疫，免疫期3个月。也可用新支二联苗（新城疫和传染性支气管炎）滴鼻、饮水。

(2) 治疗与保健措施　发病后应避免一切应激因素，保持鸡群安静；提高舍温2～3℃，加强通风换气，夜间应适当亮灯，让病鸡适当活动饮水；避开任何伤肾药物的使用，如磺胺类药物、氨基糖苷类药物等；降低饲料中蛋白质水平，在全价饲料中加入20%～30%的玉米糁，并添加适量鱼肝油。有条件的鸡场多补充玉米和青菜；每天1～2次带鸡消毒。

鸡群发生肾传染性支气管炎后，一是要考虑使用传染性支气管炎多价疫苗3倍量饮水。二是可使用利尿消肿和析解排泄肾脏输卵管尿酸盐的药物通肾，最好是刺激作用小的中药制剂，以减少死亡。且不可胡乱用药，更不可一味依赖抗病毒药物，耽误病情的同时会增加肾脏的负担。

(三) 温和型禽流感

1. 流行病学

近年来肉鸡流行的禽流感血清亚型多为H9N2。H9病毒属于低致病力，低致死率的亚型流感病毒。流感病毒血清型很多，型间交叉保护弱。流感病毒毒力与病毒血清型没有固定关系，同一血清型不同毒株的毒力差异很大。流感病毒变异率高，容易发生抗原漂移和转移。

鸡群发病后，其死亡率和损失程度与继发大肠杆菌病的程度相关。主要通过水平传播，特别是接触传播。

发病有一定的季节性，一年四季均可发生，但多发于秋冬季节，尤其是秋冬交界、冬春交界气候变化大的时节。10月至来年5月是高发期，但区域间流行严重程度有差异。夏季本病有的地区发病可能较重，有的地区较轻。

多发生在饲养管理差的鸡场。往往与天气突然变化，受风着凉有关，特别是忽冷忽热，干旱，少雨或多雨，大风或暴风骤雨时导致肉鸡大棚掀起；鸡群饲养密度过大，通风不良，有害气体过多，都易诱发本病。多发于21日龄防疫后及32日龄之前。

养鸡集中地区容易形成地方性流行、大面积地毯式发病，在一个养鸡小区各养鸡场往往很难幸免，真的能幸免的，多是平时消毒、饲养管理做得好的鸡场，或用当地流行株疫苗做过有效免疫的鸡场。一旦在鸡场发生，以后很难消除和净化。从实践中得到的经验，发生过本病又不采取有效控制措施的鸡场，以后批次的鸡群发病的概率也高。

2. 临床症状与病理变化

禽流感的临床症状复杂，不同毒株感染不同日龄和品种的禽类，其临床表现不同。病死率在5%～90%不等。

发生禽流感时，病鸡精神不振，或闭眼沉郁，呆立一隅或扎堆靠近热源，体温升高，发烧严重鸡将头插入翅内或双腿之间，以减少热量的散发。采食和饮水减少或废绝，拉黄白色稀便或绿色粪便，有时肛门处黏附淡绿色或白色粪便。张口呼吸，呼吸困难，打呼噜，呼噜声如蛙鸣叫，此起彼伏或遍布整个鸡群，有的鸡发出咳嗽时的尖叫声，甩鼻，流泪，肿眼或肿头，肿头严重鸡如猫头鹰状。鸡冠和肉垂发绀，鸡脸无毛部位发紫，腿部鳞片发红或发紫，鳞片下层出血。鸡腿爪干瘪脱水粗糙，病鸡或死鸡全身皮肤发紫或发红。病程14～30天，呈零星散发性死亡，不像新城疫或传染性法氏囊炎等很快出现死亡高峰。死亡率一般为2%～20%，并发其他疾病时死亡率可达30%～80%甚至更高。单独发生本病恢复后的鸡一般不会出现扭头、瘫痪等神经症状。

温和型禽流感因地域不同、季节不同、品种日龄不同而表现出不同的剖检变化。主要表现在以下四个方面：一是引起气管栓塞。肺脏淤血、水肿、发黑；气囊浑浊，严重者可见炒鸡蛋样黄色干酪样物；鼻腔黏膜充血、出血，气管环状出血，内有灰白色黏液或干酪样物；支气管、细支气管内有黄白色干酪样物。因此，病鸡多窒息蹦高而死，死态仰翻，两脚登天。二是引起肾充血。肉鸡常见肾脏肿大，紫红色，花斑样，此种现象与肾型传染性支气管炎、痛风等病有相似之处。鉴别诊断在于肾型传染性支气管炎机体脱水更严重，尸体干硬，皮肤难于剥离，死态多见两腿收于腹下；肾型传染性支气管炎一般见不到类似禽流感的多处出血现象。禽流感出现的肾肿、花斑肾和严重肾出血，使用通肾药物效果不明显。三是气囊中出现干酪样物，引发气囊炎，临床上多见胸、腹腔的气囊中出现干酪样物。四是肺脏病变。引起肺脏大面积坏死是肉鸡发生流感的一个特征性病变。

此外，病鸡头部皮下胶冻样水肿，颈部皮下、大腿内侧皮下、腹部皮下脂肪等处，常见针尖状或点状出血，这样的点状出血解剖活禽时易发现，而死亡时间长的则看不到。胸腺肿胀，有细小出血点；有些毒株可能引起法氏囊水肿；回肠淋巴集结水肿，出血鲜艳，盲肠扁桃体肿胀、出血，出血鲜艳。与新城疫的区别在于，新城疫这些部位的出血病变陈旧晦暗。脾脏常见萎缩，有时发黑。嗉囊空虚，有时充满食糜，而新城疫病例常见酸臭黏液；腺胃乳头出血，肌胃角质层下条状出血，与新城疫很难区分。整个肠道呈弥漫性出血；胰脏边缘出血或坏死，有时肿胀呈链条状，而新城疫在此没有明显表现。肝脏肿大，多呈黄色或紫色，表面时有黄色压痕。心脏内外膜条状出血，或白色条状坏死（似水煮），而新城疫常见冠状脂肪出血点，心肌多无明显病变。

3. 控制措施

（1）生物安全措施　建立良好的生物安全体系，给鸡群提供一个良好的生存环境。

（2）疫苗免疫　市场上有标准株流感疫苗，如 H9 单苗，新流、新支流等联苗，在实践中应用几乎看不到效果，保护率和新城疫油苗远远不能比。H9 型禽流感标准株单苗在蛋鸡上应用效果很好，在现代化、标准化完全封闭的鸡场应用效果也明显，但如果用在靠自然通风为主的普通鸡舍，这种疫苗就体现不了任何价值。因为，这种标准株的疫苗对当地流行株和变异株几乎没有任何的保护率。

（3）加强免疫空白期的鸡群保健工作　提前用中药（如黄芪多糖等）提高免疫力，尽量选用质量好的维生素、鱼肝油。当鸡群中发现有眼睛变形，流眼泪时，应对病鸡剖检，当确诊后，要立即采取治疗措施。实践证明诊断越及时给药越早，治疗效果越好，损失越小。

中药生石膏、金银花、玄参、黄芩、生地黄、连翘、栀子、龙胆、大青叶、甜地丁、板蓝根、知母、麦冬等，配合黄芪多糖，一般有较好效果。

（4）加强大肠杆菌等细菌病、新城疫、法氏囊炎、传染性支气管炎等疾病的防治。

（四）传染性法氏囊炎

肉鸡传染性法氏囊炎是由传染性法氏囊病毒引起的主要危害幼龄鸡的一种急性、高度接触性传染病。除可引起易感鸡死亡外，早期感染还可引起严重的免疫抑制，其危害非常严重，造成较大的经济损失。

1. 当前肉鸡法氏囊炎的流行特点

本病主要发生于 2～11 周龄鸡，3～6 周龄最易感。感染率可达100%，死亡率常因发病日龄、有无继发感染而有较大变化，多在5%～40%，因传染性法氏囊病毒对一般消毒药和外界环境抵抗力强大，污染鸡场难以净化，有时同一鸡群可反复多次感染。

目前，本病流行发生了许多变化。主要表现在以下几点：发病日龄明显变宽，病程延长；目前，临床可见传染性法氏囊炎最早可发生于1日龄幼雏；宿主群拓宽。鸭、鹅、麻雀均成为传染性法氏囊病毒的自然宿主，而且鸭表现出明显的临床症状；免疫鸡群仍然发病。该病免疫失败越来越常见，而且在我国肉鸡养殖密集区出现一种鸡群在21～27日龄进行过法氏囊疫苗二免后几天内暴发法氏囊病的现象；出现变异毒株和超强毒株，临床和剖检症状与经典毒株存在差异，传统法氏囊疫苗不能提供足够的保护力；并发症、继发症明显增多，间接损失增大。在传染性法氏囊炎发病的同时，常见新城疫、支原体、大肠杆菌、曲霉菌等并发感染，致使死亡率明显提高，高者可达80%以上，有的鸡群不得不全群淘汰。

2. 临床症状与病理变化

潜伏期2～3天，易感鸡群感染后突然大批发病，采食量急剧下降，翅膀下垂，羽毛蓬乱，怕冷，在热源处扎堆。饮水增多，腹泻，排出米汤样稀白粪便或拉白色、黄色、绿色水样稀便，肛门周围有粪便污染，恢复期常排绿色粪便。病初可见有病鸡啄自己的泄殖腔。发病1～2天后的病鸡精神萎靡，随着病情发展，发病后3～4天死亡达到高峰，7～8天后死亡停止。发病后期如继发鸡新城疫或大肠杆菌病，可使死亡率增高。耐过鸡贫血消瘦，生长缓慢。

病死鸡脱水，皮下干燥，胸肌和两腿外侧肌肉条纹状或刷状出血，眼虹膜出血。法氏囊黄色胶冻样水肿、质硬，黏膜上覆盖有奶油样纤维素性渗出物。有时法氏囊黏膜严重发炎，出血，坏死。脾脏、腺胃与肌胃交界处或腺胃与食道交界处多见有出血带。肾肿胀、苍白，肾小管和输尿管有白色尿酸盐沉积。日龄过小或日龄较大的鸡群发病时，病变较轻或不典型，肌肉出血不明显。

3. 预防和治疗

（1）疫苗免疫　免疫接种是预防本病的主要方法。针对当前一些地区流行强毒与超强毒株，推荐使用中等毒力疫苗免疫，如M65. VIRGO7。当母源抗体降至60%～70%时首免，间隔5～7天后二免，可保证所有鸡群获得良好免疫。

（2）环境控制　法氏囊病毒抵抗力强，可在环境中存活很长时间，进雏前要对雏鸡舍进行严格彻底消毒，消毒液推荐使用碘制剂、福尔马林；进鸡后加强雏鸡舍的隔离、卫生、消毒，严防病原传入鸡舍。

(3) 发病后的处理　对发病鸡群及早注射高免卵黄抗体。同时应改善饲养管理，提高鸡舍温度；适当降低饲料中蛋白含量；充分供应饮水，在饮水中加入口服补液盐，减少对肾脏的损害；投服抗生素，防止继发感染等。

（五）鸡痘

鸡痘是由鸡痘病毒引起的一种接触性传染病，以体表无毛、少毛处皮肤出现痘疹或上呼吸道、口腔和食管黏膜的纤维素性坏死形成假膜为特征的一种接触性传染病。肉鸡一旦感染鸡痘，因严重影响产品质量，屠宰场都不愿意收购，即便是勉强收购，但价格要比一般的肉鸡低很多，严重影响效益。

1. 流行特点

各种年龄的鸡均可感染，但主要发生于幼鸡，病情严重、死亡率高。主要通过皮肤或黏膜的伤口感染而发病，吸血昆虫，特别是蚊虫（库蚊、伊蚊和按蚊）吸血，在本病中起着传播病原的重要作用。蚊子吸取过病鸡的血液，之后即带毒长达 10～30 天，其间易感染的鸡就会通过蚊子的叮咬而感染；鸡群恶癖，啄毛，造成外伤，鸡群密度大，通风不良，鸡舍内阴暗潮湿，营养不良，均可成为本病的诱发因素。没有免疫鸡群或者免疫失败鸡群高发。

本病发生有明显的季节性。近年来，立秋前发病少，立秋后几天就能见许多病例发生，一直持续一个月左右，以后少见。

2. 临床症状

鸡痘病毒感染后 4～8 天出现症状，根据症状和病变以及病毒侵害鸡体部位的不同，分为皮肤型、黏膜型、混合型三种。开始以个体皮肤型出现，发病缓慢不被养殖户重视，接着出现眼流泪，出现泡沫，个别出现鸡只呼吸困难，喉头出现黄色假膜，造成鸡只死亡现象。

皮肤型鸡痘特征是在鸡冠、肉垂、嘴角、眼睑、耳球和腿脚、泄殖腔和翅的内侧等部位形成一种特殊的痘疹。痘疹开始为细小的灰白色小点，随后体积迅速增大，形成如豌豆大黄色或棕褐色的结节。一般无明显的全身症状，对鸡的精神、食欲无大影响。但感染严重的病例，体质衰弱者，则表现出精神萎靡、食欲不振、体重减轻、生长受阻现象。

黏膜型鸡痘表现为病鸡精神委顿、厌食，眼和鼻孔流出液体，初为浆液黏性，以后变为淡黄色的脓液，时间稍长，眶下窦和眼结膜受波及时，则眼睑肿胀，结膜充满脓性或纤维蛋白性渗出物。2～3天后，口腔和咽喉等处的黏膜发生痘疹，初呈圆形的黄色斑点，逐渐形成一层黄白色的假膜，覆盖在黏膜上面。随着病程的发展，口腔和喉部黏膜的假膜会不断扩大和增厚，口腔和喉部受到阻塞，病禽的吞咽和呼吸受到影响，嘴往往无法闭合，频频张口呼吸，发出“嘎嘎”的声音，痂块脱落时破碎的小块痂皮掉进喉和气管，形成栓塞，进一步引起呼吸困难，直至窒息死亡。

混合型鸡痘是病禽皮肤和口腔、咽喉同时受到侵害，发生痘斑。

3. 防制措施

发病后，健康鸡群紧急接种（刺种）5倍量鸡痘疫苗，每天带鸡消毒。皮肤型鸡痘可以用碘甘油或龙胆紫涂抹。黏膜型可以小心除去假膜后喷入消炎药物。眼内可用双氧水消毒后滴入氯霉素眼药水。大群用中西药抗病毒、抗菌消炎，控制继发感染。

预防鸡痘最有效的方法是接种鸡痘疫苗。夏秋季节建议肉鸡养殖场户于5～10日龄接种鸡痘鹌鹑化弱毒冻干苗，200倍稀释摇匀后，用消毒刺种针或笔尖蘸取，在鸡翅膀内侧无血管处皮下刺种，每只鸡刺种一下。刺种后3～4天，抽查10%的鸡作为样本，检查刺种部位，如果样本中有80%以上的鸡在刺种部位出现痘肿，说明刺种成功。否则应查找原因并及时补种。

消灭和减少蚊蝇等吸血昆虫危害，经常消除鸡舍周围的杂草，填平臭水沟和污水池，并经常喷洒杀蚊蝇剂；对鸡舍门窗、通风排气孔安装纱窗门帘，防止蚊蝇进入鸡舍，减少吸血昆虫的传播。

（六）包涵体肝炎

肉鸡包涵体肝炎是由禽腺病毒引起的一种急性传染病，临床上以病鸡死亡突然增多、肝脏出血、严重贫血、黄疸、肌肉出血和死亡率突然增高，并在肝细胞中形成核内包涵体为特征。

1. 发病情况

本病主要感染鸡和鹑、火鸡，多发于3~15周龄的鸡，其中，以3~9周龄的肉鸡最常见，近年来发病日龄有所提前，最早的见于4~10日龄肉鸡。

本病可通过鸡蛋传递病毒，也可从粪便排出，因接触病鸡和污染的鸡舍而传染，感染后如果继发大肠杆菌病或梭菌病，则死亡率和肉品废弃率均会增高。本病的发生往往与其他诱发条件如传染性法氏囊病有关。以春夏两季发生较多，病愈鸡能获终身免疫。

2. 临床症状与病理变化

本病发病率不是很高，大部分呈零星发病。肉鸡发病迅速，常突然出现死鸡。病鸡发热，精神委顿，食欲减少，排白绿色稀粪，嗜睡，羽毛蓬乱，屈腿蹲立。在饲料不断增长的阶段不会发现减料现象。

病鸡有明显的肝炎和贫血症状，发病率可高达100%，死亡率从2%~10%不等，有时可达30%~40%。病变主要表现在肝肿大、土黄或苍白、肥厚、褪色，呈淡褐色或黄褐色，严重的就好像煮熟的鸡蛋黄，质脆易碎，表面和切面上有点状或斑状出血，并有胆汁淤积的斑纹；中后期肝脏表面有密集的小出血点和出血斑；肾脏肿大但不严重，色泽苍白，皮质出血，不同于肾传染性支气管炎的花斑样肿；全身浆膜、皮下、肌肉等处也有出血点；血液稀薄；法氏囊常萎缩。

3. 防治措施

目前，尚无有效疫苗和特殊的药物，也无良好疫苗用于预防，防制本病须采取综合的防疫措施。

发病期间，电解多维、维生素C、鱼肝油、维生素K_3全程应用，氟苯尼考、头孢菌素交替应用，黄芪多糖和保肝护肾的中药联合使用，防止继发、并发症。

注意卫生管理，预防其他传染病尤其是法氏囊病的混合感染。发生本病的鸡场在饲料中加入复合维生素和微量元素。

引种谨防引进病鸡或带毒鸡，因该病经蛋传播。此外，本病也可经水平传播，故对病鸡应淘汰；经常用次氯酸钠进行环境消毒。增强鸡体抗病能力，病鸡可以添加维生素 K 及微量元素如铁、铜、钴等，也可同时在饲料中添加相应药物，以防继发其他细菌性感染。

（七）病毒性关节炎

肉鸡病毒性关节炎是由呼肠孤病毒引起的肉鸡的传染病，又名腱滑膜炎。本病的特征是胫跗关节滑膜炎、腱鞘炎等，可造成鸡淘率增加、生长受阻，饲料报酬低。

1. 临床症状与剖检变化

本病仅见于鸡，1 日龄雏鸡的易感性最强。可通过种蛋垂直传播，但感染率很低。多数鸡呈隐性经过，急性感染时，可见病鸡跛行，部分鸡生长停滞；慢性病例，跛行明显，甚至跗关节僵硬，不能活动。有的患鸡关节肿胀、跛行不明显，但可见腓肠肌腱或趾屈肌腱部肿胀，甚至腓肠肌腱断裂，并伴有皮下出血，呈现典型的蹒跚步态。

剖检，肉鸡趾屈腱及伸腱发生水肿性肿胀，腓肠肌腱出血、坏死或断裂。跗关节肿胀、充血或有点状出血，关节腔内有大量淡黄色、半透明渗出物。慢性病例可见腓肠肌腱明显增厚、硬化，出现结节状增生，关节硬固变形，表面皮肤呈褐色。腱鞘发炎、水肿。有时可见心外膜炎，肝、脾和心肌上有小的坏死灶。

2. 防治措施

目前，对于发病鸡群尚无有效的治疗方法。实践应用的预防病毒性关节炎的疫苗有弱毒苗和灭活苗两种。种鸡群的免疫程序是：1 ~ 7 日龄和 4 周龄各接种一次弱毒苗，开产前接种一次灭活苗，减少垂直传播的概率。但应注意不要和马立克病疫苗同时免疫，以免产生干扰现象。

（八）淋巴细胞白血病

鸡白血病是由一群具有共同特性的病毒（RNA 黏液病毒群）引起的鸡的慢性肿瘤性疾病的总称，淋巴细胞性白血病是在白血病中最常见的一种。

1. 流行特点

淋巴细胞性白血病病毒主要存在于病鸡血液、羽毛囊、泄殖腔、蛋清、胚胎以及雏鸡粪便中。该病毒对理化因素抵抗力差，各种消毒药均敏感。

本病的潜伏期很长，呈慢性经过，小鸡感染大鸡发病，一般 6 月龄以上的鸡才出现明显的临床症状和死亡。主要是通过垂直传播，也可通过水平传播。感染率高，但临床发病者很少，多呈散发。

2. 临床特征与剖检变化

病鸡冠与肉垂变成苍白色，皱缩。精神不振、食欲减退，进行性消瘦，体重减轻。下痢、排绿色粪便，常见腹部膨大、手按压可触到肿大的肝脏。病鸡最后衰竭死亡。

临床上的渐进性发病、死亡和低死亡率是其特点之一。

剖检，肝脏肿大，可延伸到耻骨前缘，充满整个腹腔，俗称“大肝病”。肝质地脆弱，并有大理石纹彩，表面有弥漫性肿瘤结节。脾脏肿胀，似乒乓球。表面有弥散性肿瘤增生。法氏囊肿瘤性增生，极度肿胀。肾脏可见肿瘤，呈肉样病变。

3. 防治方法

目前，无有效治疗方法。控制本病的重点是搞好原种场、祖代场、父母代场的净化和淘汰工作。

二、常见细菌性疾病的防治

（一）大肠杆菌病

近年来，随着肉鸡养殖密度的增加，养殖区域的不断扩大，养殖户对管理方面的疏忽，对养殖环境造成了较大的污染，肉鸡生产中大肠杆菌病日趋严重，给广大养殖场户造成了巨大的经济损失。

1. 流行情况

由大肠埃希氏菌引起的鸡的原发性与继发性条件性传染病。一年四季均可发生，有养鸡的地方就有本病的发生，侵害各种年龄的鸡，本菌对多数抗生素敏感。但由于极易产生抗耐性，所以在有些鸡场遇到无药可施的地步，而蒙受巨大的经济损失。本病可通过下列途径传播。

（1）经卵感染　腹膜炎及输卵管炎可使卵巢污染而引起卵内感染，卵壳被带菌粪便污染，可引起初生雏大肠杆菌败血症。

（2）经呼吸道感染　经呼吸道吸入被大肠杆菌污染的绒毛粉尘而引起气囊炎及败血症。

（3）经口感染　较少，但产生内毒素的大肠杆菌可经口感染而引起出血性肠炎。

（4）饲养因素和疾病　环境不良，如圈舍潮湿、寒冷、拥挤、氨气浓度大、水源及饮水器被污染，以及疾病如法氏囊病、慢性呼吸道病、球虫病等都是本病的诱因。

2. 临床症状及剖检变化

肉鸡大肠杆菌病的发病率高，大大小小的养殖场几乎都暴发过，有的养殖场 15 日龄前肉鸡大肠杆菌病的病死率高，治疗效果不理想，易反复发作，多与病毒病混合感染。肉鸡大肠杆菌病很少单一发生，多与鸡新城疫、肾传染性支气管炎、法氏囊病等病毒病混合感染，给治疗带来了一定的难度。

由于大肠杆菌血清型及感染途径不同引起症状、病变不同可分如下类型。

（1）大肠杆菌型败血型　侵入种蛋内的大肠杆菌在孵化过程中繁殖，可致死鸡胚增多，即使孵出了雏也不健康，可见白色、黄绿色或泥土样粪便，腹部膨大，出壳后 2 ~ 3 天死亡。3 周龄以后发病和死亡减少，幸存下来的也成为发育迟缓的雏鸡。死胚和死亡的幼雏，表现脐炎、卵黄易碎、内容物为黄褐色泥土样的较大残留卵黄，中雏以后表现肝周炎、腹膜炎、胸肌淤血。

（2）呼吸器官感染型（气囊炎型）　出现呼吸困难，剖检，气囊浑浊、肥厚，肝肿大质脆，肝包膜炎，肺充血与胸腔粘连。

（3）大肠杆菌性肉芽肿　消瘦，小肠、盲肠及消化道浆膜面多发白色隆起的肉芽性结节，有时肝亦见肉芽肿与坏死灶。

（4）出血性肠炎　主要鼻腔、口腔出血，剖检以消化道黏膜出血、溃疡为特征。此型发生较少。

（5）关节滑膜炎与全眼球炎　腿关节肿胀、跛行，关节液浑浊、量增大，并见有干酪样物。此外全眼球炎表现失明，角膜浑浊，眼球缩小、凹陷，网膜崩溃，全部失明。

3. 防治对策

目前大肠杆菌的耐药性逐渐增强，抗菌药物的研制速度有时落后于大肠杆菌产生耐药性的速度，并且随着人们生活水平的不断提高和肉鸡产品出口的要求，对肉鸡产品的质量要求越来越高，这些都决定了必须改变“药物控制大肠杆菌”为主的防治策略。

（1）推广使用微生态制剂、寡聚糖及有机酸类　微生态制剂具有迅速补充有益菌群，提高肠道有益微生物的比例，抑制有害微生物的繁殖，使致病菌成为劣势菌，建立完整的微生物保护屏障，降低大肠杆菌的发病率的特点。

（2）由“药物控制大肠杆菌”转向“控制环境”来达到控制大肠杆菌病的目的　环境的好坏与鸡场建设有很大的关系。要想控制环境，必须建设标准化鸡场。鸡场在选择场址、布局、排污等方面要科学合理，进行鸡场标准化设计，并推广乳头饮水器，肉鸡鸡舍要安装换气扇、暖风炉等设施。

（3）科学用药和整体调理结合　正确诊断，对症下药；不要滥用抗生素，最好能将分离出的致病性大肠杆菌进行药敏试验，筛选出敏感药物供临床上使用；正确掌握用量和疗程；根据抗生素自身特性和病情轻重来选择给药途径；避免细菌产生耐药性和不良反应；注意药物的配伍禁忌；尽量避免使用影响免疫反应和生产性能的药物。

提高鸡苗的质量，严格消毒，加强发病鸡群的饲养管理，保证饲料营养的全价，做好其他疾病的防治工作等，都是降低大肠杆菌发病率的重要措施。

（二）沙门氏菌病

肉鸡沙门氏菌病是由沙门氏菌属引起的一组传染病，主要包括鸡白痢、鸡伤寒和鸡副伤寒。

沙门氏菌属是一大属血清学相关的革兰氏阴性杆菌，共有 3 000 多个血清型。禽沙门氏菌病依据其病原体不同可分为五种类型。由鸡白痢沙门氏菌所引起的称为鸡白痢，由鸡伤寒沙门氏菌引起的称为禽伤寒，而其他有鞭毛能运动的沙门氏菌所引起的禽类疾病则统称为禽副伤寒。禽副伤寒的病原体包括很多血清型的沙门氏菌，其中以鼠伤寒沙门氏菌、肠炎沙门氏菌最为常见，其次为德尔卑沙门氏菌、海德堡沙门氏菌、纽波特沙门氏菌、鸭沙门氏菌等。诱发禽副伤寒的沙门氏菌能广泛地感染各种动物和人类。因此，在公共卫生上也有重要意义。

1. 临床症状与病理变化

（1）鸡白痢　由于感染对象不同，临床上表现不同的症状。

① 胚胎感染。感染种蛋孵化时，一般在孵化后期或出雏器中可见到已死亡的胚胎和即将垂死的弱雏。胚胎感染出壳后的雏鸡，一般在出壳后表现衰弱、嗜睡、腹部膨大、食欲丧失，绝大部分经 1 ~ 2 天死亡。

② 雏鸡白痢。雏鸡在 5 ~ 7 日龄时开始发病，病鸡精神沉郁，低头缩颈，闭眼昏睡，羽毛松乱，食欲下降或不食，怕冷喜欢扎堆，嗉囊膨大充满液体。突出的表现是下痢，排出一种白色似石灰浆状的稀粪，并黏附于肛门周围的羽毛上。排便次数多，使肛门常被黏糊封闭，影响排便，病雏排粪时感到疼痛而发生尖叫声。病雏呼吸困难，伸颈张口。有的可见关节肿大，行走不便，跛行，有的出现眼盲。其引起的发病率与死亡率从很低到 80% ~ 90% 不等，2 ~ 3 周

龄时是其高峰，3 或 4 周龄以后，虽有发病，但很少死亡，表现为拉白色粪便，生长发育迟缓。康复鸡能成为终身带菌者。雏鸡白痢病死鸡呈败血症经过，鸡只瘦小，羽毛污秽，肛门周围污染粪便、脱水、眼睛下陷、脚趾干枯。卵黄吸收不全，卵黄囊的内容物质变成淡黄色并呈奶油样或干酪样黏稠物；心包增厚，心脏上常可见灰白色坏死小点或小结节；肝脏肿大，并可见点状出血或灰白色针尖状的灶性坏死点；胆囊扩张充满胆汁；脾脏肿大，质地脆弱；肺可见坏死或灰白色结节；肾充血或贫血褪色，输尿管显著膨大，有时个别在肾小管中有尿酸盐沉积。肠道呈卡他性炎症，特别是盲肠常可出现干酪样栓子。

（2）鸡伤寒　鸡伤寒呈急性或慢性经过，各种日龄的鸡都可发生，毒力强的菌株引起较高死亡率，病鸡精神差，贫血，冠和肉髯苍白皱缩，拉黄绿色稀粪。肝、脾肿大，肝呈青铜色，有时肝表面有出血条纹或灰白色坏死点；肠道有卡他性炎症，肠黏膜有溃疡，以十二指肠较严重。

（3）鸡副伤寒　主要发生于幼鸡，多为急性或亚急性经过，有时死亡率很高，青年鸡和成年鸡多为慢性或隐性经过，病鸡嗜睡，畏寒，严重水样下痢，泄殖腔周围有粪便粘污，出血性肠炎。肠道黏膜水肿，局部充血和点状出血，肝肿大，有细小灰黄色坏死灶。

2. 防治措施

加强实施综合性卫生管理措施，结合合理用药是防治本病的关键。种鸡应严格执行定期检疫与淘汰制度。种鸡在 140 ~ 150 天进行第一次白痢检疫，视阳性率高低再确定第二次普检时间，产蛋后期进行抽检，对检出白痢阳性鸡要坚决淘汰。收集的种蛋用甲醛熏蒸消毒后再送入蛋库贮存，种蛋进入孵化器后及出雏时都要再次消毒。对雏鸡可选用敏感的药物加入饲料或饮水中进行预防。

① 保证鸡群各个生长阶段、生长环节的清洁卫生，杀虫防鼠，防止粪便污染饲料、饮水、空气、环境等。

② 加强育雏期的饲养管理，保证育雏温度、湿度和饲料的营养。

③ 选择敏感药物预防和治疗，防止扩散。常用药物有庆大霉素、

氟喹诺酮类、壮观霉素、磺胺二甲基嘧啶等。育雏早期（开口时）要用敏感药物进行预防。

④ 在饲料中添加微生态制剂，利用生物竞争排斥的现象预防鸡白痢。常用的商品制剂有促菌生、强力益生素等，可按照说明书使用。

⑤ 使用本场分离的沙门氏菌制成油乳剂灭活苗，做免疫接种。

⑥ 种鸡场必须适时地进行检疫，检疫的时机以 140 日龄左右为宜，及时淘汰检出的所有阳性鸡。种蛋入孵前要熏蒸消毒，同时要做好孵化环境、孵化器、出雏器及所有用具的消毒。

（三）梭菌性疾病

侵害肉鸡的梭菌叫梭状芽孢杆菌，属厌气性菌，以形成芽孢并产生毒素为特征。其特定细菌感染可引起肉鸡的多种疫病。临床上主要有溃疡性肠炎、坏死性肠炎和肉毒梭菌症等。

1. 溃疡性肠炎

溃疡性肠炎是由大肠梭状芽孢杆菌（又称肠梭菌）引起的一种肉鸡的急性细菌性传染病。其特征是突然发病，迅速大量死亡。本病常与球虫病并发，或继发于球虫病、再生障碍性贫血、传染性法氏囊病及应激因素之后。

自然情况下，本病主要通过粪便传播。急性死亡的肉鸡几乎不表现明显的临床症状。稍慢者可见精神沉郁，羽毛松乱，排出白色水样粪便。病程持续 1 周以上者，可见病鸡无力、消瘦，胸肌萎缩，常可自愈。

急性病死鸡的肉眼病变特征是十二指肠有明显的出血性炎症，可在肠壁内见到小出血点。病程稍长者，在小肠、盲肠可出现坏死和溃疡。早期病变的特征是小的黄色病灶，边缘出血，在浆膜和黏膜面均能看到。当溃疡面积增大时，可呈小扁豆状或呈大致圆形的轮廓，有时融合而形成大的坏死性假膜性斑块。溃疡可能深入黏膜，但较陈旧的病变常比较浅表，并有突起的边缘，形成弹坑样溃疡。盲肠的溃疡可有一中心凹陷，其中充填有深色物质，且不易洗去。

溃疡常穿孔，导致腹膜炎和肠管粘连。肝的病变表现不一，由轻度淡黄色斑点状坏死到肝边缘较大的不规则坏死区。脾充血、肿大和出血。其他器官没有明显的肉眼病变。

对本病的预防主要是做好平时的卫生工作，场舍、用具要定期消毒。粪便、垫料要勤清理，并进行生物热消毒，以减少病原扩散。避免拥挤、过热、过食等不良因素刺激，有效的控制球虫病的发生对预防本病有积极的作用。药物中链霉素、杆菌肽等对本病有一定的预防和治疗作用。首选药物为链霉素和杆菌肽，可经注射、饮水及混饲给药，其混饲浓度为链霉素 0.006%，杆菌肽 0.005% ~ 0.01%，链霉素饮水浓度为每克链霉素加水 4.5 千克，连用 3 天。

2. 坏死性肠炎

本病的病原为 A 型产气荚膜梭状芽孢杆菌，又称魏氏梭菌。以严重消化不良、生长发育停滞，排红褐色乃至黑褐色煤焦油样稀粪为特征。本病涉及区域广泛，发病率为 6% ~ 38%，死亡率一般在 6% 左右。其显著的流行特点是，在同一区域或同一鸡群中反复发作，断断续续地出现病死鸡和淘汰鸡，病程持续时间长，可直至该鸡群上市。

主要侵害 2 ~ 5 周龄地面平养的肉鸡，2 周龄以内的雏鸡也可发病。病鸡表现明显的精神沉郁，闭眼嗜睡，食欲减退，腹泻，羽毛粗乱无光易折断。病鸡生长发育受阻，排黑色、灰色稀便，有时混有血液。与小肠球虫病并发时，粪便稍稀呈柿黄色或间有肉样便。病程稍长，有的出现神经症状。病鸡翅腿麻痹，颤动，站立不起，瘫痪，双翅拍地，触摸时发出尖叫声。

眼观病变仅限于小肠，特别是空肠和回肠，部分盲肠也可见病变。肠壁脆弱、扩张，充满气体，肠黏膜附着疏松或致密伪膜，伪膜外观呈黄色或绿色。肠壁浆膜层可见出血斑，有的毛细血管破裂呈紫红色。黏膜出血深达肌层，时有弥漫性出血并发生严重坏死。与小肠球虫病并发时，肠内容物呈柿黄色，混有碎的小血凝块，肠壁有大头针帽样出血点或坏死灶。

治疗时，首先对鸡舍进行常规消毒，隔离病鸡。选择敏感药物，如杆菌肽、青霉素、泰乐菌素、盐霉素等，全群饮水或混饲给药。因肠道梭菌易与鸡小肠球虫病混合感染，故一般在治疗过程中，要适当加入一些抗球虫药。

3. 肉毒梭菌症

又叫软颈病，病原为肉毒梭菌，是肉鸡吃了含有肉毒梭菌产生的外毒素而引起的一种中毒病。

发生本病时，肉鸡腿、颈、翅以及眼睑软弱麻痹。麻痹现象从腿部开始到翅、颈和眼睑，颈部麻痹故又称“软颈症”，麻痹由四肢末梢向中枢神经发展。全身痉挛、抽搐、卧地。慢性的不爱活动，嗜睡，有时发生下痢。头颈、两翅下垂，闭眼，流泪，不食。最后因心脏和呼吸衰弱，昏迷死亡。剖检，所有肠道出血、充血，肺水肿，咽喉和会厌的黏膜有黄色覆盖物，有出血点。

预防本病，要着重清除环境中肉毒梭菌及其毒素的潜在源，及时清除死鱼、烂虾、死禽和淘汰病禽，被病禽污染的一切用具均应彻底消毒并灭蝇。

只能对症治疗，补充维生素 E、硒、维生素 A、维生素 D_3 等有一定疗效。链霉素（1 克/升水）应用可降低死亡率。亦可用胶管投轻泻剂（硫酸镁或蓖麻油）排除毒素，并喂糖水。

（四）传染性鼻炎

鸡传染性鼻炎是由副鸡嗜血杆菌引起的一种急性呼吸道传染病，多发生于阴冷潮湿季节。主要是通过健康鸡与病鸡接触或吸入了被病菌污染的飞沫而迅速传播，也可通过被污染的饲料、饮水经消化道传染。

鸡传染性鼻炎是一种顽固性呼吸道疾病，属于细菌性疾病，它虽不像烈性病毒性传染病那样引人关注，但它同样具有自己的破坏力，感染后很难根除。

1. 流行特征和危害

副鸡嗜血杆菌对各种日龄的鸡群都易感，小到 20～30 日龄的雏鸡、大到 200～300 日龄的产蛋鸡。在发病频繁的地区，发病正趋于低日龄，多集中在35～70日龄。该病发病率由2%～30%不等，病程一般30～45天。夏秋季节通风量大，空气中病菌含量相对较低，发病率相对较低，感染病程也相对较短。副鸡嗜血杆菌的传播途径很广，可通过空气、飞沫、饲料、水源传播，甚至人员的衣物鞋子都可作为传播媒介。一般潜伏期仅1～3天。

2. 临床症状、剖检变化

传染性鼻炎主要特征有喷嚏、发烧、鼻腔流黏液性分泌物、流泪、结膜炎、颜面和眼周围肿胀和水肿。发病初期用手压迫鼻腔可见有分泌物流出；随着病情进一步发展，鼻腔内流出的分泌物逐渐黏稠，并有臭味；分泌物干燥后于鼻孔周围结痂。病鸡精神不振，食欲减少，病情严重者引起呼吸困难和啰音。

传染性鼻炎的病理变化在感染后20小时即可发现，鼻腔、窦黏膜和气管黏膜出现急性卡他性炎症，充血、肿胀、潮红，表面覆有大量黏液，窦内有渗出物凝块或干酪样坏死物；眼部经常可见卡他性结膜炎；严重时可见肺炎和气囊炎。

3. 防治措施

（1）规范鸡群周转计划　鸡副嗜血杆菌对一般消毒药均敏感，容易杀灭，且离开鸡体后很快死亡。如果鸡舍有足够的空舍时间，鸡舍内副鸡嗜血杆菌的存活率将大大降低，所以，应尽量延长空舍时间。

（2）加强环境卫生和带鸡消毒工作　每天勤打扫舍内外环境卫生，及时清理落叶、杂草和污物；每天带鸡消毒两次，保证全面彻底，不留死角，有效减少环境中的病原含量。

（3）改进饲养管理　雏鸡阶段加强通风，将进风口的开启时间根据季节灵活掌握，协调好保温与通风的关系；增大湿度，1～7天湿度控制在65%，8～21天控制在50%～60%，以后维持在40%～50%。如果粪板离鸡体太近或采用人工清粪的方式则极易诱发呼吸道疾病，从而进一步诱发鼻炎，需对这种饲养管理方式进行改进。

（4）对于疫病高发期或风险较大区，坚持接种疫苗　根据本场实际情况选择适合的厂家的传染性鼻炎灭活疫苗，问题严重时可利用本场毒株制作自家苗有的放矢地进行防治。

(5) 药物预防与治疗　因病菌潜伏期较短，当发现鸡群有流鼻汁或肿脸症状时，马上采取措施。首先对病鸡处理，及时将病鸡挑出，隔离（放在下风口）并加以个体治疗——注射抗生素。同时大群开始投喂抗生素，如环丙沙星、恩诺沙星、强力霉素等1~2个疗程，每疗程4~6天，可按具体效果决定。特别注意喂料的顺序，必须最后给病鸡喂料，防止病菌通过饲料传播给健康鸡群。病愈鸡在新鸡进入前要及时淘汰。

如果病情严重，病鸡已达到全群的10%左右时，全群开始口服或注射敏感药，如百菌消、丁胺卡那等。口服或注射敏感药一定要掌握好时间，使用过早易复发，可采用低剂量，延长治疗时间的方案（7天左右）。如果口服或注射完敏感药后个别鸡只有复发现象，数量较少时可及时挑出个体治疗。若复发病鸡较多，可考虑再次投喂抗生素，环丙沙星、恩诺沙星、强力霉素等一个疗程。

（五）葡萄球菌病

本病的病原为金黄色葡萄球菌，广泛存在于空气、饮水、土壤、饲料、粪便、动物的体表及与外界相通的腔道中。各种日龄的鸡都可感染，但以40~60日龄鸡最易感染，一年四季都可发生，以潮湿季节发生稍多。网架上锐利物体，地面垫料中带刺木屑、老鼠（咬伤），及大块炉灰渣子等刺伤鸡的头部、翅膀、胸部、脚、趾等引起的外伤易感染葡萄球菌病或其他外伤感染。饲养密度大造成接触、摩擦、蹬踩以及消毒不彻底等都是本病发生的诱因。

1. 临床症状与病理变化

(1) 急性败血型　多见于中雏，是最常见的病型。病鸡精神沉郁，食欲下降或废绝，部分下痢，排出灰白色或黄绿色稀粪。特征的症状是胸、腹部甚至嗉囊周围、大腿内侧皮下浮肿，潴留数量不等的血样渗出液，外观呈紫色或紫黑色，有波动感；有的病鸡可见自然破溃，流出茶色或紫红色液体，局部羽毛脱落；有些病鸡在翅、尾、眼睑、背及腿部皮肤上出现大小不等的出血性炎性坏死，局部干燥结痂。病鸡多在 2 ~5 天死亡。剖检肝肿大淡紫红色，有花纹样变化，病程稍长可见数量不等的白色坏死点。脾肿大，呈紫红色，有白色坏死点。

（2）关节炎型 较少见，多发生于产蛋鸡和肉鸡。多个关节发炎肿胀，跖趾关节较常见，病鸡跛行，不喜站立而多伏卧，逐渐消瘦衰弱以至死亡。关节肿大，关节囊内有浆液，或有黄色脓性或浆性纤维素渗出。病程较长的慢性病例形成干酪样坏死，甚至关节周围结缔组织增生及畸形。

（3）脐炎型 是孵出不久雏鸡发生的一种病型，出壳雏鸡脐环闭锁不全，感染葡萄球菌后发生脐炎。脐部肿大，局部呈黄红色或黑紫色，质硬，俗称“大肚脐”。多于出壳后 2 ~5 天死亡。卵黄吸收不良。

（4）眼型 多在败血症后期出现，发生结膜炎，病程长者眼球下陷可失明。

（5）肺型 主要表现全身症状及呼吸障碍，肺部淤血、水肿和肺部实变。

葡萄球菌病还可引起周龄内雏鸡发病和死亡，这在已经控制了鸡白痢病的鸡场，要引起高度重视。

2. 防治措施

预防本病，关键是搞好饲养管理工作，每周 0.3% 过氧乙酸消毒一次。

常用的抗生素、磺胺类药物都有一定治疗效果。有条件的鸡场应通过药敏试验选用敏感药物进行治疗。疫苗接种可收到一定预防效果，国内研制的葡萄球菌灭活苗安全有效，常发地区可考虑使用。

三、败血霉形体病的防治

鸡败血霉形体病是由败血性支原体引起的肉鸡的一种接触性、慢性呼吸道传染病。其特征是上呼吸道及邻近的窦黏膜炎症，常蔓延到气囊、气管等部位。表现为咳嗽、鼻涕、气喘和呼吸杂音。本病发展缓慢，又称慢性呼吸道病。

1. 临床症状和病理变化

本病的传播方式有水平传播和垂直传播，水平传播是病鸡通过咳嗽、喷嚏或排泄物污染空气，经呼吸道传染，也能通过饲料或水源由消化道传染，也可经交配传播。垂直传播是由隐性或慢性感染的种鸡所产的带菌蛋，可使14～21日龄的胚胎死亡或孵出弱雏，这种弱雏因带病原体又能引起水平传播。

本病在鸡群中流行缓慢，仅在新疫区表现急性经过，当鸡群遭到其他病原体感染或寄生虫侵袭时，以及影响鸡体抵抗力降低的应激因素如预防接种，卫生不良，鸡群过分拥挤，营养不良，气候突变等均可促使或加剧本病的发生和流行。带有本病病原体的幼雏，用气雾或滴鼻的途径免疫时，能诱发致病。若用带有病原体的鸡胚制作疫苗时，则能造成疫苗的污染。本病一年四季均可发生，但以寒冷的季节流行较严重。

本病的潜伏期人工感染时4～21天，自然感染可能更长。病鸡先是流稀薄或黏稠鼻液，打喷嚏，鼻孔周围和颈部羽毛常被沾污。其后炎症蔓延到下呼吸道即出现咳嗽，呼吸困难，呼吸有气管啰音，夜间比白天听得更清楚，严重者呼吸啰音很大，似青蛙叫。病鸡食欲不振，体重减轻消瘦；到了后期，继发鼻炎、窦炎和结膜炎，鼻腔和眶下窦中蓄积多量渗出物，可见颜面（眼睑、眶下窦）肿胀、发硬，眼部突出如“金鱼眼”。眼球受到压迫，发生萎缩和造成失明，可以侵害一侧眼睛，也可能两侧同时发生。若无病毒和细菌并发感染，死亡率较低，否则会有较高的病死率。

肉眼可见的病变主要是鼻腔、气管、支气管和气囊中有渗出物，气管黏膜常增厚。胸部和腹部气囊的变化明显，早期为气囊膜轻度浑浊、水肿，表面有增生的结节病灶，外观呈念珠状。随着病情的发展，气囊膜增厚，囊腔中含有大量干酪样渗出物，有时能见到一定程度的肺炎病变。在严重的慢性病例，眶下窦黏膜发炎，窦腔中积有浑浊黏液或干酪样渗出物，炎症蔓延到眼睛，往往可见一侧或两侧眼部肿大，眼球破坏，剥开眼结膜可以挤出灰黄色的干酪样物质。病鸡严重者常发生纤维素性或纤维素性化脓性心包炎、肝周炎和气囊炎，此时经常可以分离到大肠杆菌。出现关节症状时，尤其是跗关节，关节周围组织水肿，关节液增多，开始时清亮而后浑浊，最后呈奶油状黏稠。

2. 防制措施

建议10日龄内的鸡群出现呼吸道疾病必须添加抗支原体药物，支原体对鸡气囊的损害是极为严重的，一旦感染很难恢复到真正的健康状态，便为鸡群以后发病埋下伏笔。预防气囊炎就要先预防支原体，支原体的防治分四个阶段。

第一阶段：如果7日龄内感染支原体，随时发现有个别鸡甩鼻，用红霉素、阿奇霉素、大观霉素、林可霉素等，连用4天，不能让支原体在这个阶段就潜伏起来，虽然不能保证把支原体完全杀死，但是能有效抑制支原体的迅速发展。

第二阶段：如果14日龄免疫法氏囊冻干苗前后感染支原体，在做疫苗前2天，可用清水喷雾，连喷2天，提前净化空气，这样做免疫继发感染支原体的概率就可大大下降。如果做完免疫发现有个别鸡开始甩鼻，用盐酸多西环素或阿奇霉素等，连用4天。这个阶段一定要重视，否则呼吸道病很快就会发展起来，继而继发大肠杆菌病，形成气囊炎。

第三阶段：如果21日龄新城疫二免后发现呼吸道病或呼吸道病加重，可用中药板蓝根、黄芪、淫羊藿等配合阿奇霉素等控制。这时候呼吸道的治疗必须要用抗病毒药，最好是中药，不然治疗效果会大打折扣。

第四阶段：如果支原体气囊炎已经形成，可重点治疗气囊炎，喷雾效果更好。

四、常见真菌病的防治

（一）曲霉菌病

曲霉菌病又称霉菌性肺炎或育雏室肺炎，烟曲霉菌是本病主要的病原霉菌，最为常见和致病力最强。烟曲霉菌菌落初长为白色致密绒毛状，菌落形成大量孢子后，其中心呈浅蓝绿色，表面呈深绿色、灰绿色甚至为黑色丝绒状。

曲霉菌病是平养肉鸡常见的一种真菌性疾病，特别是阴雨潮湿的春季最为常见。该病由曲霉菌引起，常呈急性暴发和群发性发生。主要危害20日龄内雏鸡。本病多见于温暖多雨季节，因垫料、饲料发霉或因雏鸡室通气不良而导致霉菌大量生长，雏鸡吸入大量霉菌孢子而感染发病。

1. 临床症状与病理变化

本病一般分为急性型（又称呼吸型或败血型）和慢性型。病鸡精神沉郁、嗜睡、食欲减少或废绝。伸颈张口，呼吸困难，冠和肉垂因缺氧发绀，病鸡吸气时见颈部气囊明显扩张。眼膜下形成黄色干酪样小球状物，眼睑肿胀，较大雏鸡角膜中央形成溃疡。个别禽只出现麻痹、惊厥、颈部扭曲等神经症状。急性型常在出现症状后2～3天死亡，1～4周龄的雏鸡常大群发病，死亡率为5%～50%，成鸡多呈慢性经过，死亡率不高。

病变主要见于肺部和气囊，肺部见有曲霉菌菌落和粟粒大至绿豆大黄白色或灰白色干酪样坏死结节，其质地较硬，切面可见有层状结构，中心为干酪样坏死组织。严重败血型病变，气囊可见有同心圆状的黄色坏死灶，甚至扩展到肝、心、肾和脾脏等器官。除肺部和气囊外，在气管支气管或肠浆膜肝脏肾脏等也发现霉菌病灶。有神经症状的鸡脑部都见有脑膜炎。

2. 防控措施

（1）严禁使用霉变的米糠、稻草、稻壳等作垫料　米糠必须先在太阳下暴晒才能使用，30日龄前最好不用米糠，若有谷壳代替可不要用米糠。使用垫料前可先用福尔马林熏蒸。

（2）防止使用发霉饲料　所取的饲料应该在一定的时间内鸡群要吃完（一般7天内），饲料要用木板架起放置防止吸潮。料桶要加上料罩防止饲料掉下；垫料要常清理，把垫料中的饲料清除。

（3）严格做好消毒卫生工作，可用0.4%的过氧乙酸带鸡消毒　治疗前，先全面清理霉变的垫料，停止使用并清理发霉的饲料，用0.1%～0.2%硫酸铜溶液全面喷洒鸡舍，更换新鲜干净的谷壳垫料。饮水器、料桶等鸡接触过的用具全面清洗并用0.1%～0.2%的硫酸铜溶液浸泡。0.2%硫酸铜溶液或0.2%龙胆紫饮水或0.5%～1%碘化钾溶液饮水，制霉菌素（100粒/1包料）拌料，连用3天（每天1次）为一个疗程，连用2～3个疗程，每个疗程间隔2天。注意控制并发或继发其他细菌病，如葡萄球菌等，可使用阿莫西林饮水。

（二）白色念珠菌感染

肉鸡白色念珠菌病是由念珠菌引起的消化道真菌病，又叫消化道真菌病、鹅口疮或霉菌性口炎。

1. 发病情况

本病的病原体是念珠菌属的白色念珠菌。随着病鸡的粪便和口腔分泌物排出体外，污染周围的环境、饲料和饮水；易感鸡摄入被污染的饲料和饮水而感染，消化道黏膜的损伤也有利于病原菌的侵入。本病也可以通过污染的蛋壳感染。恶劣的环境卫生及鸡群过分拥挤，饲养管理不良等，均可诱发本病。

本病多感染2月龄以内的鸡。雏鸡主要表现为生长不良、发育受阻、倦怠无神、羽毛松乱；采食量略降，饮水量增加，发病早期倒提时口中有酸臭黏液流出；嗉囊肿大，排绿色水样粪便。严重病例呼吸急促、下痢、脱水衰竭而死。成鸡也有感染，其症状表现为食欲不振、饮水多、嗉囊肿大松弛、鸡冠变暗、羽毛松乱、逐渐消瘦、精神萎靡，从而继发其他疾病而死亡。

病变多位于消化道，尤其是嗉囊，黏膜表面散布有薄层疏松的褐白色坏死物，并散布有白色、圆形隆起的溃疡灶，表面易剥脱。此种病变也可见于口腔、咽及食道，口腔黏膜形成黄色、干酪样的溃疡状斑块。腺胃偶尔也受侵害，表面黏膜肿胀、出血，表面覆盖一层黏膜性或坏死性渗出物，肌胃角质层溃烂。心冠脂肪消失，心包液有大量白色尿酸盐的沉积。

2. 防治措施

严禁使用霉变饲料与垫料，保持鸡舍清洁、干燥、通风。潮湿雨季，在鸡的饮水中加入 0.02% 结晶紫或在饲料中加入 0.1% 赤霉素，每周喂 2 次可有效预防本病。定期用 3% ~5% 的来苏尔溶液对鸡舍、垫料进行消毒。

初期预防可选用硫酸铜，中、后期治疗可使用制霉菌素等。每千克饲料中添加制霉菌素 50 ~100 毫克，连喂 7 天，同时饮水中加入硫酸铜，连饮 5 天，可减轻病变的程度。

五、常见寄生虫病的防治

（一）球虫病

鸡球虫病是肉鸡业中危害最严重的疾病之一。当前，肉鸡球虫病发生又有了许多新特点，临床表现也趋向于非典型化，临床治疗仍主要依赖于药物治疗，虽然辅助疗法也有一定的效果，但重视不够。面对市售抗球虫药的繁多品种，养殖户要谨慎选药，合理用药，加强饲养管理，进行综合防控，才能有效降低球虫病对肉鸡养殖业的危害。

1. 球虫的生理特点与致病性

球虫的生活周期短，潜伏期 4 ~7 天，繁殖力非常强大，但球虫的各阶段虫体只限于肠黏膜及其临近组织，鸡一次吃少量卵囊并不会产生大的危害。球虫进行孢子生殖的适宜温度为 20 ~28℃，湿度大于 20%，氧气充足，而所有鸡场恰好提供了这样的条件。

球虫可导致鸡只的大批量发病和死亡，阻碍鸡只正常的生长发育，降低饲料报酬。球虫与其他病原具有协同的致病作用，肠道细菌如大肠杆菌、沙门氏菌等对球虫的致病力有增强作用，球虫感染后，还可使机体对新城疫、法氏囊等疾病的易感性升高。

2. 症状及病变

地面平养鸡发病早期偶尔排出带血粪便，并在短时间内采食加快，随着病情发展血粪增多，精神沉郁，羽毛松乱，食欲减退，饮欲增加，两翅下垂，鸡冠、肉髯颜色苍白，闭眼似睡，缩做一团，靠近热源或蹲伏于墙边，死亡率逐渐增多。笼养鸡、网上平养鸡常感染小肠球虫，呈慢性经过，粪便混有血色丝状物或肉芽状物，胡萝卜样物。

盲肠球虫见两侧盲肠显著肿大、增粗，外观呈暗红色或紫黑色，内为暗红色血凝块或血水，并混有肠黏膜坏死物质，肠壁的浆膜面上可见灰白色小斑点。小肠球虫主要损害小肠的中前段，肠管增粗，肠壁增厚，肠壁黏膜面上布有针尖大小出血点，肠浆膜面上有明显的淡白色斑点。小肠后段肠壁脆弱，肠管扩张，充满气体和黏液，肠黏膜上附有疏松或致密的黄色或绿色假膜，有时可见肠壁出血。慢性球虫见于日龄稍大的鸡，主要是小肠肠管增粗，肠壁增厚，肠黏膜炎性肿胀。

3. 防控措施

（1）预防是控制肉鸡球虫病的重要措施

① 空舍消毒程序中要有针对球虫的消毒措施。② 推广网上平养模式。③ 重视鸡舍管理。鸡舍保持清洁干燥，搞好舍内卫生，要使鸡舍内温度适宜，阳光充足，通风良好。严格控制鸡舍湿度，炎热的夏季慎用喷雾法降温。④ 一般不建议进行预防性投药，待出现球虫后再作治疗，可以使肉鸡前期轻微感染球虫，后期获得对球虫感染的抵抗力。

（2）辅助性治疗是控制本病的重要保护性措施

① 保护肠道黏膜，促进肠黏膜的修复。应用次碳酸铋、活性炭、白陶土等收敛剂，补充维生素 A、维生素 E 保护黏膜系统。② 消炎。可用维生素 K_3、安络血等药物止血，用硫酸安普霉素、丁胺卡那霉素、新霉素等抗菌药物，防止大肠杆菌等细菌性疾病的继发或并发。用抗厌氧菌等阳性菌的药物防肠毒症。③ 补充体液、消除自体中毒，调节体内电解质及酸碱平衡。可添加电解质、多维等。消除自体中毒可采取“先泻后复”的措施，先用泻药促进毒素及坏死黏膜的排出，然后再用肠道收敛剂止泻修复肠黏膜。④ 健肾利尿。当采用磺胺类药物治疗球虫病时，长期应用易造成肾脏严重损伤，引起肾肿、

尿酸盐沉积、机能障碍等，可采用肾肿解毒中药、乙酰水杨酸、小苏打等药物配合治疗。

(3) 药物治疗仍是当前控制本病的有效措施　对急性盲肠球虫病，以30%的磺胺氯吡嗪钠为代表的磺胺类药物是治疗本病的首选药物。按鸡群全天采食量每100千克饲料200克饮水，4~5小时饮完，连用3天。对急性小肠球虫病的治疗，复合磺胺类药物是治疗本病的首选药物，另外，加治疗肠毒综合征的药物同时使用，效果更佳。对慢性球虫病以尼卡巴嗪、妥曲珠利、地克珠利为首选药物，配合治疗肠毒综合征的药物，效果更好。对混合球虫感染的治疗，以复合磺胺类药物配合治疗肠毒综合征的药物饮水，连用2天，晚上用健肾、护肾的药物饮水。

治疗球虫用药要注意连续、穿梭、轮换用药，不可一种药物用到底，以减轻球虫的耐药性。

（二）白冠病

鸡住白细胞原虫病是由住白细胞原虫属的原虫寄生于鸡的红细胞和单核细胞而引起的一种以贫血为特征的寄生虫病，俗称白冠病。主要由卡氏住白细胞原虫和沙氏住白细胞原虫引起。其中，卡氏住白细胞原虫危害最为严重。该病可引起雏鸡大批死亡，中鸡发育受阻，成鸡贫血。

1. 发病情况

该病各种年龄的鸡都可感染，3~6周龄雏鸡发病死亡率高。随日龄增加，发病率和死亡率逐渐降低。雏鸡感染多呈急性经过，病鸡体温升高，精神沉郁，乏力，昏睡；食欲不振，甚至废绝；两肢轻瘫，行步困难，运动失调；口流黏液，排白绿色稀便。12~14日龄的雏鸡因严重出血、咯血和呼吸困难而突然死亡，死亡率高。

剖检病鸡，可见皮下、肌肉，尤其胸肌和腿部肌肉有明显的点状或斑块状出血，各内脏器官也呈现广泛性出血。肝脾明显肿大，质脆易碎，血液稀薄、色淡；严重的，肺脏两侧都充满血液；肾周围有大片血液，甚至在部分或整个肾脏被血凝块覆盖。肠系膜、心肌、胸肌或肝、脾、胰等器官有住白细胞原虫裂殖体增殖形成的针尖大或粟粒大与周围组织有明显界限的灰白色或红色小结节。

该病的发生与蠓和蚋的活动密切相关，有明显的季节性。一般气温在20℃以上时，蠓和蚋繁殖快，活动强，该病流行严重。我国南方地区多发于4～10月份，北方地区多发于7～9月份。

2. 防治措施

预防该病，控制蠓和蚋是最重要的一环。要抓好三点：一是要注意搞好鸡舍及周围环境卫生，清除鸡舍附近的杂草、水坑、畜禽粪便及污物，减少蠓、蚋滋生繁殖与藏匿；二是蠓和蚋繁殖季节，给鸡舍装配细眼纱窗，防止蠓、蚋进入；三是对鸡舍及周围环境，每隔6～7天，用6%～7%的马拉硫磷溶液或溴氰菊酯、戊酸氰醚酯等杀虫剂喷洒1次，以杀灭蠓、蚋等昆虫，切断传播途径。

早期进行治疗。最好选用发病鸡场未使用过的药物，或同时使用两种有效药物，以避免有耐药性而影响治疗效果。可用磺胺间甲氧嘧啶钠按50～100毫克/千克饲料，并按说明用量配合维生素K_3混合饮水，连用3～5天，间隔3天，药量减半后再连用5～10天即可。

六、常见代谢性疾病的防治

（一）痛风

鸡痛风病是由于鸡机体内蛋白质代谢发生障碍，使大量的尿酸盐蓄积，沉积于内脏或关节，临床上以消瘦、关节肿大、运动障碍和衰弱等症状为特征的一种营养代谢病。主要特征是尿酸和尿酸盐大量在内脏器官或关节中沉积。

1. 发病情况

肉鸡日粮中蛋白质过高，尤其是添加鱼粉，导致尿酸量过大；传染病如传染性支气管炎、传染性法氏囊炎等引起的肾脏损伤；育雏温度过高或过低、缺水、饲料变质、盐分过高、维生素A缺乏、饲料中钙磷过高或比例不当等都可成为致病的诱因。

患病鸡开始无明显症状，以后逐渐表现为精神萎靡，食欲不振，消瘦，贫血，鸡冠萎缩、苍白；泄殖腔松弛，不自主地排白色稀便，污染泄殖腔下部羽毛；关节型痛风可见关节肿胀，瘫痪；幼雏痛风，出壳数日到10日龄排白色粪便。

病死鸡心、肝脏、腹膜、脾脏及肠系膜等覆盖一层白色尿酸盐，似石灰样白膜；肾脏肿大、苍白，肾脏肿大3～4倍。肾小管内被沉积的灰白色尿酸盐扩张，单侧或两侧输尿管扩张变粗，输尿管中有石灰样物流出，有的形成棒状痛风石而阻塞输尿管。关节内充满白色黏稠液体，严重时关节组织发生溃疡、坏死。

2. 防治措施

加强饲养管理，保证饲料的质量和营养的全价，尤其不能缺乏维生素A；做好诱发该病的疾病的防治；不要长期使用或过量使用对肾脏有损害的药物及消毒剂，如磺胺类药物、庆大霉素、卡那霉素、链霉素等。

治疗过程中，降低饲料中蛋白质的水平，饮水中加入电解多维，给予充足的饮水，停止使用对肾脏有损害作用的药物和消毒剂。饲料和饮水中添加阿莫西林、人工补液盐等，连用3～5天，可缓解病情。

（二）猝死综合征

肉鸡猝死综合征又叫急性死亡综合征，目前已成为肉鸡生产中的一种常见疾病，多发于生长速度快的青年肉鸡。

1. 临床症状

肉鸡猝死综合征病程短，发病前一般无任何异常症状就突然跳起，失去平衡，向前或向后跌倒，翅膀剧烈扇动，有的向上钻跳，发出狂叫或尖叫，很快死亡。越是生长快、发育良好、肌肉丰满的青年鸡，越容易死亡；部分猝死鸡只发病前比正常鸡只表现安静，采食量减少，个别鸡只常常在饲养员进舍喂料时，突然失控，翅膀急剧扇动或离地，一蹦就死，从发病至死亡时间不足1分钟；死亡的鸡多数表现为背部着地，两脚朝天，颈部伸直或扭曲，呈腹卧或侧卧姿势。个别鸡只死前突然尖叫。

外观猝死病鸡体型较丰满，除鸡冠、肉垂略潮红外无其他异常。嗉囊和肌胃内充满刚采食的饲料；心脏较正常鸡大，心包液增多，右心房扩张，心肌松软；肝脏肿大、质脆、色苍白；脑充血，有出血点；肺淤血；胸肌、腹肌湿润苍白；少数死鸡偶见肠壁有出血症状。

该病多与饲养管理因素有关。肉仔鸡阶段由于生长速度快，而自身的一些系统功能跟不上其发育速度，导致过快增长与系统功能不完善之间的矛盾；另外，饲料中蛋白质、脂肪含量过高，维生素与矿物质配比不合理，也是重要因素之一。

2. 防治措施

限制饲养是控制猝死的有效措施。

（1）限料饲喂　一般从第二周龄开始，适当降低饲料中蛋白质含量（一般以19%～20%为宜），降低肉鸡生长速度。饲料中脂肪含量不宜过高。

（2）饲料配方要合理　保持蛋白能量的平衡，防止蛋能比例失调导致脂肪代谢障碍；在饲料中添加多维及氯化胆碱，促进脂肪消化吸收；注意添加钠、钾、钙、磷等矿物质元素，维持肉鸡体内酸碱平衡。

（3）用碳酸氢钾饮水或拌料，能降低发病鸡群的死亡率　饮水时每羽0.6克，连用3天；或每吨饲料添加3.6千克。添加多维，饲料添加量为常量的1～2倍，可明显减少死亡率。

（三）肉鸡腹水综合征

肉鸡腹水综合征是由多种致病因子造成的慢性缺氧，代谢机能紊乱而引起的右心室肥大扩张、肺淤血水肿、肝肿大和腹腔大量积液为特征的综合征。

1. 主要病因

（1）遗传因素　本病多发生于快长型肉鸡品种，有明显的遗传倾向。

（2）缺氧　冬季鸡舍通风不良，饲养密度过大或有害气体增多等环境因素导致相对缺氧；高海拔地区氧分压低，易致慢性缺氧；肉鸡生长速度快，代谢旺盛，耗氧量大，而心脏负担能力增强较慢，也可形成缺氧。

（3）心、肺、肝损害　肺脏受损，肺呼吸量减少，致使机体缺氧；心脏受损，如食盐中毒，会引起血液中大量水潴留，影响心脏功能，引起腹水；霉菌毒素中毒引发肝脏纤维化，形成腹水。

（4）饲料因素　日粮能量偏高，添加脂肪超过 4%，使用颗粒料等，都可促进腹水征的发生。

2. 发病情况

病鸡腹部膨大，臌如水袋，触之有波动感，皮肤变薄发亮，外观呈暗褐色。病鸡站立困难，以腹部着地如企鹅状，行动缓慢，呈鸭步样。由于腹压增大，呼吸困难。鸡冠发紫，有时怪叫，有的腹泻，排白色、黄色或绿色稀粪。出现腹水后 2 天左右死亡。

腹腔积水，积液清亮透明呈淡黄色或带血色，腹水中含血细胞、巨噬细胞和淋巴细胞，腹内各处有纤维蛋白凝块；心包积液，有时呈胶冻状；心脏增大，心壁变薄，右心室明显扩张、柔软。肝充血、肿大或淤血或萎缩或硬化，实质部有圆形斑点或结节，表面常有灰白色或淡黄色胶冻样薄膜，类似蛋清物；肺显著淤血、水肿；肠道严重出血，肠管变细，内容物稀少。肾肿大、充血，有尿酸盐沉积。脾脏较小，皮下水肿，胸肌、腿肌淤血。

3. 防制要点

（1）加强饲养管理，注意通风，保持空气清新，减少不良应激　保持舍内合理的温度，保证通风换气良好，并妥善解决保温与通风的矛盾；对昼夜温差大、降雨多或高海拔地区，要定期适当补充氧气；及时清除粪便和灰尘，保持舍内清洁，并做好消毒工作；保持合理的饲养密度。

（2）实施限喂制度　1～3 周龄肉仔鸡适度限饲，或从 13 日龄起减少饲料量 10%，维持 2 周，以后转入正常饲养。

（3）合理的配料　按照生长需要供给平衡的优质饲料。一般

2～3 周龄喂给粉料，4 周龄至出栏喂给颗粒料，能有效地降低本病发生率和死亡率。

4. 治疗

无特殊疗法，勤观察，早发现，注意全群防范，增强机体抵抗力。可在饲料内添加维生素 C，每吨饲料 400～500 克，食盐含量均衡，钙磷平衡，可适当补维生素 E、硒等。

（四）啄癖

啄癖也称异食癖，有啄羽、啄肛、啄血、啄趾癖、异食等几种情况，是多种营养物质缺乏及其代谢障碍所致，各日龄、各品种鸡群均发生，但以雏鸡时期为最多，轻者啄伤翅膀，造成流血伤残，影响生长发育和外观；重者啄穿腹腔，拉出内脏，有的半截身被吃光致死，严重影响生产性能和经济效益。

1. 啄癖发生的原因

日粮内营养物质不足或比例不当、光照过强、饲养密度过大、通风不良、舍内潮湿、饲喂不当、料槽和水槽不足等，都可引起啄癖。不同品种啄癖发生率不同；气温高易发生啄癖；当个别鸡受伤出血时，其他鸡追啄伤口，引起啄癖等。

2. 防治措施

（1）将被啄的雏鸡捉出，隔离饲养　在伤口部位用鱼石脂或松榴油治疗，此种药有点气味，可使其他鸡不会再追啄，让伤口较易愈合。

（2）分析啄癖发生的原因，采取相应措施　检查饲粮的营养含量或改用全价饲粮，保证雏鸡对各种营养的需要。改进管理制度，控制好光照强度，使鸡舍内光照不能过强，开放式鸡舍当光照过强时，可设法把窗遮暗；调整饲养密度，加强舍内通风。

（3）单纯啄羽的治疗　可用 1% 的人工盐饮水，连用 3～5 天。也可用硫酸亚铁和维生素 B_{12} 治疗。方法是：体重在 0.5 千克以上的鸡，每只每次口服硫酸亚铁 0.9 克，维生素 B_{12} 2.5 克。体重稍小的鸡，用量酌减。每天用药 2～3 次，连用 3～5 天。

对一时找不到发病原因的啄羽症，可在饲料中加入1.5%～2.0%石膏粉。为改变已形成的恶癖，可在舍内临时放入有颜色的乒乓球或在舍内系上红布条等，使鸡啄之无味或让其分散注意力，从而使鸡逐渐改变已形成的恶癖。

七、常见中毒病的防治

（一）霉变饲料原料中毒

用霉变原料配制的饲料，在喂鸡后可引起急性或慢性中毒性疾病。霉菌毒素是致病的原因，已知有3种对鸡危害最大，即黄曲霉毒素、褐黄曲霉毒素与镰刀菌毒素。一年四季均有发生，但以梅雨季节发病率最高。如一批饲料原料被霉菌污染，则食用该批饲料的鸡群都会发病，发病时间一般在食用后3～5天内，最迟不会超过7天。

1. 临床症状

小鸡食用霉变饲料后的3～5天内，首先表现食欲下降，挑食，料槽内剩料较多，同时群内出现相互啄食现象。随着时间的延长，鸡群中出现较多精神不振、羽毛松乱、行动无力、藏头缩颈、双翅下垂的病鸡。严重的病鸡，冠脸苍白，排出的粪便带有黏液或为绿白色稀水状，并逐渐消瘦，5～7天后出现死亡并逐渐增多。

部分食用霉料过多、中毒较重的鸡，发生急性死亡。后备鸡发病症状基本与小鸡相同，但其中相互啄食、瘫腿等症状比小鸡严重得多。产蛋鸡食用霉变饲料5～7天后出现病状。开始时许多鸡的粪便表面上覆盖一层铜绿色的尿酸盐，此时鸡的粪便大多数成形。随着时间的延长，这种粪便迅速增加，并逐步变为排稀水状的黄褐色与绿白色粪便，较严重的病鸡则排出茶水状的潜血便。严重下痢，病鸡体温升高，食欲下降或不食，嗉囊内有酸臭的积水，冠脸颜色由鲜红丰润变为暗红干皱，失去光泽，最后变为黑紫色，严重者开始零星死亡，较大的鸡群会出现啄癖，它们相互啄食羽毛、肛门等，其中以脱肛、啄肛危害最大。

2. 剖检变化

慢性中毒的小鸡与后备鸡营养不良，消瘦，胸肌淡红色，严重者胸部皮下有浆液性渗出，胸肌和大腿部肌肉有红色、紫红色出血斑点。肝脏变化比较突出，肝肿大，褐紫色，表面有许多灰白色小点或黑紫色斑点，严重者肝表面出现一层白色渗出物。心脏水肿、晶亮，脂肪消失。

3. 防治措施

严把原料采购关，杜绝霉变原料入库；控制仓库的温度湿度，注意通风，做好对仓库边角清理工作，防止原料在储存过程中变质；防雨淋和潮湿，可在饲料中投放制霉菌素 50 万单位/千克，同时用两性霉素 B 按 25 万单位/米^3 剂量喷雾 5 分钟，1 天 1 次，连用 2 周；控制饲料加工、配制、运输等环节；控制饲料的贮存环境，尽量缩短贮存时间，防止饲料在禽舍中发霉变质。

禁止使用发霉变质的饲料喂鸡是预防本病的根本措施。确定或疑似霉饲料中毒，应立即停止使用，并更换优质饲料原料。对轻微霉变的饲料可用硅铝酸盐吸附等方法进行去毒处理。饮水中加入 0.5% 克/升硫酸铜或 5 克/升碘化钾，供鸡群自由饮服。这两种物质交替使用，每 3 天调换 1 次。

（二）食盐中毒

食盐是鸡日粮配合不可缺少的成分之一，含量一般为 0.3% ~ 0.4% 。当鸡摄入过量食盐时很快出现中毒反应，雏鸡最敏感。一般雏鸡料中食盐达 0.7% 、成鸡料中达 1% 时就可引起鸡明显口渴和腹泻；当雏鸡日粮中食盐含量超过 1% 、成鸡日粮中超过 3% 、饮水中超过 0.5% ，就可引起鸡的大量死亡。

1. 临床症状

因摄取食盐量的多少和持续时间的长短而不同。症状轻微的鸡饮水增加，粪便稀薄或混有稀水；严重的病雏羽毛松乱无光、高度兴奋不安、鸣叫、争相饮水，食欲不振或废绝，嗉囊软胀、口角有黏性分泌物，两腿软弱无力或前后平伸、倒退运动，后退几步即瘫于地上或向一侧运动或呆立一旁。有的病雏表现精神沉郁、弓背缩颈、垂头闭眼，后期水样腹泻。死前阵发性痉挛、两翅伸展、喙着地，最后虚脱而死。剖检死鸡皮下水肿或有淡黄色胶样物浸润；胸、腿部肌肉弥漫性出血；腹腔内大量积水，呈淡黄色，并混有灰白色纤维蛋白渗出物；嗉囊积有大量黏液，腺胃黏膜充血，有的形成假膜；小肠发生急性卡他性肠炎或出血性肠炎；肝色淡肿大，边缘钝圆质脆，肝被膜附有凝血块，多数病例呈现肝实质萎缩，表面不平变硬，偶见肝面呈裂纹状，胆囊皱缩；心外膜毛细血管扩张或出血，心包有积液；肺水肿，色淡灰红；脑膜及大脑皮层充血或水肿。

2. 防治措施

立即停喂原有饲料，多喂嫩青菜叶，供给充足新鲜饮水或5%葡萄糖水和0.5%醋酸钾溶液，连饮3天。正确计算用盐量，均匀拌料；平时配料所用鱼干或鱼粉一定要测定其含盐量。含盐量高的要少加，含盐量低的可适当多加，但日粮中的含盐量应控制在0.25%~0.5%，以0.37%最合适。发现鸡群异常喝水，要对饲料抽样进行盐分测定。及时隔离中毒鸡，并喂给红糖水，增加多种维生素用量。

（三）磺胺类药物中毒

磺胺类药物可分为3类：一类是易于肠道内吸收的，另一类是难以吸收的，第三类是局部外用的。其中以第一类中毒较易发生，常见的药物有磺胺噻唑、磺胺二甲嘧啶等。

1. 中毒病因

中毒原因有4点：一是长时间、大剂量使用磺胺类药物防治鸡球虫病、禽霍乱、鸡白痢等疾病；二是在饲料中搅拌不匀；三是由于计算失误，用药量超过规定的剂量，特别是用于幼龄或弱质肉鸡；四是饲料中缺乏维生素K。

2. 临床症状

雏鸡比成年鸡更易患病，常发生于6周龄以下的肉鸡群。病鸡表现委顿、采食量减少、体重减轻或增重减慢，常伴有下痢。由于中毒的程度不同，鸡冠和肉髯先是苍白，继而发生黄疸。

3. 防治措施

使用磺胺类药物时用量要准确，搅拌要均匀；用药时间不应过长，一般不超过5天；雏鸡应用磺胺二甲嘧啶和磺胺喹噁啉时要特别注意；用药时应提高饲料中维生素K和B族维生素的含量；将2～3种磺胺类药物联合使用可提高防治效果，减慢细菌耐药性。对发病的鸡立即停药，饮用1%～2%的小苏打水和5%葡萄糖水；早期中毒可用甘草糖水进行一般性解毒，严重者可考虑通肾。

（四）呋喃类药物中毒

呋喃类药物包括痢特灵和呋喃西林，是一种价廉物美的常用抗菌、抗球虫药物，但美中不足的是雏鸡对本品十分敏感，治疗量与中毒量比较接近，当用量过大或使用时间太长，在饲料中或饮水中混合不匀时，极易引起中毒。因此，国家早就将痢特灵规定为肉鸡整个饲养期明令禁止使用的药物。但有些不良厂商仍违反规定，擅自偷用，一旦超量使用，就会发生中毒现象。

呋喃西林给雏鸡内服，每千克体重超过10毫克为中毒剂量，20毫克以上为致死量，故一般对雏鸡不用呋喃西林。

中毒雏鸡突然尖叫，摇头伸颈，向外奔跑或喙尖触地，转圈，运动失调，倒地不起，两腿抽搐，角弓反张；有的精神委顿，闭眼缩颈，呆立一隅，行动迟缓，昏迷死亡。轻度中毒的鸡，可缓慢康复。

防治：禁用。一旦发现中毒立即停药（或更换已拌药的饲料），有条件时可逐只滴服10%葡萄糖水或0.01%～0.05%高锰酸钾液数毫升，同时饮服5%葡萄糖水，必要时注射维生素C和维生素B_1合液。

（五）马杜霉素中毒

马杜霉素是一种广谱、高效、用量极小的单糖苷聚醚类抗生素型抗球虫药，仅用于肉鸡，全价饲料中推荐剂量为5毫克/千克，宰前5日停药。近几年在我国广泛使用，但由于其有效剂量安全范围较窄，与中毒量接近，因此在使用过程中中毒现象屡有发生。

1. 临床症状与剖检变化

多因重复使用或拌料不匀所致。常突然发病，精神不振，羽毛松乱，脚软无力，行走不稳、喜卧，食欲减退，拉水样粪便。严重者突然死亡，病鸡脖子后拗转圈，或两腿僵直后退，双翅耷拉，或兴奋亢进、狂蹦狂跳、乱抖乱舞，原地急速打转，然后两腿瘫痪，阵发抽搐且头颈不时上扬，张口呼吸。

剖检，胸肌、腿肌不同程度的充血、出血；肝脏肿大，呈紫红色，表面有出血斑点，胆囊充盈；心脏内外膜及心冠脂肪出血；肠道黏膜充血、出血，特别是十二指肠出血最为严重，嗉囊、肌胃、腺胃及肠道内容物较多，腺胃黏膜易剥离；肾肿、充血或出血，输尿管内有白色尿酸盐沉积；法氏囊肿大。

2. 治疗措施

立即停喂含马杜霉素的饲料，更换新饲料。全群交替供饮口服补液盐水（每 1 000毫升水中加氯化钠 2.5 克、氯化钾 1.5 克、碳酸氢钠 2.5 克、葡萄糖 20 克，现配现用）或电解多维。将病重鸡挑出，单独饲养，口服投药的同时，皮下注射 5～10 毫升（含 50 毫克）维生素 C，每日 2 次。为了防止鸡中毒后抵抗力下降而发生继发感染，可在饮水中添加盐酸环丙沙星。

使用马杜霉素必须均匀拌料，严格掌握剂量，避免同类药物重复使用。

（六）痢菌净中毒

痢菌净学名乙酰甲喹，为兽用广谱抗菌药物，由于其价格低廉，且对大肠杆菌病、沙门氏菌病、巴氏杆菌病等都有较好的治疗作用，故在养鸡生产中被广泛应用。但是由于养殖户对此药缺乏正确的认识，兽药生产厂家对含有乙酰甲喹的产品缺乏明显标示以及胡乱添加等原因，导致养鸡生产中因不明成分重复添加，造成添加过量，引起中毒的现象非常普遍。

1. 中毒原因

一是搅拌不匀导致中毒，特别是雏鸡更为明显；二是计算错误或称重不准确，使药物用量过大而导致中毒；三是重复或过量用药，由于当前兽药品种繁多，很多品种未标明实有成分，致使两种药物合用加大了痢菌净的用量，造成中毒；四是个别养殖户滥用药，随意加大用药剂量导致中毒。

2. 临床表现

乙酰甲喹中毒造成的死亡率可达20%～40%，有的甚至达90%以上，且鸡日龄越小，对药物越敏感，给养鸡业造成的损失也就越大。

病鸡缩颈呆立，翅膀下垂，喙、爪发绀，不喜活动，常呆立，采食减少或废绝。个别雏鸡发出尖叫声，腿软无力，步态不稳，肌肉震颤，最后倒地，抽搐而死。病程随中毒程度不同而不同，本病刚开始中毒的特点是长得越快的鸡死亡率比例越高，观察临床表现时应注意这点。

死亡后的雏鸡全身脱水，肌肉呈暗紫色，腺胃肿胀，乳头出血，肌胃皮质层脱落、出血、溃疡。肺脏淤血、肿大，肠道有弥漫性小出血点。肝脏肿大，呈暗红色，质脆易碎，肾脏出血，心脏松弛，心内膜及心肌有散在性的出血点。有极个别鸡盲肠壁出血。刚中毒时解剖症状是腺胃和肌胃交界处有暗褐色坏死，到发病后期坏死更严重，有的从外面就能看见。

该病发生后死亡速度很快，在免疫后第一天死亡猛增，第二、第三天死亡率可达到高峰，日死亡率有的高达15%。

3. 防治措施

本病的治疗原则是解毒、保肝、护肝、强心脱水。首选药物为5%葡萄糖和0.1%维生素C，并且维生素C要在0.1%的基础上逐渐递减，同时要严禁用对肝和肾有副作用的药物以及干扰素类生物制品。

因痢菌净中毒没有特效解毒药，鸡只一旦中毒，死亡率高，病程较长，损失很大，停药后仍然陆续死亡，因此在实际生产中应用痢菌净防治细菌性疾病时应慎重。

目前，由于痢菌净价格低廉，致使一些非正规药厂随意大量应用并隐含其成分，造成广大养殖场户重复、过量用药，引起中毒。故广大用户应选用正规厂家生产的产品，并弄清药物成分含量，避免不必要的损失。

八、常见综合征与杂症的防治

（一）气囊炎

气囊炎的发生在近几年较为普遍和频繁，特别是肉鸡方面更为严重，一些养殖密集地区呈现发病重、病程长、致死率高、难以治疗的特点，特别是15日龄至出栏阶段比较常见，秋末冬初至来年春天这个时间更为常见。

气囊炎只是一个症状，而并不是一个独立的病。气囊炎只是由于一些因素导致气囊发炎的一种表现，很多疾病都能引起气囊炎，如流感、大肠杆菌、支原体、传染性支气管炎、鼻气管鸟杆菌、衣原体、曲霉菌病等。另外，环境、管理因素也是导致气囊炎的重要病因。

1. 临床表现

发生气囊炎时，鸡群呼吸急促甚至张口呼吸，皮肤及可视黏膜淤血，外观发红、发紫，精神沉郁，死亡率上升。剖检，气囊浑浊呈云雾状、泡沫样，严重的干酪样物质渗出，严重病例气囊变成一个外观看似实体器官的瘤状物，打开可以见到干酪样物质充满其中。气囊增厚，气囊上的血管变粗。

2. 治疗措施

要对气囊炎进行有效的治疗，首先应搞明白发生气囊炎的原因。如果只对气囊炎本身采取措施，不会取得很好的效果。

治疗的基本原则是消除病因，加强饲养管理，控制好免疫抑制性病的发生也是控制气囊炎发生的一个重要方面。

通过注射、饮水、拌料等途径治疗气囊炎，药物的吸收难以达到有效的血药浓度，对气囊上的微生物很难杀死，因此效果不很可靠。所以，在药物选择上，应该选用组织穿透能力强、血液浓度高、敏感程度高的药物作为首选药物，如阿奇霉素、替米考星、林可霉素、甲磺酸培氟沙星、强力霉素等。

使用气雾法用药能够使药物直达病灶，对气囊上的微生物予以直接杀灭。但气雾法用药应使用能调节雾滴粒子大小的专门的气雾机来进行，适宜大小的雾滴能够穿透肺脏而直到气囊。

（二）传染性腺胃炎

近几年来，肉鸡生产中出现了一种以生长发育不良、整齐度差、腺胃肿大如乒乓球，腺胃黏膜溃疡、脱落，肌胃糜烂为主要特征的传染病。以前称为腺胃型传染性支气管炎，近几年大家习惯上称作传染性腺胃炎，目前没有确切的定论。发病后，没有特效的药物治疗，有一些治疗组方也只能缓解病情，很难在短时间彻底治愈。鸡场一旦感染本病，损失很大。

1. 流行特点

传染性腺胃炎可发生于不同品种、不同日龄的蛋鸡和肉鸡，以雏鸡和青年鸡多发。无季节性，一年四季均可发生，但以秋、冬季最为严重，多散发。流行广，传播快。在 7 ~ 10 日龄各品种易感雏鸡中，育雏室温度较低的鸡群更易发病，死亡率低，发病后其继发大肠杆菌、支原体、新城疫、球虫、肠炎等疾病，而引起死亡率上升。

该病的发生可能有比较大的局限性（即发病多集中在一个地理区域）。可通过空气飞沫传播或经污染的饲料、饮水、用具及排泄物传播，与感染鸡同舍的易感鸡通常在 48 小时内出现症状。

该病是一种“开关”式疾病，病因复杂（病原 + 诱因）。该病的病原多是呈垂直传播的或污染马立克疫苗或鸡痘疫苗而传播的，在良好饲养管理下（无发病诱因时）不表现临床症状或发病很轻。当有发病诱因时，鸡群则表现出腺胃炎的临床症状；诱因越重越多，腺胃炎的临床症状表现越重，诱因起到了“开关”的作用。

2. 发病主要病因或诱因

（1）非传染性因素　日粮中所含的生物胺（组胺、尸胺、组氨酸等）。日粮原料如堆积的鱼粉、玉米、豆粕、维生素预混料、脂肪、禽肉粉和肉骨粉等含有高水平的生物胺，这些生物胺都会对机体有毒害作用。

饲料条件诱因。饲料营养不平衡（主要是饲料粗纤维含量高），蛋白低、维生素缺乏等都是本病发病的诱因。

霉菌、毒素类。镰孢霉菌产生的 T2 毒素具有腐蚀性，可造成腺胃、肌胃和羽毛上皮黏膜坏死；桔霉素是一种肾毒素，能使肌胃出现裂痕；卵孢毒素能使肌胃、腺胃相连接的峡部环状面变大、坏死，黏膜被假膜性渗出物覆盖；圆弧酸可造成腺胃、肌胃、肝脏和脾脏损伤，腺胃肿大，黏膜增生，溃疡变厚，肌胃黏膜出现坏死。

（2）传染性因素　鸡痘、不明原因的眼炎以及一些垂直传播的病原或污染了特殊病原的马立克病疫苗，很可能是该病发生的主要病原。

3. 临床症状与病理变化

本病潜伏期内，鸡群精神和食欲没有明显变化，仅表现生长缓慢和打盹。感染后，初期症状表现为缩头垂尾，羽毛蓬乱，有呼吸道症状，咳嗽、张口呼吸、有啰音，有的甩头欲甩出鼻腔和口中的黏液，流眼泪、眼水肿、大群内可听见呼噜声；发病中后期，呼吸道症状基本消失，精神沉郁，畏寒，闭眼呆立，给予惊吓刺激后迅速躲开，缩头垂尾，翅膀下垂或羽毛蓬乱不整，采食和饮水急剧减少，个别病鸡眼结膜浑浊不清，有的出现失明而影响采食。病鸡饲料转化率降低，排出白色、白绿色、黄绿色稀粪，油性鱼肠子样或烂胡萝卜样，少数病鸡排出绿色粪便，粪便中有未消化的饲料和黏液，沾污肛门周围羽毛。有的病鸡嗉囊内有积液，颈部膨大。病鸡渐进性消瘦，生产水平下降，少量病鸡可发生跛行，最终衰竭死亡。耐过鸡大小、体重参差不齐。病程一般为 8～10 天，死亡高峰在临床症状出现后4~6天。

病鸡腺胃肿大如球，呈乳白色，仔细观察可见灰白色格状外观。腺胃乳头呈不规则突出、变形、肿大，轻轻挤压可挤出乳状液体。肌胃内径变粗，长度缩短，外观有明显红白相间的凝固性坏死灶或坏死斑，腺胃肌胃连接处呈不同程度的糜烂、溃疡，肌肉壁肿胀。法氏囊萎缩，嗉囊扩张，内有黑褐色米汤样物。胸腺、脾脏严重萎缩。肠道前期肿胀、充血，呈暗红色，剖检肠壁外翻；后期黏膜脱离，易碎，变薄无物，肠道有不同程度的出血性炎症，内容物为含大量水的食糜。个别病死鸡有的盲肠扁桃体肿大出血，十二指肠轻度肿胀，空肠和直肠有不同程度的出血。胰腺肿大有出血点，也有报道胰腺萎缩，色泽变淡。有的病鸡出现肾脏肿大，有尿酸盐沉积。

4. 防治措施

(1) 严格执行生物安全措施 经常打扫鸡舍，搞好环境卫生，并加强对鸡舍和环境的卫生消毒，以有效地减少鸡群感染疫病的机会。注重鸡舍内通风换气，改善养鸡的环境条件，减少和杜绝应激因素，增强鸡群的抗病能力和免疫力。

(2) 加强饲养管理 按鸡的不同生长阶段饲喂全价料，特别注意鸡饲料中粗蛋白、维生素的供应。注重配制鸡饲料原料的品质，防范霉菌、毒素的隐性危害，尽可能减少鸡腺胃炎的诱因。

(3) 免疫预防 根据当地养鸡疫病流行特点，结合本场的实际，科学制定免疫程序，并按鸡群生长的不同阶段，严格进行免疫接种。着重做好鸡新城疫、禽流感、传染性支气管炎、传染性法氏囊病的免疫接种，是防治鸡腺胃炎发生的重要手段之一。

(4) 药物防治 中药木香、苍术、厚朴、山楂、神曲、甘草等分别粉碎过筛后，与庆大霉素、雷尼替丁同时使用，有较好效果。在饮水中添加B族维生素+青霉素（或头孢类）+中药开胃健胃口服液（严重个别鸡投西咪替丁）+干扰素。

(三) 肠毒综合征

肉鸡肠毒综合征又叫过料症，是商品肉鸡群普遍存在的一种以腹泻、粪便中含有未被消化的饲料、采食量明显下降、生长缓慢或体重减轻、脱水和饲料报酬下降为特征的疾病。地面平养肉鸡发病率高于网上平养。各年龄段，早至 7 ~ 10 天，晚至 40 多天均有发病。投服常规肠道药不能收到理想的效果，最后导致鸡群体弱多病，料肉比增高，后期伤亡率较大，大大提高了饲养成本。

1. 症状和病理变化

最急性病例死亡很快，死前不表现任何临床症状，死后两脚直伸，腹部朝天，多为鸡群中体质较好者。剖检病死鸡，嗉囊内积满食物，心肌圆硬，有时有少量心包积液，肠管增粗，外观像水煮样，肠腔内积有大量未消化完的饲料。

急性病鸡以尖叫、奔跑、瘫痪和采食量迅速下降为特征，鸡群中突然出现部分鸡只尖叫、奔跑、乱串，接着腾空跳跃几下便仰面朝天而死。也有的鸡群突然采食量下降，好多鸡只卧地不起，有的一只脚直伸在外面，轻者强行驱赶，以关节着地蹒跚行走，靠两翅来支撑平衡。重者头颈震颤、贴地，干脆卧地不起。剖检发现心肌圆硬、腺胃水肿，肠道水肿、发硬、像腊肠样，有的肠段粗细不均。肠壁浆膜面有大量针尖出血点或斑块状出血，肠黏膜像有一层黄白色麸皮样物质脱落，肠内容物多为橘黄色泡沫样内容物。

本病慢性病例最多见，初期无明显症状，消化不良，粪便颜色也接近料色，内含未消化完全的饲料，时间稍长会发现鸡群长势不佳、减料、料肉比偏高。随着时间的延长，鸡的粪便中出现肉样或烂西红柿样、鱼肠子样夹带白色石灰样稀便或灰黄色（接近饲料颜色）的水样稀便。投服常规肠道药无效。长期拉稀造成机体脱水、精神沉郁、脚趾干瘪，尾部及下腹部羽毛被粪便污染，最终衰竭而死。大部分慢性病例最后都继发新城疫、大肠杆菌等病混合感染而死。病程长者，肠管增粗，肠壁菲薄，有像水煮过样颜色苍白，有的肠壁出血严重，整个肠道像红肠子样，从浆膜面会看到有斑点状出血。肠内有未消化完全的饲料。直肠黏膜出血，泄殖腔积有大量石灰膏样粪便。病程短者肠壁增厚，肠腔空虚，肠黏膜表面被大量黄白色麸皮样内容物附着，个别有橘黄色、红色絮状物，剪开后肠壁自动外翻成条索状。

2. 发病原因

(1) 感染小肠球虫　小肠球虫的感染为本病的始发点，多种细菌、病毒乘虚而入，为本病起了推波助澜的作用。环境条件相对比较潮湿，为球虫的滋生提供了良好的条件。小肠球虫感染机体后开始无明显症状，往往不被人们引起重视，但其长期作用会导致肠黏膜严重脱落，肠道的完整性遭到破坏，为肠道内多种有害微生物提供了易感机会。

(2) 病鸡死亡的原因　大量崩解的球虫卵囊、细菌等病原体的代谢产物及脱落的肠黏膜等共同作用导致肠道内环境的改变，加速了有害菌的繁殖，造成消化不良、腹泻等症状。大量毒素随血液循环带到全身，形成败血症或自体中毒，出现神经症状，加速了病鸡的死亡。

(3) 混合感染　长期腹泻，再加上通风不良造成鸡舍内氨气浓度超标，导致鸡体质下降，往往会造成大肠杆菌和呼吸道的混合感染。这时即使各种疫苗都是接种比较规范的鸡群，呼吸道、消化道黏膜等处的局部免疫力保护不足，稍遇自然毒株或野毒侵袭便很容易感染新城疫、法氏囊等传染病。更有甚者，一批鸡就免疫一次新城疫疫苗，无论是整体循环抗体水平还是局部抗体水平都是很低，所以这种鸡群非常危险。

(4) 使用高能量高蛋白饲料　高能量高蛋白饲料为鸡体提供了营养的同时，也为病原体的繁殖提供了良好的物质基础。所以往往越是饲喂高质量饲料的鸡群，发生本病后越顽固。

3. 防治措施

适时合理地进行药物防治，尤其注意预防球虫病的发生，是治疗肠毒综合征的第一要务，而且使用磺胺药才是正确的选择。可首先在饮水、饲料中使用磺胺类药物、球痢停，球虫药用到第三天时使用抗生素，氨基糖苷类和喹诺酮类联合使用效果不错；对细菌、病毒混合感染的情况，在使用大环内酯类药物的同时要加入抗病毒药物，同时添加黄芪多糖粉。

平时要加强饲养管理，中后期尽可能保持鸡舍内环境清洁干燥，加强通风换气，减少球虫、呼吸道和大肠杆菌等的感染机会。

（四）热应激

热应激是炎热气候超过肉鸡本身体温调节能力，引起肉鸡机体产生的一种特异反应。轻者影响代谢，重者虚脱死亡。

1. 临床症状及病理变化

发病鸡群普遍表现精神不振，体温升高，张口喘气，翅膀张开，伏卧不动，饮水倍增，采食量显著下降或废绝，排水样稀便；冠及肉髯苍白，蹲伏在地上或网上，两腿叉开，翅膀下垂，心跳加快；雏鸡表现发育不良，均匀度及合格率下降；如热应激持续时间很长，在后期衰竭死亡。

病鸡剖检可见嗉囊内充满水样内容物；肺脏充血或淤血，重症呈紫黑色，部分组织坏死；腺胃黏膜脱落，胃壁变薄；肠大部分黏膜脱落或易于剥离，肠壁变薄，这在十二指肠或空肠段表现尤为明显，肠内有大量水样稀薄内容物。

2. 预防控制措施

（1）鸡舍降温　在鸡舍前后 2 ~ 3 米种植如泡桐树、法国梧桐等常绿树木，以减少阳光对鸡舍的直射，使鸡群生活在阴凉的环境中；将屋顶和南墙用 10% ~ 20% 的石灰乳液涂成白色，可反射掉大部分太阳光，从而减少辐射热，同时进行鸡场大消毒；鸡舍的屋顶可用麦秸加厚到 20 厘米，可起隔热作用。

（2）舍内降温与通风　在鸡舍纵向通风的进风口处设置水帘，水管不断向上喷凉水可使舍内温度降低；在三伏天可采用高压低雾量旋转嘴喷雾器，向鸡舍顶部或鸡体直接喷凉水，每 2 ~ 3 小时 1 次；采用纵向通风法，在排风口处依舍内空间大小，均匀合理地设置一定数量的排气扇，沿鸡舍的纵轴通风。密闭式鸡舍有条件最好安装空调设备，或增设抽风机，炎热天气加大通风量。对开放式鸡舍安装吊风扇，炎热天气打开所有南北门窗，开动电扇，增强鸡舍内空气对流。

(3) 合理调节给水给料时间　在白天应供给充足的饮水，而在早晨和晚上空气比较凉爽时，应让鸡采食足够的料量，以保证鸡在一天的采食量，达到足够的营养，满足生产及生理需要。

(4) 降低鸡群密度　盛夏来临前，可根据饲养方式结合转群、并群、淘汰等进行一次疏群，安排适宜饲养密度，平养的鸡群不易过大，尽可能避免转群、断喙、惊吓、断水、断料、运输等活动，如需进行也应在阴天或早晚天气凉爽时进行。勤巡视鸡舍，观察鸡群动态，在舍内慢慢走动，赶动密集鸡群，使鸡有一些活动，特别是墙边、屋角的鸡，防止挤堆闷死。

(5) 科学调整饲料配方　在炎热季节里，肉鸡的采食量随气温升高而减少，因此，要维持正常生产性能，就得调整饲料配方。原则是根据食量减少的比例增加营养浓度，提供全价饲料，满足生产和生理上的营养需要。同时要注意饲料新鲜、无酸败、无霉变，并使用颗粒料，以提高适口性，增加采食量。

(6) 药物预防　每千克饲料中添加 1.5～2.0 克维生素 C，可增加采食量，并减轻热应激对代谢的不良影响；在饮水或饲料中添加电解质（如 0.5% 的小苏打）可缓解热应激造成的危害；在饲料中添加 0.1% 延胡索酸，饮水中再添加 0.63% 氯化铵能明显缓解热应激，同时还能起到增进食欲、提高增重的作用；用藿香、香薷、黄连、黄芩、栀子、山楂、神曲、枣仁、远志、黄芪、益母草等药物加入饲料中饲喂鸡，可显著提高饲料报酬、降低死亡率；用夏枯草、薄荷等药物喂鸡也可抗肉鸡热应激。

(7) 加强卫生防疫　笼养和平养鸡舍均应及时清粪，以减少舍内湿度，并防止生蛆；及时用高效药物灭蚊灭蝇；可结合鸡舍降温每天一次带鸡消毒。

（五）胸部囊肿

胸部囊肿是肉鸡常见的疾病，严重影响肉鸡的商品等级。预防肉鸡胸部囊肿，需要针对发生囊肿的原因，采取对应的控制策略。

1. 发病原因

肉鸡采食量大，增重快，身体负担重，喜欢俯卧，平养时，一天当中有 60% ~70% 的时间处于俯卧状态，胸部受压明显。龙骨外皮层受到压迫、摩擦等刺激后，产生囊状组织并蓄积黏稠渗出液后形成胸部囊肿，随病情加重，面积不断增大，颜色不断加深。日常管理不细致，腿部发生疾病或者胸部皮肤受损伤，也能增加胸部囊肿的发病率。采用笼养方式时，肉鸡长期站立在细铁丝网上，影响腿部的血液循环，既容易引起腿部病变，也容易使胸部出现水肿，最后导致胸部囊肿。

2. 预防措施

（1）降低饲养密度　按照肉鸡发育规律，及时分群，一般在 1.5 千克左右，每平米饲养 14 ~ 17 只；到 3 千克左右，每平米饲养 7 ~ 8 只，让肉鸡占有较为宽松的空间，这样能增加肉鸡的活动范围和运动量，减少肉鸡趴卧的时间，从而减少胸部囊肿的发生率。

（2）加强垫料管理　选择质地柔软、干燥、吸湿性强、不容易板结、霉变的材料作垫料，如锯末、木屑、稻草、麦秸等，给肉鸡创造舒适的俯卧条件。垫料要铺垫平整，保持 5 ~ 10 厘米的厚度，细心清除其中夹杂的尖利异物，避免扎伤肉鸡胸部。平时加强垫料管理，定期翻动，一般 3 ~ 5 天翻动 1 次，剔除结块和发霉的垫料。

（3）增设弹性底网　使用铁丝笼饲养肉鸡时，在铁丝网上加一层弹性塑料底网，有利于增加舒适度，让肉鸡站立时脚部受压均匀，能有效地降低腿部病变和胸部囊肿的发生率。

（4）重视日常管理　注意搞好鸡舍通风，保持舍内合适的湿度。喂料时要少喂勤添，适当增加饲喂次数，这样能减少俯卧时间，增加肉鸡的活动量。配合巡视检查，轻轻轰赶鸡群，促其站立起来活动。加强日常卫生消毒，避免葡萄球菌、化脓杆菌等病菌感染伤口。发生疾病时，尽量不在胸肌部位注射药物，尤其是那些溶解性差、不容易吸收的药物。试验证明，用碳酸氢钠代替部分食盐，可使肉鸡饮水量减少，提高垫料的卫生质量，垫料品质得到改善，胸部囊肿的发生率显著下降。

（5）注意预防腿病　预防肉鸡腿部发生疾病的措施，都有防止发生胸部囊肿的间接效果。主要做法是：饲料中配足矿物质和维生素，特别是钙、磷、锰、维生素 D；搞好免疫接种，加强消毒管理，避免发生马立克病、病毒性关节炎、葡萄球菌病，严防发生霉菌毒素中毒；在转群、疫苗接种时，应尽可能减少应激，平时要防止惊群，尽量避免捕捉肉鸡。

（六）顽固性呼吸道病

主要表现在 20 日龄的肉雏鸡、35 日龄以后的蛋雏鸡、140 ~ 200 日龄的产蛋鸡，类似于温和型禽流感、传支、霉形体病等，用药效果不好，在一些地区或一些养殖场习惯性地发生。在公司或农户式的放养模式下，因为鸡舍建筑条件、燃料成本、饲养密度等基础因素，肉鸡群表现严重。

1. 临床表现

一般 1 周龄以内正常，10 ~ 15 日龄以后少部分鸡咳嗽或精神不好，经过 5 ~ 15 天逐渐蔓延。第一疗程有效果，复发后疗效降低，出现内脏器官明显的炎症。主要表现为咳嗽、甩头、流鼻液、颜面肿胀等，病程长达 2 周以上，甚至出栏前仍不愈。

剖检主要表现为气囊炎、肝周炎、腹膜炎、支气管堵塞病变成为焦点和难点问题。

2. 防控关键点

分清病因，对症治疗，改善环境，严淘病鸡，全进全出，减少密度，增大批次间隔，注重隔离，加强免疫，预防应激。

① 重视免疫空白期内的管理，适宜的温度和良好的通风很重要。

② 以支气管堵塞病变为主的病例，要区分有无禽流感、传支、霉形体病。同时有胰腺出血和腺胃出血而肝肾肿胀出血者，倾向于禽流感；肾脏肿胀而不出血者，倾向于传染性支气管炎或综合因素（如过度用药）；腺胃不出血、肾脏变化不明显者，可考虑霉形体病。

综合病变应区分到底哪种为主，解决主要矛盾。

③ 免疫力低下、免疫空白、环境不良、密度过大是主要病因，因为基础建设和管理系统脱节而导致的呼吸道综合征，会在很长一段时期内存在。

④ 重视新城疫的免疫与抗体检测，认真诊断，避免误诊。

参考文献

[1] 张奇波，王克贤．纵向负压通风鸡舍湿帘风机安装参数的确定［J］．中国家禽，2000（5）

[2] 鹿淑梅，赵立波．提高饲养肉仔鸡经济效益的有效措施［J］．当代畜牧，2011（6）

[3] 赵德峰．规模化肉鸡场经营管理［J］．中国禽业导刊，2011（18）

[4] 田允波，葛长荣，韩剑众等．绿色饲料添加剂的研制与开发［J］．饲料工业，1999，20（4）

[5] 石现瑞，高峰．抗生素添加剂的负面效应及其替代品的研究［J］．饲料博览，2000（3）

[6] 夏新义．规模化肉鸡场饲养管理［M］．郑州：河南科学技术出版社，2011